“好奇号”火星车于2014年1月在火星表面拍摄的一幅天际线风景，
照片放大显示的部分中，较亮的是地球，较暗的是月亮。

MARS

登陆火星

红色行星的极客进程

T H E . N E X T . F R O N T I E R

[美] 罗德·派尔 著 **魏晓凡** 译

火星叔叔 郑永春 审订

電子工業出版社
Publishing House of Electronics Industry
北京 • BEIJING

版权贸易合同登记号　图字：01-2020-4871

图书在版编目（CIP）数据

登陆火星：红色行星的极客进程 /（美）罗德·派尔（Rod Pyle）著；魏晓凡译．— 北京：电子工业出版社，2021.2
书名原文：Mars: The Next Frontier

ISBN 978-7-121-40489-4

Ⅰ．①登…　Ⅱ．①罗…　②魏…　Ⅲ．①火星探测－普及读物　Ⅳ．① P185.3-49

中国版本图书馆 CIP 数据核字（2021）第 018632 号

策划编辑：张　冉（zhangran@phei.com.cn）
责任编辑：张　冉
印　　刷：天津画中画印刷有限公司
装　　订：天津画中画印刷有限公司
出版发行：电子工业出版社
　　　　　北京市海淀区万寿路 173 信箱　　邮编：100036
开　　本：820×980　1/16　印张：16.25　字数：583 千字
版　　次：2021 年 2 月第 1 版
印　　次：2021 年 2 月第 1 次印刷
定　　价：139.00 元

凡所购买电子工业出版社图书有缺损问题，请向购买书店调换。若书店售缺，请与本社发行部联系，联系及邮购电话：（010）88254888，88258888。
质量投诉请发邮件至 zlts@phei.com.cn，盗版侵权举报请发邮件至 dbqq@phei.com.cn。
本书咨询联系方式：（010）88254210，influence@phei.com.cn，微信号：yingxianglibook。

序言

自从在夜晚仰望天空开始，人类就知道火星是一个独特的所在。在我们的历史、我们的科学思维，以及我们“去另一个星球生活”的梦想中，这颗红色的星球都发挥了特别的作用。回首人类开启航天时代之初，美国和苏联在筹划着把人类送上月球的同时，就已经开始实施把飞船发往火星的计划了。

但不要以为这件事很容易。去火星太难了！多年以来，有大量的火星探测任务以失败收场。我们一直在从一次次的不载人探测任务中吸取宝贵的经验和教训，这类任务先是飞掠火星，然后是绕火星飞行，再后是在火星上着陆，最终到今天成功地在火星表面释放用于巡视考察的火星车。最终，这个循序渐进的步骤会使人类挣脱地球引力的羁绊，踏上火星的土地。本书作者罗德·派尔很好地抓住了这一维度，选择了一系列不载人火星探测任务来展开探讨、构建故事。

目前，机器人正在火星上代替我们探险，为我们收集数据，帮我们了解火星的现在和过往。2012 年 8 月，“好奇号”探测器降落在火星一处古老的河床上，它判定了周围岩石的年龄，发现火星上可能存在微生物的证据，对火星表面的辐射进行了初步的测量，此外还展示了如何利用自然侵蚀作为可能的线索，去揭示那些在火星浅层地下受庇护的生命的构成。根据我们得到的火星数据显示，火星在遥远的过去更像我们的地球，它曾有河流、湖泊、溪流，有浓密的大气、云彩和雨，也许还有过广阔的海洋。尽管如今的火星甚为干旱，但科学家已经相信，在火星表面之下，以及它两极冰盖中由二氧化碳组成的“雪”的下面，蕴藏着大量的水。而水，正是人类在火星活动并长期驻扎的关键性保障因素。

全世界共同经历了“好奇号”的“恐怖七分钟”，也就是它从进入火星大气的顶部到安全落在火星表面所花的时间。但其实，那些转眼而过的时刻，仅是许多拼搏和成就的顶点，而这些拼搏和成就，正是建立在此前所有任务的基础上的。这本书紧扣我们面临的各种挑战——这些挑战涉及头脑中的创意，任务的策划、设计和实施，以及关乎火星探测活动的全部科学。

我读过不少由罗德·派尔写的书，他对探测任务的理解深度、他行文叙事的简洁畅快，都给我留下了深刻的印象。对我们全面探测火星的事业而言，他的书提供了敏锐的洞察与明智的分析。他的“幕后视角”吸引着众多读者，使之得以一瞥太空探索旅途的秘密。这本书见证了太空探索史上很多令人兴奋的时刻，代表着人类始终坚定不移的愿景，代表着我们无畏的火星之旅。

罗德以他漂亮的文笔，为我们大家写就一部不载人火星探测简史，带领我们一起走过这条雄伟的征途。

美国国家航空航天局（NASA）
首席科学家吉姆·格林（Jim Green）博士

目　录

下图：部分火星表面沐浴在晨光中，看起来崎岖而斑驳。其中，中下方是盖尔陨击坑。在陨击坑的中心，可以看到由沉积作用形成的壮观山峰——埃俄利斯山被照亮的山尖。这张图片是在“火星全球勘测者”取得的图像基础上经数字技术处理得到的。

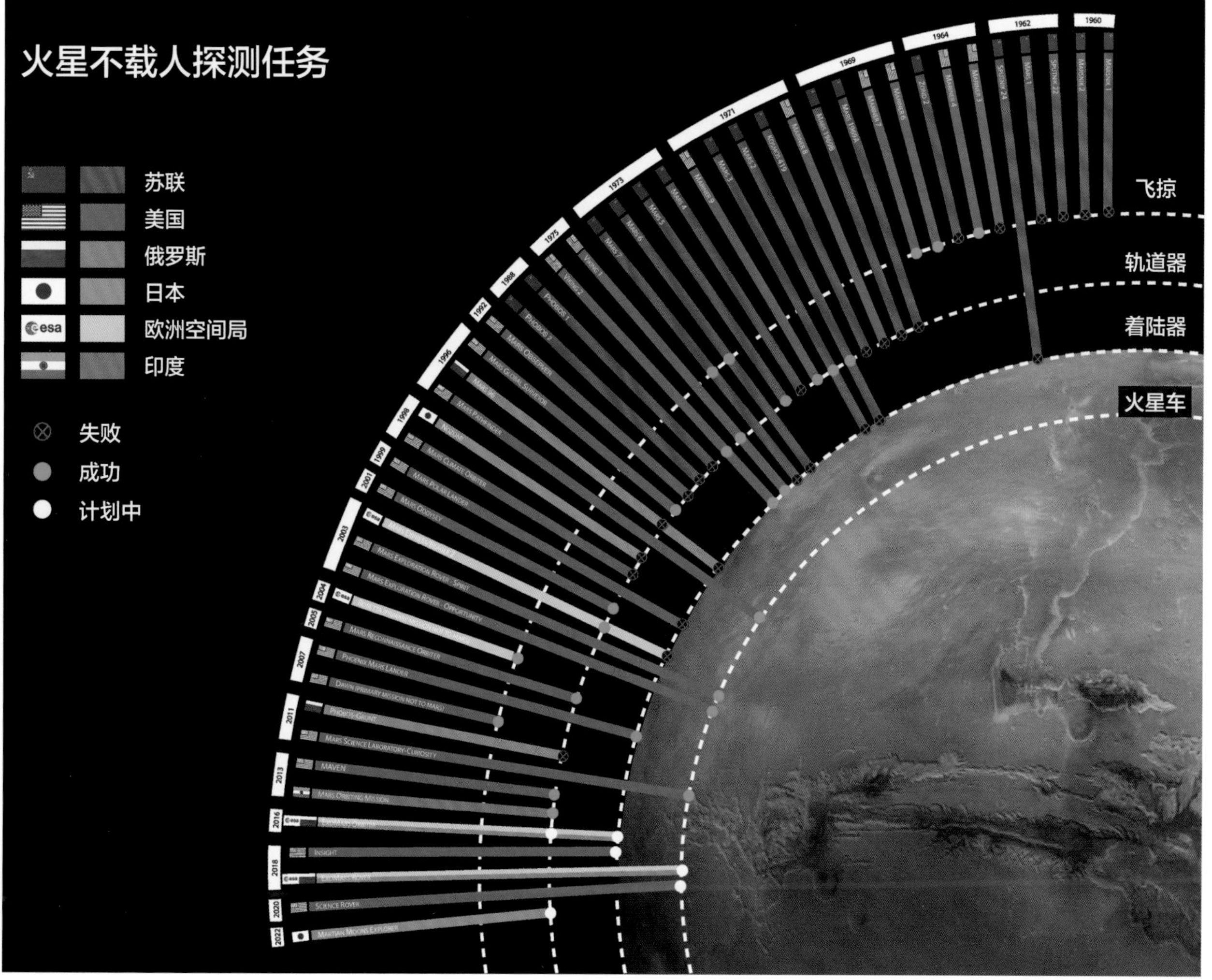

译者注：

兹将本图未包括的一些后续任务做以下概述。

欧洲的“火星生命”已于2016年3月14日发射，于同年10月19日到达火星；“火星生命2020”目前推迟到2022年8月至10月间发射，预计2023年4月至7月间到达。

美国2020年发射的火星车（毅力号）的介绍详见本书“后续任务：‘洞察号’和‘火星2020’”一章。

日本的火星卫星探测计划Martian Moon eXploration（MMX）原定于2020年出发，目前已推迟到2024年实施。

阿联酋的火星探测器“希望号”于2020年7月20日搭乘日本的运载火箭在日本发射。

中国的火星探测器“天问一号”于2020年7月23日发射，其着陆器预计于2021年5月在火星乌托邦平原南部预定区域实施软着陆，详见本书“列星安陈：中国的‘天问’”一章。

红色行星在召唤

在人类的心目中，火星始终是个别具意味的地方。这颗有着褐红色外观的行星，在夜空中以它非同寻常的运动方式（它穿越天球群星背景的路径有规律地发生“异动”，可谓独树一帜），千百年来激发着人们的敬畏和恐惧。数千年以来，绝大多数的传统文明都认为这颗行星与战争、血腥和火有关。火星早先被视为一个“平行世界”或者“彼岸世界”，“诸神”在那里战斗，后来逐渐被认识到只是宇宙中的另一颗行星。

借助望远镜，我们发现了火星的与众不同之处。这不仅是指它飘忽的位置，也缘于它不像其他大多数星星那样，是个“会闪烁的光点”——它呈现出自己的圆面，也有了确定的物理尺寸。而且，天空中也悬浮着很多这样由真实的物质构成的球体。

至于火星被看作地球的近邻和“孪生兄弟”，也有不短的历史了。相比被认为高温的金星而言，人们知道，火星离地球更近，离太阳也不算很远，而且与地球有着类似的起源。人们还猜测，火星很像另一个地球，只不过有着红色的土壤、在地球上见不到的动物，甚至可能养育着跟人类差别不大的某种智慧生物。但后来揭开的真相，却远没有这么强的吸引力。

从太空时代揭幕以来，人们就通过科学观测发现，火星并不是适宜居住的“孪生地球”。它虽然确有与地球相似之处，但主要还是冰冻的荒漠，充满肃杀之气。地球上的物理学和地质学知识在火星上倒是依然适用，但火星实在过于寒冷、干燥，到处都是风沙和碎石。火星的大气层十分稀薄，所以任何水分一旦暴露在这颗星球表面，都会很快蒸发干净。夹带着大量尘埃和沙粒的狂风具有很强的侵蚀性，大风改变火星地貌的情况时有发生。那里的气温变化在“普通的冰冷”和“极度的深寒”之间，从无边的红色沙漠中凸显出来的岩石也会在这种温度变化下分崩瓦解。这才是火星的真面目：一个低温的禁地、一个我们可以通过日益先进的技术来逐步探测和了解的地方。

然而，火星上巨量的岩石和沙土，压不过人类对它的好奇心。在太阳系中，没有哪颗行星像火星那样被我们深入地认识，我们也依然惦记着有朝一日登上火星，甚至在火星上长期居住、繁

对页图：1976年“海盗1号”轨道器拍到的火星。此图由多张照片叠加而成，且经过处理，强化了火星表面的暗色区域特征。“海盗系列”[1]任务取得了历史上第一张彩色的而且显示出惊人细节的火星照片。

1 译者注：“海盗系列”（Viking）的原意来源于北欧的维京人，由于维京人多出海盗，所以被误译为“海盗系列”，并沿用至今。

衍。它是早期的太阳系中狂暴变动的孑遗者，它在地球附近的宇宙真空中作为唯一可以快速到达并为我们提供庇护的行星，一直在向我们发出召唤。

火星不仅是一颗行星、一个探险的目的地，它也可能成为人类的另一个家园。

先人的天空

假定你在一个温暖的夏夜有机会去往一个开阔的地方，而且那里没有城市那样的过量灯光洒满夜空的话，你就应该抬起头看看天上。如果你已经有些年没这样看过了，那么请耐心地多看一会儿，任夜晚的天穹慢慢地将你抱紧。你会看到，天穹上出现许多星星，而且越来越多……在晴夜里，你最多可以同时看到大约3000颗亮星。只要仔细观察，就很容易发现其中有那么一颗或几颗似乎有点儿“另类”——它们更亮、更醒目，而且色调更偏暖，与其他数千个不停地“眨眼”的小亮点相比，它们几乎不闪烁。这种星星就是我们太阳系的行星。其中，金星、木星、土星和火星在合适的时候仅用肉眼就能轻松看到。“行星”的英文复数是planets，这个词的来源是拉丁文的planates，意为“徘徊游荡的星星”，这表明它们的运动方式与恒星有所不同。为了弄懂这几颗明亮的星星为何能以特异的轨迹穿行于群星之间，古人们伤透了脑筋。他们对此给出的答案绝大多数都有明显的缺陷，为了解释行星的运动规律，他们构想出许多怪僻的理论图景。而在这几个让人困惑的天体之中，火星是尤其令人犯难的。

要想品味夜空中这种独到的妙趣，请你试着暂时忘掉那些你已经掌握的知识，暂时忘掉人类在进入理性时代之后才获得的知识。你可以假想自己是生活在古埃及、古希腊的人，或者是中国汉代的一位御用天文学家。在那个时代，夜间的强烈光源只可能来自你家里摇曳的烛光，或者在城镇中心燃烧着的火炬。在那个属于文明的空间之外，黑暗就唱了主角，而在漆黑之中，你唯一的伴侣只有星光。在这样的景象里，行星的亮度卓然于浩瀚一片的诸多恒星之上，从而更加受人喜爱。

但有一颗行星例外，那就是火星。火星即便在其文化形象最佳的时期，也可以在某些人的阐释中变成不安的象征。最显玄奥的要数它的颜色：在地球大气满足特定条件时，火星可以呈现出鲜血一样的红色；它若显得浅一些的话，又仿佛宇宙中的一点火光。血液在古代社会中有着深层的意义（毫无疑问，古人在日常生活中对这一点的重视要比今天强烈得多），而且古时的生活环境也相当不安定。所以，当那时的人怀着一分好奇仰望夜空时，悬挂在天上的这一滴亮红色，显然会让他们感到焦虑。

经过长时间的观测，人们又发现，火星每隔两年左右就会用几个月的时间展示出某些奇特的行为。通常，相对于背景恒星来看，火星每天都会朝特定方向改变一点自己的位置，但它有时会突然停住自己在群星中移动的脚步，然后改为逆向运动[1]，而最终又恢复自己的常规运动方向。这种现象让人百思不解。今天我们已经知道，这种现象仅是由于火星公转轨道位于地球之外而造成的错觉。火星的轨道半径更大，运行速度也更慢。每隔两年，地球就比火星多跑一圈从而“赶

1 译者注：即火星逆行，其实只是一种视觉效果。地球的公转速度比火星快，所以如果把太阳系比作田径场，则当地球在“内圈”超越“外圈”的火星时，从地球来看，火星就被地球“甩”到了身后，在这个阶段，火星仿佛在天空中逆行。

上”并“超过”它。然而，在古代观测者的眼里，这最起码是件令人惊奇的事，而且很有可能成为一件令人忧心的、会改变人类世界的事。因此，火星在各行星中特别引人注目。

对火星的独特外观和奇异行为，不同的文明有着多种多样的故事来进行解释，其中绝大多数涉及某种形式的灾难和杀戮。让我们从世界各地摘录一些这类故事。

古印度——曼噶尔

在古代的东方，印度人的神话每每谈到火星，便把这颗行星说成一位神祇，它的名字有好几种，比如曼噶尔（Mangal）、曼噶拉（Mangala）、安噶拉卡（Angaraka）或者跋摩（Bhauma）。它是“吉庆的象征，如同燃烧的煤，其性格正义、平和”，是一位办事讲求条理、高效有序的神，但也有好斗、好争辩的一面，只不过或许没到好战的程度而已。

美索不达米亚——纳加尔

古代美索不达米亚人将火星视为代表战争和瘟疫的神祇——纳加尔（Nergal），它的形象被描绘为凶猛的狮子或者大鸟，有时则是这两者的混合体。经过很长的时间，纳加尔的角色又演变为“死者的监管人”，居住在“地府”之中。

古埃及——红色荷鲁斯

在古埃及，火星在神话中的角色通常是荷鲁斯（Horus），这位神明据说是奥西里斯（Osiris）的转世（这个故事的版本颇多），也叫“红色荷鲁斯”或者哈尔迪舍（Har Deshur）。早在埃及神话里的“万神殿”中，荷鲁斯就有过许多化身，代表过收获、天空、战争、狩猎等意义。他长着一个鸟类的头部，在象形文字里常有出现。火星在古埃及还有一种神祇化身，那就是保护普通人的“好战士”安胡尔（Anhur），他是以一位战神的面目出现的。

古希腊——阿瑞斯

古希腊人在神话中给火星赋予的神祇角色叫阿瑞斯（Ares），他的身体经受过战争带来的损伤和蹂躏，所以经常被人鄙视甚至厌恶。希腊神话中的主神宙斯认为，阿瑞斯负有一项使命——成为最招人反感和排斥的神祇。阿瑞斯的性格冲动、鲁莽，且不诚实，一般来说在希腊文化中占据的是那个被不屑一顾但也不可或缺的位置。有一种说法是，阿瑞斯“在战斗中势不可当而又不知满足，喜欢破坏和杀人”。相比之下，他的妹妹雅典娜（Athena）则代表着战略决断地位、坚强的领导和卓越的大局观。

古罗马——玛尔斯

古罗马的神话体系是逐步从古希腊人那里套用过来的，在这个过程中，许多神明的名字都改了。阿瑞斯变成玛尔斯（Mars），其定位也从一个体现邪恶的必要角色变成一个被钦佩和效仿的人物。他的那些被希腊人排斥的特质，对罗马人似乎反而很有吸引力。后者发现，玛尔斯的尚武、凶猛，倒是与罗马文明不断进行军事征服的特质更为契合。

西欧——中世纪的情况

在16世纪晚期，观测火星的人们已经收集了很多关于这颗红色行星特性的信息："火星掌管着灾难和战争，掌握着星期二白天的'黑暗时段'以及星期五的'黑暗时段'，它对应的元素是'火'，对应的金属是铁，对应的宝石是碧玉和赤铁矿石，还统率着红色的颜料。它的品性温暖、干燥，它统摄着肝脏、血管、肾脏、胆囊以及左耳。它象征着坏脾气，所以还特别对应着男性从42岁到57岁的阶段。"

在伽利略等人初次把望远镜对准天空之后的几百年里，火星就逐渐不再是一种人格化的存在，而被认为是一颗星球了。人类与火星关系中的那点乐趣和戏剧性，就这样被理性时代拿走了。时光就这样到了19世纪末，像乔范尼·斯基亚帕雷利（Giovanni Schiaparelli）、卡米尔·弗拉马里翁（Camille Flammarion）以及珀西瓦尔·洛厄尔（Percival Lowell）这样的天文学家，受到望远镜中摇曳、模糊的火星影像的启发，开始假想火星上存在着智慧生物，而且这些生物还会建设大规模的运河体系。"火星上有由高级动物建立的帝国"这个构想虽然震撼人心，但也和那些带有误导性的古代想法一样，是彻底错误的。

右图：安德烈亚斯·塞拉里乌斯（Andreas Cellarius）的一幅版画（约1661年），描绘天文学家使用早期的望远镜探索宇宙的情景。画面下端绘有一些工具和零件，他们似乎还在组装另一台设备。

Corona Aust.
Ara Thuri-
bulum
Triangulum
Aust.

红色行星上的“帝国”

在处于文艺复兴时期的16世纪，行星已逐渐成为与神祇无关的所在，全新的思考方向由此铺开。1543年，波兰天文学家哥白尼（Nicholas Copernicus）那部影响深远的著作《天体运行论》（*De Revolutionibus Orbium Coelestium*）发表，终于合理地把太阳放在太阳系中心的位置，指出各颗行星都围绕太阳运行。

16 世纪即将结束时，德国天文学家开普勒（Johannes Kepler）确定了行星绕日运动的规律。他把很大一部分科研精力集中在火星和它怪异的夜空逆行运动上。意大利的天文学家伽利略（Galileo Galilei）制作了最早的一批用于天文观测的望远镜，并在 1609 年指出行星在望远镜里呈现一个圆面，与点状的恒星光芒迥然不同。

伽利略用的望远镜很小，放大率仅在 3 倍到 30 倍之间可调。这样的装备还不足以让他见证火星表面的细节，不过已经让他看到了金星的相位、木星的四颗主要卫星，以及土星的光环。

1659 年，荷兰的天文学家惠更斯（Christiaan Huygens）使用自己设计的望远镜，趁火星运行到接近地球的时段，为这颗星球绘制出早期的表面图。火星接近地球的机会每两年到来一次，二者间的距离最远时约 4.1 亿千米，但最近时会缩短到约 5300 万千米。惠更斯的简易版“火星地图”包括一个大的暗斑，以及一个后来被命名为“大瑟提斯”（Syrtis Major）的区域。他指出，他几乎每晚都会观察那个暗区的位置，由此确定了火星自转一圈所需的时间：比 24 小时稍多一点儿。过了几年，他又注意到火星南极附近的白色特征，即“极冠”。在望远镜的帮助下，火星的秘密被人类抽丝剥茧般地发现着。

望远镜和测绘技术的进步

1777 年至 1783 年，英国天文学家赫歇尔（William Herschel）使用他新建的大口径望远镜，对火星的细节做了更为深入的观测。他一生中制造过数百架望远镜，其中一台创下当时纪录的大望远镜，口径接近 127 厘米，可谓遥遥领先。赫歇尔利用手中的顶级光学设备，确定了火星自转轴的倾角，然后根据这项数据推测，火星上的季节变化可能与地球不同。他使用的望远镜甚至已经强大到这样的程度：有恒星被火星遮掩时，他可以看出火星周围轻微地散射出一些光芒，而它们来自被掩的那颗恒星。他由此推断，火星周围存在着某种形式的大气层。再考虑到火星上的昼夜周期（已知是 24 小时 40 分钟）与地球相似，火星看上去越来越有资格被称为地球的姊妹行星了。

这个想法在 19 世纪变得越发根深蒂固。随

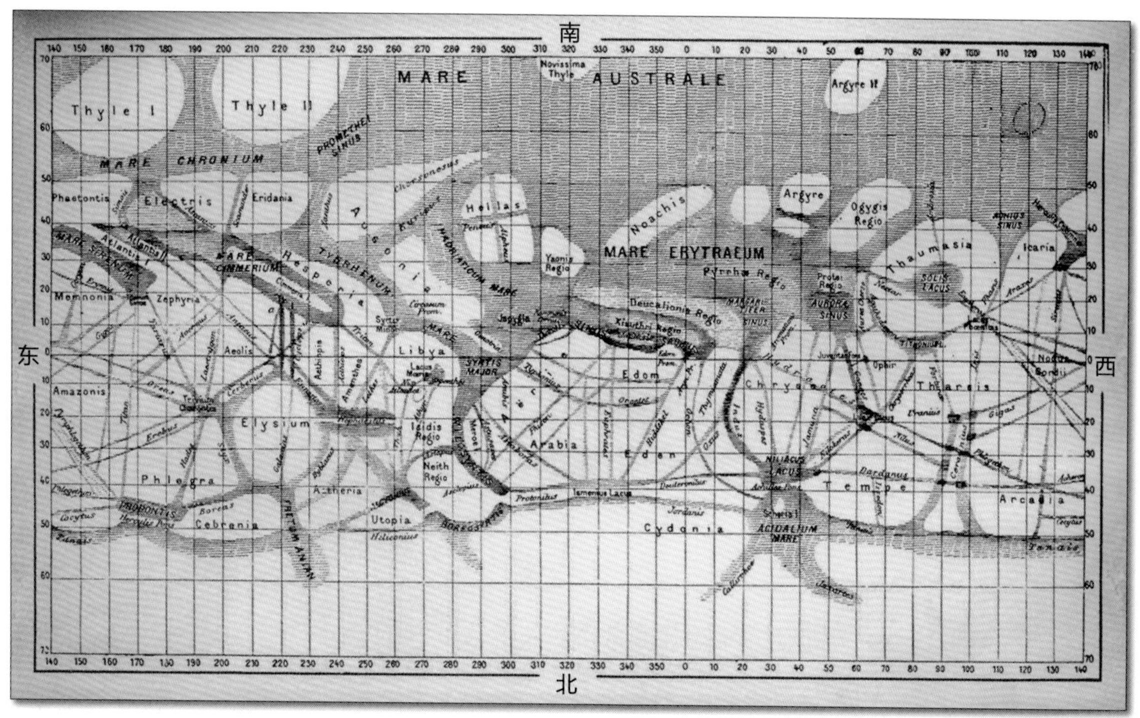

译者注：由于望远镜成像是倒像，所以此图为上南下北、左东右西。图中左上方Mare Chronium虽意为“北方冰封之海”，但其在火星南半球。

着望远镜技术的不断进步，火星地图的绘制水准也大幅度地提升。最终，人类已经可以把火星表面特征清晰地绘制在纸上了——至少绘图者们自己是这么认为的。当时，最专业的天文图像都是以铅笔素描的形式完成的，绘图者会把自己在望远镜的目镜中看到的东西画出来。他们先在可观测的夜晚里绘制出简单的图像，然后再将其合并到更为详细的图像中。英国天文学家理查德·普罗克特（Richard Proctor）等人就以这种方式绘制了火星地图，清楚地显示了火星主要的表面特征，美国的阿萨夫·霍尔（Asaph Hall）也是如此。当时大家普遍认为，火星上颜色较浅的红色区域是陆地，色调深暗的区域则是海洋。但令人困惑的是，在不同的观测季节里，这些区域的分布情况大不相同，它们以接近两年的周期往复变化。对此，另一些人认为，火星表面较暗的区域可能意味着大量的植被，比如树林或成片的低矮植物。

1877 年，意大利天文学家乔范尼·斯基亚帕雷利（Giovanni Schiaparelli）趁“火星大冲”（译者注：火星特别接近地球）期间，对其实施了一

上图：乔范尼·斯基亚帕雷利的火星地图。这是他根据自己1877年至1886年的一些图稿绘制的。他在绘制时强化了火星的表面特征，并描绘出一些实际上并不存在的细节，比如“运河”。他的地图开启了用拉丁语给火星地貌命名的惯例。

系列密集的观测。早期的地图往往有个特征：以观测者的母语和本土文化传统给地形命名。斯基亚帕雷利自然也根据意大利的文化传统选择了命名方式，即使用拉丁语标记火星的主要地貌特征。这些名称至今仍然通用。

斯基亚帕雷利的火星地图呈现了繁多的细节，兼具熟练工匠的技术和艺术创造的品质。可惜的是，其绘图仍然有很多的演绎成分，其间混合了数周或数月之内的观测结果，还掺杂了一些臆测的图像。在这些图像里，有些暗区之间被斯基亚帕雷利用线段连接起来，他称这些线为“沟渠”（拉丁文 canali，英文 channels）。很快，这个词就被英文译者写成“运河”（canals）。我们不知道这个轻微的翻译错误到底是出于一种无心的疏忽、一时的异想天开，还是故意耸人听闻。但无论如何，其影响十分深远。“沟渠”尚可能是一些自然过程，比如地下水的径流造成的，而“运河”则不可能不是指智慧生命的建设成果——至少当时主流的媒体都做了这种解读。

人们并不愿意全然接受“火星上有智慧生命体”的说法，但事实上又没人能真正驳倒它。即便最好的火星地图，也只是视觉观测结果的一种近似；而观测者的个人理解又会影响其观测结果。早期的光谱观测技术，是将行星或恒星的光通过棱镜分解，以便确定它们的化学成分。这虽然并不精确，但似乎可以表明：火星的大气中存在水蒸气。人们由此推测，尽管火星上的水蒸气比地球上稀薄得多，但已经达到支持生命以某种形式存在的程度。

火星的新神话

法国天文学家卡米尔·弗拉马里翁也是一位精神主义者和早期的科幻小说作家，他笔下对火星生活的描述充满色彩感，且更为奇特和极端。他技能众多，谁也看不清其知识边界究竟在哪里，而这或许和他“出众”的视力状况类似。他在 19 世纪 70 年代初非常详细地记下了自己对火星的观测结果，也写下了自己对其他天文学家观点的回应。在简要地回顾了地球上的各个大洲之后，他这样写道：

“火星表面与地球不同，其陆地是多于海洋的。地球上的大陆是从液态水中浮现出的岛屿，而火星的陆地使海洋降格为内海——那才是真正的地中海。火星上没有大西洋或太平洋那样的水域，在那里完成环绕大洋的旅行可以不必湿鞋。火星所有的海洋都被陆地包围，还有各种形状的海湾，它们大量地伸向陆地深处，就像地球上的红海那样……”

弗拉马里翁的文章如同滔滔江水，可得出的结论也越来越靠不住。如果作为幻想来看，这些文字无疑是迷人的，但他随着自己文章的前进态势，开始盲信自己的推断，同时还辩称这是理所当然的。

“我们谈论火星上的植物、它两极的雪，还有它的海洋、大气层和云层，仿佛我们确凿见过这些东西。我们有理由以这些比喻作为线索去追问吗？其实我们只是在这颗行星的小圆面上看到了红色、绿色和白色的斑块。但是红色的就是土地吗？绿色的就是水域吗？白色的就是积雪吗？还好，如今我们已经可以肯定地这样说了。两百年来，天文学家们对月面斑块的理解是错误的，它们曾被以为是海洋，其实却是毫无生机的沙漠、连一丝微风都不曾来搅动过的荒凉地区。可火星上的斑块就与此迥然不同了。”

弗拉马里翁驰骋的想象力，在西方世界从来就不缺拥护者。欧洲和美国的唯心主义活动家们正在为传统宗教寻找替代方案，并试图推而广之，所以“地球以外存在智慧生命的可能性”也就被他们当中一部分人的“教义”给吸纳了。“火星和金星等离地球较近的行星上可能住着人类的远房亲戚”——这种想法实在太吸引人了，所以不容不提。

与此同时，其他的天文学家也还像一直以来的那样，透过他们的目镜凝视。19 世纪末，出现了以大口径透镜和反射镜为特征的高级望远镜，它们有着特别强的光线收集能力。不过，地球大气层却一直是天文望远镜的敌人，它包裹着我们星球的空气层充满湍流，且变幻莫测，让任何窥视太空的努力都遇到了麻烦。天文界的人都知道“视宁度”（seeing）这个词——望远镜上方的大气运动情况会影响望远镜的成像质量，即便像质一时出色，也可能在几分钟内变得无法忍受。就算是在天气最佳的夜晚，来到位于高山之巅的、设施齐全的天文台看火星，它仍然离我们太远了，只呈现为一个闪闪发光的红色小圆盘，表面有一些暗块。要把这么一丁点的特征解释成河流、海洋和陆地，当然离不开大量的假想。

洛厄尔的红色行星之梦

火星的神秘氛围，弥漫在一个年轻的美国人的心中，他就是珀西瓦尔·洛厄尔。如果说要挑个合适的人，在正确的时间、正确的地点被“火星智慧生命”的话题所感召，那洛厄尔是当之无愧的一位。洛厄尔出生在波士顿一个富裕的家庭，在哈佛大学接受教育，年轻时还在亚洲生活过很长时间，后来撰写过关于日本文化的通俗读物。回到美国后，他读了许多天文著作，其中至少包括弗拉马里翁的著作，这些书让他对天文越发迷恋。弗拉马里翁的幻想，加上斯基亚帕雷利带有主观倾向性的观测和绘图，坚定了洛厄尔的决心。1894 年，他决定把自己的大笔财富掏出来，用于更进一步地了解火星。他在亚利桑那州的旗杆镇（Flagstaff）附近买下一座山的顶部，建起一座天文台，专门用来进行火星观测。

洛厄尔的深度观测，让火星地图的复杂程度超越了斯基亚帕雷利的成果。他竭尽全力把通过望远镜看到的每一条火星“运河”都编了号，并创建了一个巨大的、内部彼此相关的火星表面特征系统。这个系统在总体上最终传达出一个论点

上图：1914年，珀西瓦尔·洛厄尔在美国亚利桑那州旗杆镇的天文台里用他的24英寸（约61厘米）折射望远镜观测火星。

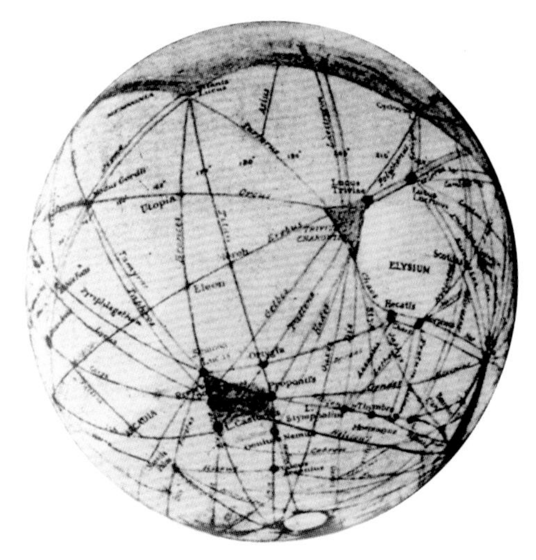

“火星上有智慧生命”。他也写了一系列图书，越来越清楚（也越来越离谱）地表达了关于火星居民及其社会形态的想法，其中包括对火星上的土木工程的思考、对一个管辖范围遍及整个火星的外星政府的详细思考，这些描述在不断细化和完善那个“文明”，那个他通过望远镜观测而构想出来的、十分宏伟的“火星文明”。

在洛厄尔的心目中，火星及其文明已经陷入一种困境，火星上的高级生命正处于自我拯救的最后阶段。作家赫伯特·乔治·威尔斯有一部关于火星人入侵的、开创性的作品《星际战争》（*The War of the Worlds*），洛厄尔笔下则有一个与这部作品的内容相去不远的场景：火星上的运河网堪称巨型工程杰作，它们可以将水从冰封的两极输送到干旱炎热的地区。（或许不是巧合，《星际战争》出版的时间与洛厄尔发表自己著作的时间几乎相同。）洛厄尔根据望远镜里抖晃不止的火星图像，在模糊不清的基础上推断出“火星文明”的整体基础架构。应该说，虽然他的思路和由此导致的结论与事实南辕北辙，但他的工作仍然不乏科学的严谨性，他的书也仍然令读者着迷。

关于这个精心建构出来的“火星帝国”，洛厄尔这样写道：

“从线路（运河）方面，已足以改写那些主张纯粹自然起因的理论，那些理论早应该升级，否则无法解释前述情况……首先，线条是笔直的；其次，它们宽度不同但每条线的宽度自我一致；再次，它们呈现了从一些特定的点放射出来的形状……”

他认为，这些可以观察到的特征既不是自然形成的，也不是由超自然的“神力”创造的。在20世纪的开头几年，他写道：

“火星上居住有某种生物，它们在某种意义上是可以被我们所理解的，但同时可能又有一些我们琢磨不透的方面……运河系统不但环绕整个火星、伸达它的两极，拥抱着这个星球的表面，而且也是一种有组织的实体。每条运河都与另一条相连，而后者又与第三条运河相通，火星的整个球面就这样布满运河网。这种架构上的连续性，保障着一个令人感兴趣的社群……所以我们不得不下结论说，这个社会具有必要的智慧水平，并且社会内部保持和平，因此可以说它是遍及整个火星的一个共同体。”

可悲的是，洛厄尔的观察结果跟斯基亚帕雷利等人的一样，都被当时光学器件的性能局限扭曲了，而且不消说，他同时还被那种一味乐观的幻想思潮所影响。当然，望远镜技术的发展没有停步，新的观测方式还在出现，比如光谱观测和射电观测。在新技术的帮助下，除了紧贴岩石的地衣，任何更高级的生命能否存活在火星上全都成了疑问。尽管越来越多的证据倾向于火星上没有生命，也没有火星人、运河和统领火星的政府，但是许多读者和少数的科学家仍然对此怀揣希望。不管怎样，为了彻底判定火星上有没有生命，必须亲自前往那里——仅过了几十年，人类就开始筹划一般性的太空航行了，其中当然也有以火星为目标的载人航天之旅。

航天概念的开创

俄国科学家康斯坦丁·齐奥尔科夫斯基（Konstantin Tsiolkovsky）早在20世纪初就撰写过关于载人航天的文献，激励了整整一代科学家和工程师。其中，德国一位名叫沃纳·布劳恩（Wernher von Braun）的年轻工程师率先用一篇完整的论文解决了火星之旅的理论问题，该成果于1948年至1952年完成，以德文专著的形式出版，名为《火星计划》（*Das Mars Projekt*），后来又出了英文版（*The Mars Project*）。此书估计并概述了这一宏伟事业的各项需求。根据他的设想，我们需要设计复杂的航天器，并实施多达950次火箭发射，以便把所需的全部载荷送入轨道，而去往火星的阵容将由10部航天器组成。他还推算了所需的飞行时间，设计出一种有翼的“滑翔机”。他认为，宇航员应该降落在地势相对平坦的火星极地地区，然后由陆路行进到火星的赤道地区。宇航员会在火星上活动一年多一点儿的时间，然后重回绕火星飞行的航天器编队，以便返回地球。参与飞行的总人数将达70人。

布劳恩的火星任务构想发表在《科利尔》（*Collier's*）杂志上，而沃尔特·迪士尼（Walt Disney）推出的一些广受欢迎的家庭电视节目也提到这一构想。在20世纪50年代后期，随着第二次世界大战伤痛的消逝和核能时代的到来，一切宏图伟业似乎都是可行的。

但是，布劳恩的雄心壮志在一部小型航天器于1965年“路过”火星之后，就和过去维多利亚时代关于“火星人帝国”的幻想一起，被丢进火星那红色的烟尘之中了。

对页图：洛厄尔的火星地图中的一幅，它结合大量根据观测结果绘制的草图制成。洛厄尔的地图进一步突出了前人提出的火星表面的线状特征。

右图：由德裔美籍火箭工程师冯·布劳恩设计的一种滑翔机式货运飞船，属于他构想的载人火星任务的一部分。本图使用计算机生成。

“水手4号”短暂首访火星

宇宙始于一次剧烈的大爆炸，而航天始于微弱的蜂鸣。1957年10月，苏联发射了绕地球运转的人造卫星“斯普特尼克”（Sputnik，俄语意为“旅行伙伴”），这是人类首次发射人造卫星。负责将这颗构造简单的卫星送入轨道的，是苏联研制的一枚新型导弹R-7ICBM。卫星开始绕地球飞行后，能做的只是通过自带的一部小型电台每隔几秒发出一次蜂鸣声。但这已经足够了，毕竟全世界的接收机都听到了这种鸣叫，西方世界也注意到了苏联的领先技术。

美国自然急不可耐想赶上苏联的技术水平，但在此期间，像加州理工学院这样的机构里，科学家们正在思索的问题却是如何超越地球轨道，对其他行星进行更好的观测。当美国也能发射人造卫星之后，新成立的美国国家航空航天局（National Aeronautics and Space Administration，NASA）就将其力量分为两大部分，一部分用于将宇航员送入太空（这一成就也是苏联先实现的），另一部分则是设计不载人探测器去观测地球的两个最亲近的邻居，即金星和火星。当然，苏联也在酝酿类似的行星考察活动。

“水手系列”的开拓之旅

NASA进行火星考察的第一次尝试是“水手系列”（Mariner）。这艘旨在探测火星的飞船有一个圆形的平坦底盘，上面装有相机、广播天线

和太阳能电池。这种设备布局是在早先发射的金星探测器的基础上，专门为火星任务而改造的。从外表来看，这些设备几乎完全暴露在太空中，当然，它们在制造时已经考虑到真空的环境，并且针对太空中恶劣的辐射环境和剧烈的温度波动做了强化。它们很轻，但设计得足够坚韧。苏联采用的设计路径则多少有些不同，他们选择建造一种内部可加压的大型船体。苏联这样做有一个优势，即给精密部件以非常必要的保护，不过，这也要付出重量上的代价。好在苏联的火箭在运载能力方面不断地超越美国，所以完全不怕把额外的重量送上天。运载能力的强大，也让苏联得以设计更加复杂的任务，包括发射撞击式的探测器和最原始的着陆探测器。可惜，这些探测器在后来的实际使用中大多未能正常运行。

在美国，最初的两个“水手号”探测器被发送到金星。“水手 1 号”于 1961 年 7 月发射，但是升空后很短时间内就宣告失败。“水手 2 号”在 1962 年 8 月发射后获得成功，从而成为历史上第一部飞经另一颗行星的航天器。它升空后不到四个月就发回了一些测量数据，这些数据虽然简单但是十分重要。不过，因为它没有安装相机，所以也无法给我们送回照片。苏联则于 1961 年开始向金星发射探测器“金星系列”（Venera），但头三次尝试全部失利，三颗探测器都在到达目的地之前与地球失去联系。（后来的 1967 年，“金星 4 号”终于成功抵达金星。）

而“水手 2 号”的成功，让火星成了大国航天竞争中的热点目标。当然，去往火星的任务难度要高于去往金星。火星任务的飞行距离大约是金星任务的 2 倍，探测器离地球上的指挥中心更加遥远。同时，探测器远离太阳，会让太阳能电池板输出的功率下降，而当时它们那些耗电的设备需要更大的电池板才能工作。

NASA 在位于美国西海岸的加州帕萨迪纳设有一处不载人探测器控制基地，即“喷气推进实验室”（JPL）。当时，不论美国航天还是苏联航天，都是兵分两路，在载人飞行方面和不载人探测器方面同时发力。1961 年，美国总统肯尼迪公开宣布，要力争比苏联更早把宇航员送上月球。这个载人登月计划占用了当时 NASA 的大半资金。而剩下的资金中，有很多被用在行星探测计划上，具体的目标自然就是火星。

喷气推进实验室虽然名义上是 NASA 旗下的一座“中心”，但它并不是由 NASA 直接负责运营的。这一点不同于 NASA 管理的其他有名的“中心”，比如佛罗里达州的卡纳维拉尔角（后又称肯尼迪航天中心）和休斯敦的载人航天中心（后又称约翰逊航天中心）。出于一系列的历史和行政原因，NASA 花钱聘请加州理工学院（同位于帕萨迪纳）来管理喷气推进实验室。这次委托出于偶然，而加州理工学院的教授们正好对行星科学与工程技术知识有着丰厚的热情和实力。

对页图：位于加利福尼亚莫哈韦沙漠的“戈尔德斯通深空通信中心”（Goldstone Deep Space Communications Complex）。该中心有三处设施，另外的两处分别设在西班牙的马德里和澳大利亚的堪培拉。

技术的进步

这些教授组成一个团队，对用于飞掠火星的“水手系列”的基本架构做了一次修订。在 20 世纪 60 年代初，发射一颗绕飞其他行星的探测

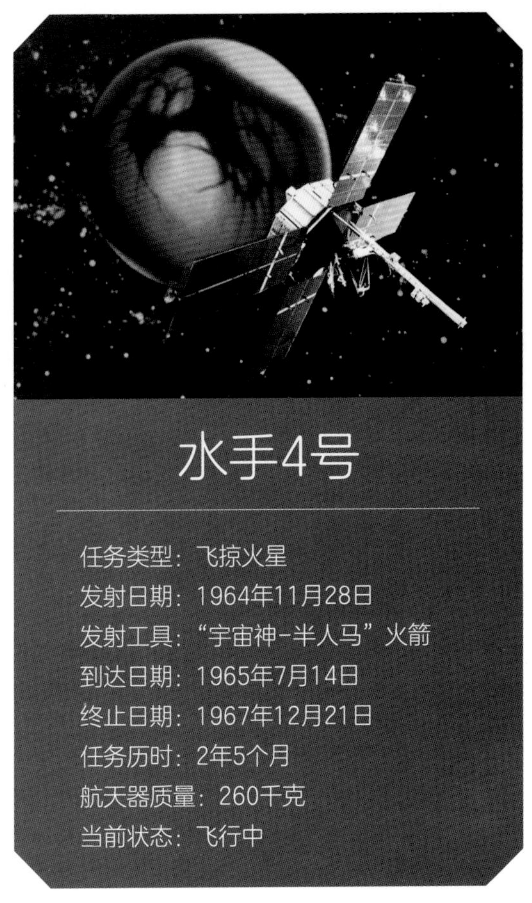

器并不在议事日程上；当时哪怕是让航天器飞到火星都是一个巨大的挑战。所以，当时以行星为目标的探测任务都只是飞越式的，这样比较简单。“水手号”飞到火星附近时，会抓紧每一秒钟行动起来，对这颗行星进行测量和快速拍照，毕竟它自身正以飞往火星所需的高速度移动着。

加州理工学院的教授团队与喷气推进实验室的工程师们联手，为“水手 3 号”和“水手 4 号”的制造而忙碌工作。宇宙飞船在当时是一种新发明，它会携带一些装备，但有可能不包括相机，比如“水手号”金星探测器就不带。在审视了制造方案后，加州理工学院有三个人提出了反对意见：在观测天文学方面有多年资历的物理学教授罗伯特·莱顿（Robert Leighton），地质学教授格里·诺伊格鲍尔（Gerry Neugebauer），以及新近加入该校的青年教师、后来成为喷气推进实验室主任的布鲁斯·莫里（Bruce Murray）。他们一致认为，火星表面的环境值得让探测器带上一台相机，并把所得的图片传回地球。金星表面覆盖着永不散去的云层，照相没有太多趣味可言，所以用其他类型的仪器去执行探测任务是足够的；然而，火星哪怕是在望远镜里也呈现出变幻不停的明暗分布，而且有红色和灰色区域，斑驳错杂。这些视觉信息代表着什么呢？光谱学和其他领域的科学数据会把火星表面的物质成分告诉我们，但如果这些数据不能与照片匹配起来，那就是个严重的问题。莱顿还推测，既然已经花了那么多钱来探索太空，那么若能把外行星的近距离影像展示给大众，大众会非常高兴。

这些思路听起来都很不错，但是，20 世纪 60 年代初的摄影装置还很重，而且大小也和厨房里的洗碗机相当。何况，它们使用的成像装置还是一种名叫 Videocon 的、易碎的玻璃真空管，这种器件很能发热，还特别费电。这些因素决定了它们不适合被装在航天器上。所以，莱顿要带领团队从零开始，设计一种轻便、节能的摄影装置。他们最终拿出的相机方案也难免显得单薄而低效：这种机器只能产生黑白照片，画面分辨率只有 200 像素 ×200 像素。不过，这种机器在模拟太空飞行环境的测试中能够可靠地工作。除此之外，探测器上还装有一台磁强计（用于测量磁场）、一台尘埃 / 微流星体探测仪、一台宇宙线望远镜、一台辐射探测仪、一台太阳等离子体探测仪，以及少量其他设备。它们的能源来自 4 块可以折叠的太阳能电池板，所有电池板共安装了 28244 块光伏单元。

有意思的是，这个专为探测火星而设计的“水手号”有个独特的地方：它们的每块太阳能电池板的末端都带有一个扇形的、扁平的“花瓣”。这种结构其实是可以接受地球方面操纵的叶片，旨在利用“太阳风”来协助控制和稳定飞船的姿态。太阳风是太阳发射出来的带电粒子，可以提供微弱的推力。虽然这种推力起了一点点作用，但在“水手 3 号”和“水手 4 号”任务之后，这种设计给飞船增加的复杂性和重量还是被认为不合算，所以就被删掉了。

从“水手”计划开始，NASA 决定，每个任务都要建造两部一模一样的航天器，这是个正确的决定，通常认为苏联也是这么做的。这样做的用意在于，既然太空飞行是如此高风险、高成本的新型任务，那么从长远看，比起失败之后再造一部去递补，一次制造两部航天器更能降低成本。在人类开展星际飞行的第一个十年中，当先发的航天器失利后，备用航天器最终完成任务的例子举不胜举。“水手 1 号”刚一开始就遭遇了火箭方面的事故，任务只能由“水手 2 号”也就是它事实上的“孪生兄弟”去执行。

第一次火星探测器任务也出现了相似的情形。1964 年 11 月 5 日，“水手 3 号”使用“宇宙神”（Atlas）火箭的推进器，在佛罗里达州卡纳维拉尔角发射升空。火箭入轨（当时的“宇宙神”问题不断，很难保证“活”到这一步）之后，“水手 3 号”准备从火箭的头部释放出来。火箭的锥形头部是金属制造的整流罩，由两片组成，它应

上图：1964年11月28日，“水手4号”准备发射，此次使用的推进器属于“宇宙神”运载火箭，而上级火箭则属于“半人马β”型。

亲历者之声

罗伯特·莱顿

（Robert Leighton）

加州理工学院物理学教授

罗伯特·莱顿受邀加入“水手4号”任务团队时，已经在加州理工学院担任物理学教授超过十年。他说：“布鲁斯·莫里和格里·诺伊格鲍尔强行把我拉进‘水手4号’的图像传输实验，我不太明白他们为什么要拽我进来，可能是跟我关于太阳和行星的研究有关吧。”直到那个时候，NASA仍计划着在不配备相机的情况下飞掠火星。莱顿说：“当时对于探测任务的影像部分，包括电视信号和绘图工作，都没有合理的建议。”这些任务被简单地判定不宜实施。

莱顿的团队经过大量的试错实验，成功制造出第一台要奔赴遥远太空的相机。他回想从火星上传回的第一张照片时，沉默了一会儿，说：“我们知道，会有陨击坑之类的东西。但是，通过画面真正看到火星上的陨击坑，并发现那是当地一种主要的地貌，还是感到一种莫名的惊讶。”不过，说到照片的质量，他就没有那么兴奋了：“我不应该说这些照片的质量是糟糕的，但它们有着严重的（技术上的）局限……我们在看到火星上的陨击坑之后，等了一个多星期才敢正式公布这个情况。”

不过，照片一经媒体传开，就迅速引发了轰动。莱顿特别清楚地记得，俄勒冈州的一位奶农在看到了第一批照片后给他写来一封信，信中说：“我不太懂你们工作的那个世界，但我真心为它喝彩，请继续前进吧。”

莱顿随后评论说：“我觉得这其中存在着一种美好。”

该在探测器飞往火星之前裂开，并飞离“水手3号”。但是，事情并未如此发展。两片整流罩在发射时要被一个带状的金属部件拘束起来，这个金属带本来会在火箭入轨后解除束缚，可最后它突然卡住了。这样，第一颗火星探测器就无法展开它的太阳能电池板，也做不出任何机动动作，工程师们只能束手无策地看着它的电池电量渐渐降到零。可以说，它是在太空中缓慢地“窒息身亡”的。

设计师们搞清楚问题所在之后，赶紧重新设计了整流罩（他们选择了玻璃纤维材料代替金属）。相关的工作在三个星期之内完成，这个速度创了一个纪录。火箭很快重新矗立在发射架上。“水手3号”失利后仅几个星期，它的“兄弟”即“水手4号”就在同一个发射场升空了，这时是1964年11月28日。这次，整流罩在火箭入轨后顺利地按照设计功能完成分离，探测器也离开绕地球飞行的轨道，飞往火星。

LAB-ORATORY JAN 1965

JET PROPULSION LABORATORY • CALIFORNIA INSTITUTE OF TECHNOLOGY • PASADENA, CALIFORNIA

IMPATIENT WORLD WAITS TO "TUNE-IN" ON MARS

As Mariner IV races towards its July encounter with Mars, encounter planning continues a space at JPL Pasadena and at the far-flung elements of the JPL Deep Space Net. When Mariner IV passes within 5700 miles of the Martian surface on July 14, its scientific instruments will provide man with his first close-up look at the Red Planet.

Near-Mars Cruise Science Observations. The Mariner scientific instruments have been discussed in detail in previous Lab-Oratories, however, some comment may be made on their expected behavior as the spacecraft nears Mars. Figure 1 summarizes the expected performance of the cruise science instruments (cosmic dust detector, cosmic ray telescope, ion chamber, magnetometer, plasma probe, and trapped radiation detector) during the Mars flyby. If the region surrounding Mars is similar to that near Earth, the detection of magnetic effects and associated trapped particle densities is determined largely by the strength of Mars' magnetic dipole. Possible Mars magnetic dipole strengths compared with that of Earth are shown on the vertical axis. The horizontal scale shows the Pacific Daylight Time at which the event can be expected to occur at the spacecraft. The various effects expected near Mars are plotted as a family of lines, each of which represents the expected time of occurrence of that particular event, assuming various magnetic moments. The shock area represents the magnetohydrodynamic shockfront where an abrupt change in the plasma spectrum occurs as the solar plasma impinges on the Mars magnetic field. The magnetopause represents the transition region between the interplanetary magnetic field and the planetary field.

Near-Mars effects would be observed in order by the plasma probe, magnetometer, and trapped radiation detector. Some changes in the cosmic dust background may also be observed due to possible dust belts in orbit around Mars.

The investigators responsible for the cruise science experiments will be present at JPL Pasadena during the encounter operations and may be able to give a preliminary summary of their observations to the public on the day after encounter.

8

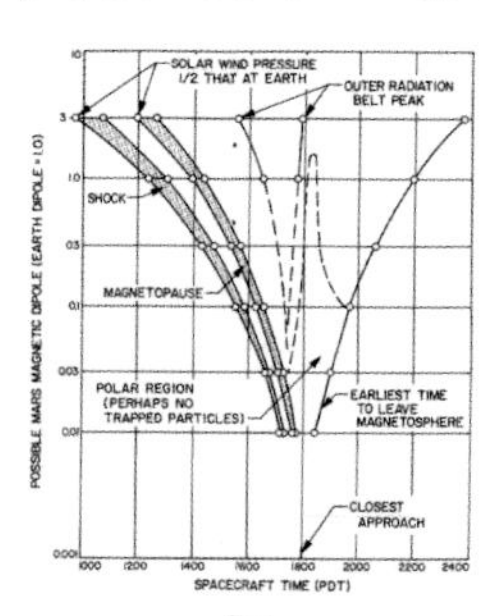

Fig. 1

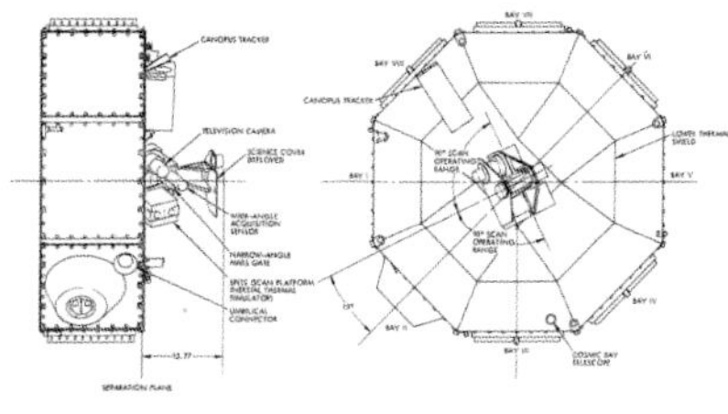

Fig. 2a - The planetary scan platform is shown in a side view with the science cover deployed, revealing the wide and narrow angle planet sensors and the TV camera.

Fig. 2b - A view of the bottom of the Mariner spacecraft showing the 180 degree field through which the scan platform can move in search of the planet.

The Encounter Sequence. The encounter sequence consists of a series of spacecraft events required to properly position the television camera and record and playback television pictures of Mars. The events will be initiated either by command from Earth or by signals from equipment on board the spacecraft, depending on the options chosen by project management. The nominal encounter sequence includes:

(1) turn-on of encounter equipment about 9 hr before closest approach.
(2) acquiring the planet and stopping the planetary scan platform (Fig. 2) in the proper position for television pictures of Mars.
(3) recording the television pictures on the dual-track video storage tape recorder.
(4) stopping the recording sequence after the video tape is filled with pictures (about 20 minutes before closest approach).
(5) turning off the encounter equipment.
(6) playing back the television pictures stored on the video tape.

Closest Approach. At 1802 PDT on 14 July, Mariner IV will make its closest approach to Mars, passing within 5700 miles of the surface.

Occultation. About 1 hr after closest approach to Mars, the Mariner spacecraft will disappear behind the planet as seen from Earth and remain hidden (occulted) for about 50 minutes before emerging again. Sophisticated equipment at DSIF stations in California and Australia will record changes in the spacecraft radio signal caused by refraction (bending) by the Martian atmosphere and ionosphere. These data will be used to construct a more accurate model of the Martian atmosphere for use on future missions.

Picture Recovery. Picture playback will begin at about 0453 PDT on July 15 when the data encoder is transferred to Mode 4 (8-1/2 hr of picture data followed by 2 hr of engineering data).

The first picture will be received by the Johannesburg, South Africa DSIF station and transmitted via teletype to the Space Flight Operations Facility (SFOF), where the data will be processed into a television picture 200 elements square. If all goes well, the first close-up television picture ever taken of the planet Mars may be available for public viewing within 24 hr after closest approach.

NOTE: Video and audio coverage will be provided for JPL employees on July 14 in 180-101 and in the main cafeteria. The Von Karman Auditorium is reserved for the press. Details and schedules for encounter will be provided on a Mariner-Mars (green sheet) prior to encounter sequence.

9

上页图：喷气推进实验室的内部杂志《实“言”室》（*Lab-Oratory*）迅速向它的读者们介绍了关于“水手4号”的消息。这个封面属于该杂志的1965年1月号。

上图：“世界急不可耐期待‘收听’火星”——这个标题准确捕捉到“水手系列”那个时代的公众对火星的迷恋；喷气推进实验室在向公众介绍任务的技术细节时也几乎巨细无遗。

对页图：“水手4号动作顺序清单”这个简短的标题指向“水手4号”的飞行指令和时间控制。其中的“CC&S”是指“中央计算机与处理器”，它能一次处理256个字节，这个能力在当时算是相当惊艳的。

任务：火星

当然，飞离地球只是这出探险大戏的第一幕。为了准确地飞到火星，探测器必须搞清它处于宇宙中的哪个位置。它安装有两个光电管，可以用来跟踪一些亮度已知的天体。在离开绕地球的轨道大约半个小时之后，探测器会按照指令，将这两个传感器之中的一个对准太阳——这是个非常容易寻找的天体。此后，探测器会以太阳的方向为轴开始旋转，再找一颗已知的恒星作为参照。在这次任务中，它找的是明亮的老人星（Canopus）（译者注：即船底座 α，在地球上看是全天第三

SEQUENCE OF EVENTS FOR MARINER IV

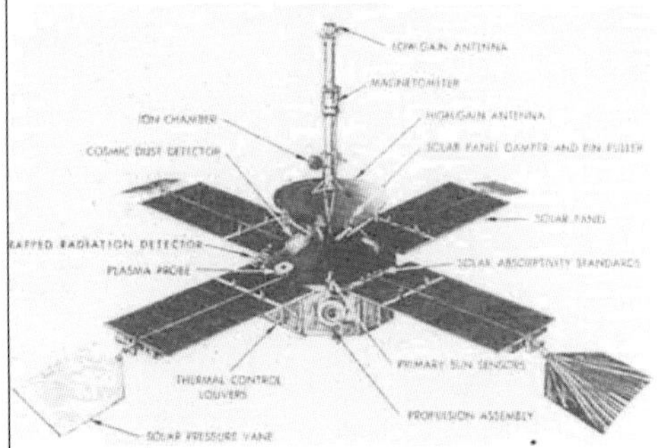

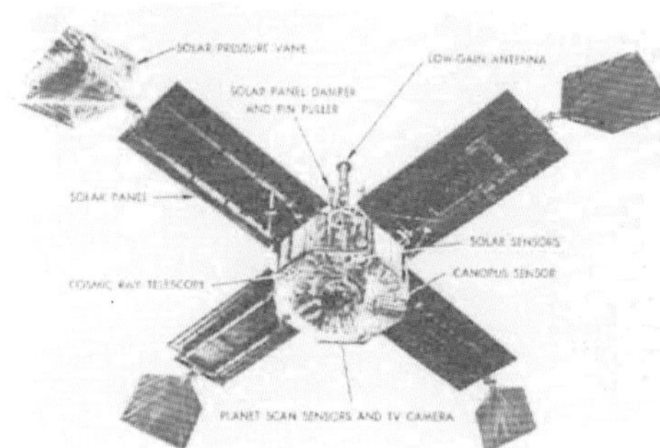

On January 3, 1965, the CC&S will transfer the spacecraft Data Encoder from the 33-1/3 bits per second to 8-1/3 bits per second. At this time the spacecraft will have travelled far enough from the Earth so that the signal received from its radio subsystem will no longer be strong enough to support the higher information rate. On March 4, 1965, the CC&S will command a transfer from the omni antenna to the high gain antenna in order to maintain sufficient signal strength for the balance of the mission.

As the spacecraft moves around the Sun toward its encounter with the planet Mars, the position of its star tracker will change relative to the star Canopus. As a result the angle of the Canopus tracker view window relative to the spacecraft - Sun line will have to be updated periodically through the mission. These cone angle updates occur on February 27, April 2, May 7, and June 14, 1965. The capability also exists to update the cone angle by ground command.

On July 14, 1965, as the spacecraft approaches Mars, the CC&S will command the turn-on of encounter science. At this time the scan cover will drop, and the scan platform will begin its search for the planet. When the platforms wide angle sensor acquires the planet, the scan subsystem will stop searching, and begin to track the planet. As soon as the spacecraft is close enough to Mars, sometime early on July 15, a narrow angle sensor will see the planet and command the start of the picture recording sequence, which requires some 25 minutes to record up to 22 pictures.

Within an hour after the closest approach to Mars, the spacecraft will fly behind the planet. The radio signals broadcast through the atmosphere of the planet are expected to yield information on the nature of the Martian atmosphere. Approximately an hour later, the CC&S will command the turn-off of encounter science, and 6-2/3 hours after that will command the start of the picture playback. To receive a single playback of all pictures at SFOF will require nearly ten days. After the playback is complete, the spacecraft will continue to return to earth scientific data as long as communications can be maintained.

“水手4号”飞掠火星时拍摄区域的几何位置分布（1965年7月15日）

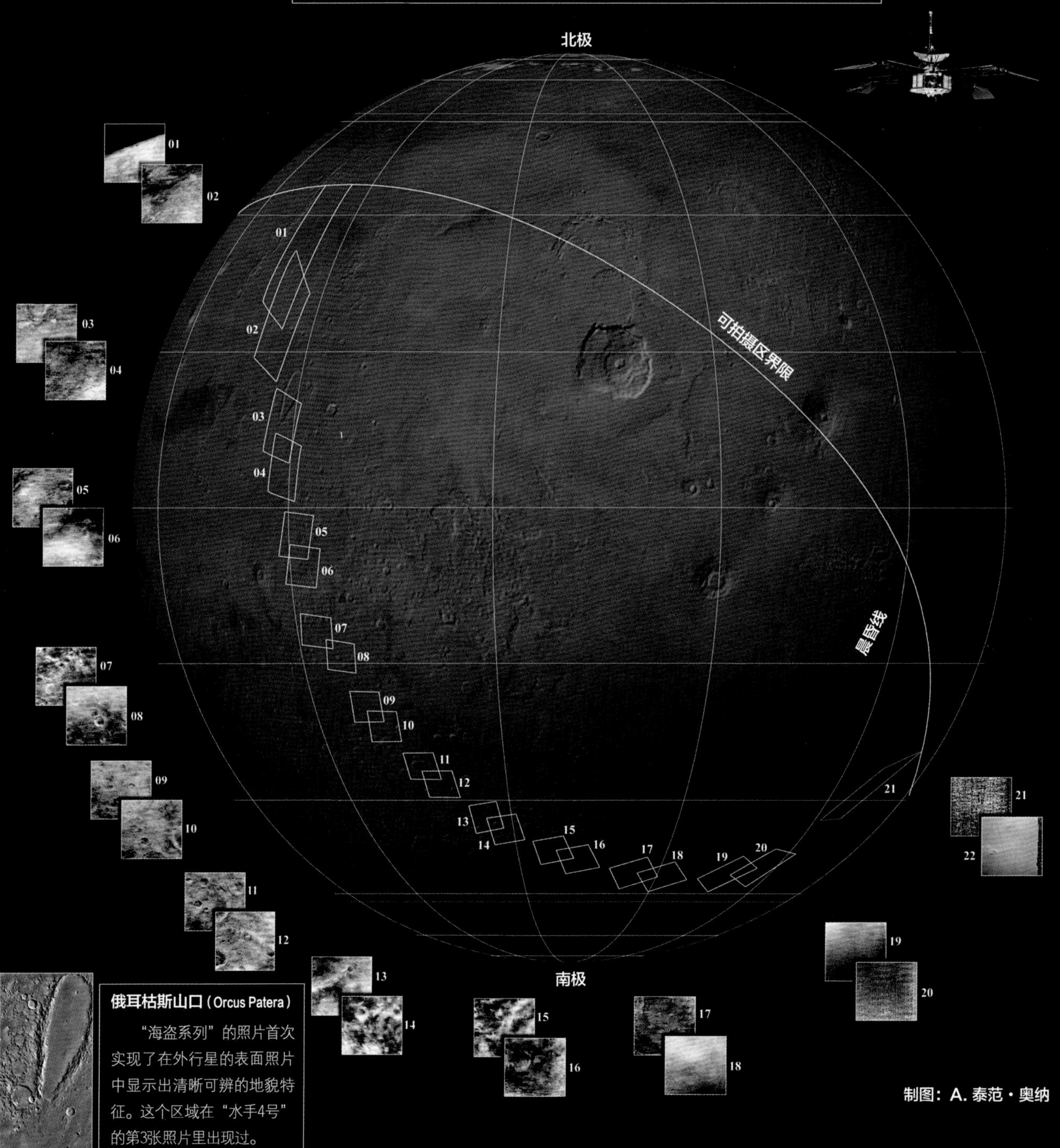

俄耳枯斯山口（Orcus Patera）

“海盗系列”的照片首次实现了在外行星的表面照片中显示出清晰可辨的地貌特征。这个区域在“水手4号”的第3张照片里出现过。

制图：A. 泰范·奥纳

亮的恒星，第一名是太阳，第二名是天狼星）。然而，它的传感器并没有那么强的辨别能力。在正确识别出老人星之前，这些传感器耗费了一整天的时间在其他六颗恒星之间频繁地切来切去。

而且，在六个星期的导航过程中，探测器一次次地把老人星跟丢，导致上述戏剧性的“找星局面”每隔几天就会重新上演一次。假如它不能重新找到用于导航的目标星，就等于只能“蒙着眼”乱飞。老人星一次次地从跟踪装置中“溜走”，探测器的控制部件只能一次次地启动搜索，试图找回。

大家研究分析后，觉得追踪装置的工作没有什么问题。但是为什么“水手 4 号”总是锁定不了导航的参考星呢？又经过了许多开到深夜的会议和对问题的洞察、领悟之后，工程师们终于意识到发生了什么：有许多漆片、尘土和灰渣在保护罩内跟探测器一起被带进太空。当“水手 4 号”与“宇宙神”火箭的末级分离时，这些东西也跟着被释放，形成一小块“雾霾”。由于宇宙中没有空气来吹散这些微小的垃圾，它们就一直陪伴着探测器的飞行。如果一块油漆碎渣足够大，当它飘过传感器的视野时，它的反光就会让传感器把它误认为一颗亮星，并且比老人星更亮。传感器忙着跟踪它，就把真的参考星跟丢了。这些“小星星”等于给“水手 4 号”制造了一片假的星空用于导航。于是，大家给探测器发送了一组新的侦测识别参数，去帮它认出真正的老人星，从而在任务的剩余阶段里改进了导航性能。

除了这个导航问题，探测器历时七个月赶赴火星的旅途还算风平浪静。途中，有一台仪器发生了故障：一个辐射感应管在出发几个月之后停止了工作。然而，这种不断出现的小状况也在预料之中，毕竟这只是第二次把以其他行星为目标的探测器送到太空深处。而且，这也是人类第一次把人造物体射向地球轨道外侧的太阳系空间。“水手 4 号”一直在未知风险的边缘运作。

对页图：这张火星全球图展示出“水手4号”在高速飞过火星时使用相机拍摄的火星表面一些局部的照片。它一共拍得22张完整的照片，第23张只有半幅画面。

任务完成

“水手 4 号”于 1965 年 7 月 14 日至 15 日从火星旁边飞过。当火星从黑暗中浮现时，探测器上的仪器被激活，它要趁这唯一的机会解读这颗红色星球，没有第二次。在飞掠火星之前，探测器上的相机开始工作。在以近 19300 千米的时速、不到 9800 千米的最近距离飞掠火星的过程中，探测器一共拍摄了大约 25 分钟的火星景观资料。影像数据被存储在探测器内部一盘长度为 100 米的磁带上，以便在飞掠结束后向地球发报。每张照片的分辨率都只有 200 像素 ×200 像素，要花近 9 小时才能传输完成。

“水手 4 号”在飞掠火星结束之后，还有一个无线电掩星实验要做。在逐渐远离火星的阶段，它的数据传输天线对火星进行了无线电信号分析。这一信号虽然简短，但足以精确测出其衰减程度，由此可以粗略推算出火星大气的密度。此前很多年间，科学家都猜测火星上的大气压可能与地球上高山顶部的大气压不相上下，但这次

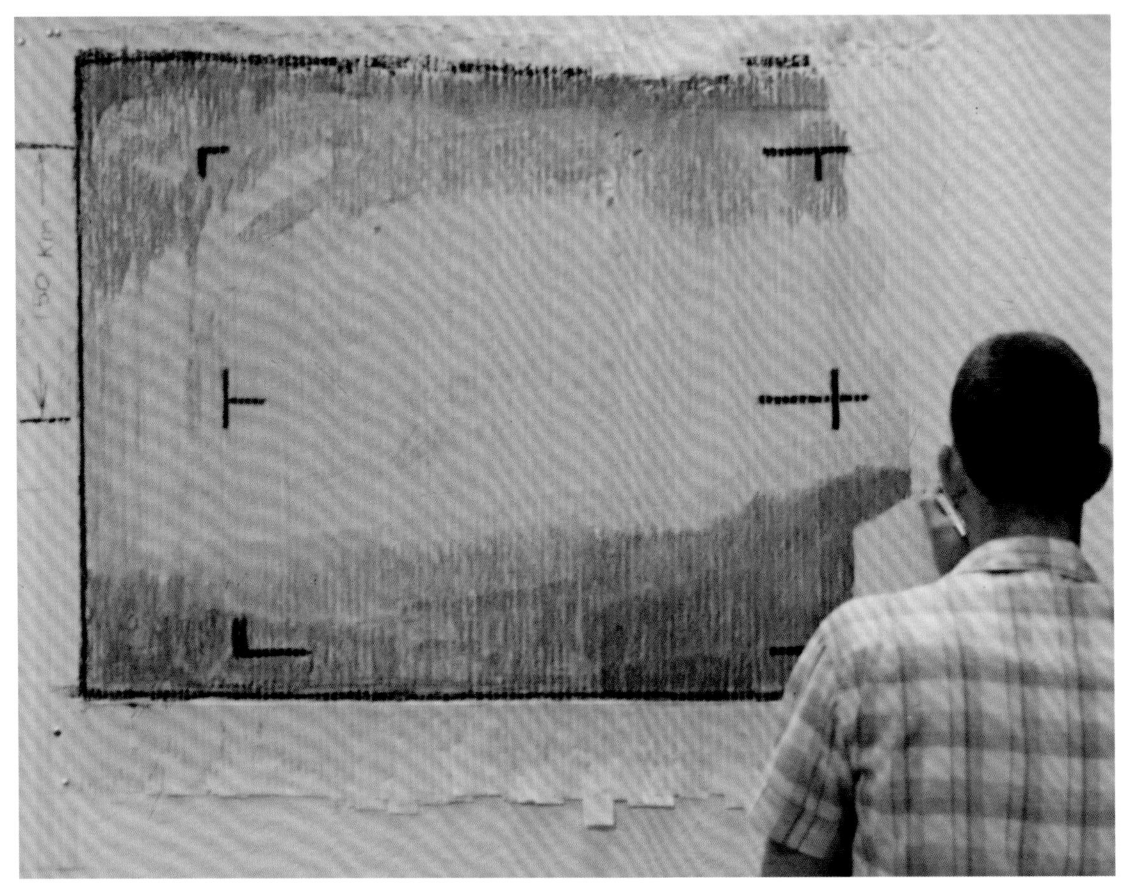

上图：在“水手4号”把它飞掠火星时拍摄的照片转换成数据发送回来时，科学家们立刻把打印出来的读数切成许多细条，根据数字为它们手动涂色，生成了一幅彩色图画。这幅手绘的画面，与后来计算机打印输出的图像非常接近。

探测却显示，火星大气压的水平只有地球的1‰。珀西瓦尔·洛厄尔构想的那种火星文明学说由此开始瓦解。可以说，这次探测揭开了火星的真面目。

“水手4号”已经离火星越来越远，并扎进更远的太空，与此同时它开始缓慢地把图像数据传回地球。喷气推进实验室的科学家们通过电传打字机，从分布在世界各地的接收站拿回了探测数据，这些数据的原始样貌只是打印出来的一串串冗长的数值。为了将这些数字转换成图像的形式，需要把它们输入实验室的计算机进行处理，这个环节也相当耗时。计算机将根据数据合成出

22张黑白照片。其中的第一张尚未打印完毕，就有两位科学家急不可耐地拿起彩色铅笔，试图按照数据来手绘这幅图像。他们使用的颜色当然都是根据数值的定义选择的，这很像博士们在玩小朋友的“按数填色”游戏。他们画出的图像与计算机后来生成的图像十分相似，这幅“画”至今仍然被骄傲地挂在实验室的墙上。

当然，计算机最终也算完所有数字，然后打印出这次获得的照片和数据集。对探测结果的初步分析被一点一点地发布给正在焦急等待的媒体。这些模糊不堪的照片显示出火星的新面貌，那与地球上通过望远镜看到的火星截然不同。火星表面是一个干燥的、布满岩石的世界，陨击坑星罗棋布，数量超出大家的想象。根本没有什么运河，也没有什么海洋和大陆之分。它看起来更像我们的卫星——月球。最终，科学家们欢欣鼓舞，媒体人士全神贯注，公众则流连于对这一技术奇迹的崇敬和对火星苍凉景色的震惊之间。人类通过勘查得知，无论金星还是火星，都谈不上是地球的孪生兄弟，而且也都没有什么邻近的外星文明——我们是孤独的智慧生物，至少就太阳系之内而言是这样。

但这终究只是探测器第一次飞向地球轨道外侧。“水手4号”送回的22张火星表面照片分辨率并不高，而且只是沿着对角线方向连续拍摄的。任务虽然取得了成功，但也只拍摄了火星全部表面的大约1%，而且碰巧只拍下了陨击坑特别密集的地区。与地球上的地质学相比，这些火星地质资料的细节很少，更多的信息只能依靠推断。大众关于火星人的传言在此跌落到谷底，人们认识到，火星上尽是毫无生机可言的荒漠，至少我们拍到的火星表面的这一小部分就是如此。

但在接下来的十年里，人类对火星的理解又朝着一个新的方向发展了，而且这个新的想象图景颇为精彩、迷人，甚至不输给那个已被否定的火星文明的传说。

有得有失："火星系列"和"水手系列"

在"水手4号"成功之后，NASA对"水手系列"的航天器做了改进。"水手5号"作为前者一个稍加改动的版本，被发往金星。结果这次任务又成功了，进一步增强了大家对"水手系列"基本设计方案的信心。于是，NASA继续升级"水手系列"的结构和各个子系统，打造"水手6号"和"水手7号"，预定于1969年再次访问火星。

与此同时，苏联的航天事业也是热火朝天。1957年"斯普特尼克"（Sputnik）首战告捷后，苏联开始稳步推进载人航天计划。20世纪60年代初，苏联一次接一次地完成壮阔的航天飞行，包括1961年首次将人类送入太空、1963年首次完成女性航天员升空、1965年又代表人类完成首次出舱太空行走。不过，与这些相比，苏联在不载人探测器方面的成果并不是特别引人注目。

上图：这枚美丽的苏联邮票描绘了"火星2号"在火箭推动下飞向火星的场面，用于纪念这部于1971年11月进入绕飞火星的轨道后坚持向地球传输数据半年有余的探测器。但是，这部探测器携带的着陆器以坠毁告终。

苏联的进取

最初，不载人探测器的优势在苏联一方。苏联不仅给自己的航天和导弹项目开发了强大的制导和导航硬件，还能制造更为巨大的火箭，可以送更多的大型探测器升空。苏联也确实充分利用了这一能力，从1960年起积极开展了数十次关于金星和火星的重磅任务。但事情并没有这么简单：苏联的火箭虽然体量远远胜过美国，但箭上运载的装备的水平并不领先。

苏联不载人探测器的早期发展局面很好：比如1959年发射的"月球1号"就是历史上第一

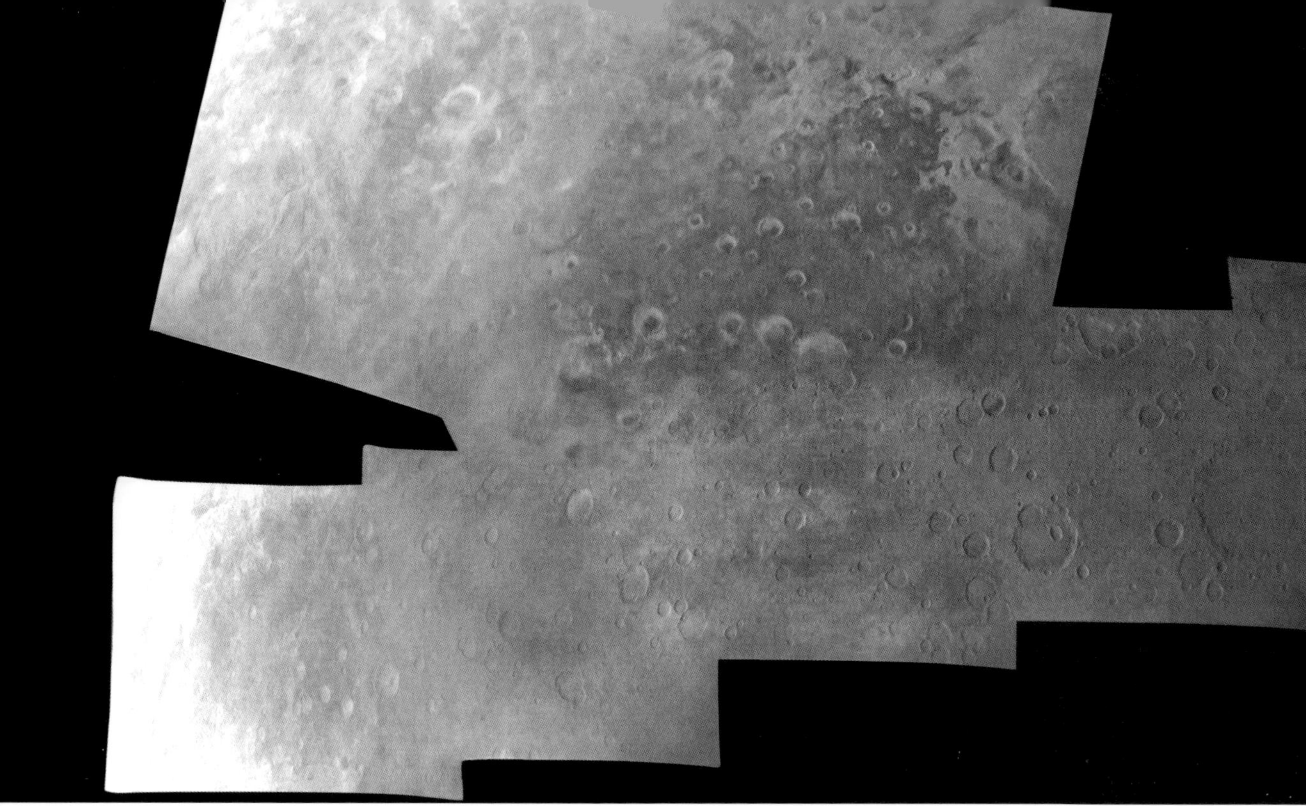

部飞离绕地轨道的航天器，它直奔月球而去。只可惜由于发射时的计时误差，它最终未能完成原定的目标——撞击月球。同年 9 月，“月球 2 号”终于完成这一任务，成为第一个碰击月球的人造物体。此后不久，“月球 3 号”首次拍到月球背面的照片。虽然分辨率不高，但这是人类第一次看到月亮的另一面。

苏联进行不载人太空探索的下一个目标也是火星。这一任务名叫“火星 1M”，它的编号方式虽然与美国不同，但也是由两部航天器组成的，这种“孪生兄弟”式的任务思路，美国和苏联都是认可的。这种探测器也是苏联当时制造过的最重的不载人航天器，它的质量达到 644 千克，是“水手 4 号”质量的两倍有余。1960 年年底，苏联航天人两次（火星 1 号和火星 2 号）试图送火星探测器升空，但都遭遇了发射环节的失败，探测器未能走上预期的轨道，落回了地球。西方

上图：这幅图像是用“水手6号”飞掠火星时拍摄的照片拼接而成的。这是对此前照片的一次升级，其景象呈无缝衔接。

水手6号和水手7号

任务类型：飞掠火星
发射日期：水手6号，1969年2月24日；水手7号，1969年3月27日
发射工具：“宇宙神-半人马”火箭
到达日期：水手6号，1969年7月30日；水手7号，1969年8月4日
终止日期：水手6号，1969年7月31日；水手7号，1969年8月5日
任务历时：6个月
航天器质量：412千克

媒体称这个系列的火星探测器为“火星系列”（Marsnik）。（译者注：Marsnik 这个词是“火星”和“斯普特尼克”两个词结合而成的，后者的俄文为 Спутник，有“伙伴”之意。）苏联坚持尝试第三次，这次准备得有些仓促，结果火箭没能起飞。一批技术人员前去调查原因，但此时火箭仍处于燃料充满的状态。这个不符合安全准则的举动导致了悲剧的发生：火箭突然爆炸，多名专家不幸殉职。

1962 年下半年，苏联又发射了名为“火星 2MV-4 之 3 号”和“火星 2MV-4 之 4 号”（斯普特尼克 23 号）的航天器，这是另一组旨在探测火星的孪生航天器。可是，其中一个在进入绕地轨道时出了故障，另一个虽然成功到达绕地轨道并开始变轨飞往火星，但途中也与地球失去了无线电联系。

这一年之内，苏联为火星探测计划做的最后一次努力是发射“火星 2MV-3 之 1 号”（斯普特尼克 24 号）。它虽然使用与前面的探测器相同的命名规范，但设计上完全不同，包括一个飞掠探测装置和一部最早版本的火星着陆器。整部探测装置质量约 900 千克。这次任务在当时可以说是壮志凌云，因为那时候还没有任何人造物体能到达其他行星的表面。可惜的是，这颗探测器又在离开绕地轨道的时候失败了。如今看来，由于当时人类对火星大气密度的认识有误，即便这颗探测器真到了火星附近并释放着陆器，着陆器也很可能坠毁。

苏联的又一次尝试在两年之后进行，只比“水手 4 号”于 1964 年 11 月的发射时间晚了几天。这次任务叫“探针 2 号”（Zond 2，俄文 Зонд 2），这部大型航天器是“火星 2MV-3 之 1 号”的“孪生”版，带有一个尝试进行“半软着陆”的下降舱。这次发射是成功的，探测器顺利切入绕飞火星的轨道。然而，1965 年 5 月，地面与“探针 2 号”的通信突然断了，这颗探测器只能在“水手 4 号”飞过火星一个月后，悄无声息地掠过火星。苏联的不载人太空探测计划先后遇到三种不同模式的失利——发射失利、离开绕地轨道失利、飞行途中失利，其火星探测尤其因此而不顺利。然而，苏联人有着坚韧不拔的毅力，他们越挫越勇，反复尝试。至于最后结果的不尽如人意，可能更多地缘于技术层面的升级、更新等问题。

美国的追赶

在苏联努力的同时，美国正在抓紧准备下一次飞掠火星的任务，这也将是最后一次飞掠类的火星探测任务。“水手 6 号”“水手 7 号”的整体外观都和“水手 4 号”很像，但质量都是“水手 4 号”的两倍。这两颗探测器的太阳能电池板展开后，宽度接近 6 米，高度则为 3 米。太阳能电池板再次承担了为航天器内部的电池供电的责任。它们也是当时美国发射过的最大、最重的不载人航天器。

它们搭载的实验设备包括各自一台红外光谱仪、一台行星表面温度测定仪、一台紫外光谱仪、一台改进了的相机和另一个类似“水手 4 号”那种的无线电掩星实验设备。它的无线电功率更大，数据传输速度也大幅度提升。一台与“水手 4 号”上的款式相仿的记录设备可以在探测器经过火星后播放这些图像的编码，但这次的分辨率要高得多。

1969 年 2 月 24 日和 3 月 27 日，“水手 6 号”“水手 7 号”先后发射。这次的星敏感器（一种恒星

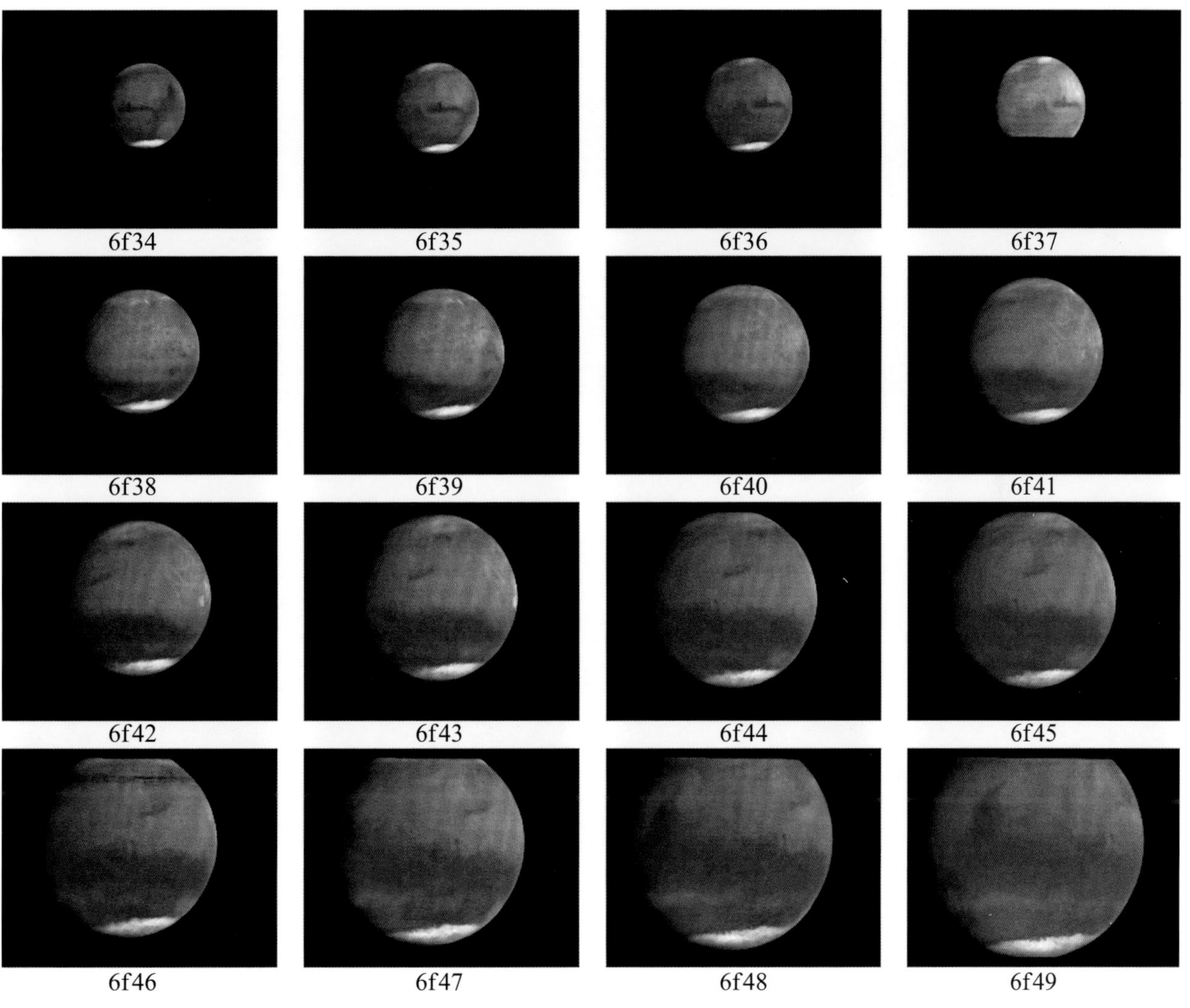

上图：“水手6号”在飞掠火星过程中拍摄的一系列照片。其中最引人注目的特征或许非下侧的“白色极冠”莫属。当然，火星表面的一些其他特征也可以在连续的多张照片中识别出来。

亲历者之声

约翰·卡萨尼

（John Casani）

在“水手系列”两次任务中担任航天器系统主管

当“水手6号”和“水手7号”接近火星时，所有人都被喷气推进实验室读到的数据牢牢吸引了。“水手3号”在两年前“失联”，而苏联的尝试又屡次失败。约翰·卡萨尼对此回忆道：

“所有这些挫折都让人更想知道火星附近究竟有什么玄机。就在那时，一个有趣的提法出现了——‘星际怪兽’……它是在‘水手4号’接近火星的时候出现的。鉴于苏联已经两次与火星失之交臂，人们猜测火星周围可能漫布很多流星体，或者火星环境中有某些因素会导致探测失败。一位为《时代》杂志撰稿的作家向我咨询这些推测，问我觉得它们到底有没有可能就是正确答案。我回答，‘不，火星环境中没有任何东西会造成这种情况。我也解释不了为什么其他的任务都失败了……也许是太空里有个怪兽造成了这些问题吧’。结果这位作家立刻记下‘一头巨大的星际怪兽’。这就是上述提法的由来。

“时隔几年，当‘水手7号’接近火星时，我们遇到的一个问题再次唤起了‘星际怪兽’的概念。太空艺术家创作了一幅奇特的画，展示了‘怪兽’在火星附近吞食‘水手7号’的场面……然后人们就想到了苏联在火星探测上所有的遗憾，‘怪兽’看来生活得自给自足。”

跟踪装置）表现不错，飞往火星的旅程也因此安全许多。可是，就在飞掠火星前的几天，“水手7号”的电池发生了泄漏，导致通信功能失灵。于是，控制器把通信功能切换到备用天线上，工程师们则要尝试在任务的框架之内想出一个修正方案，而这个框架此前只实际执飞过一次。时间紧迫。

就在“水手6号”掠过火星后不久，“水手7号”与地面的无线电联系突然恢复了。在这千钧一发的时刻，探测器的工作状况看起来完好如初。于是，地面在部分参考“水手6号”的数据及其初步解释的基础上，向“水手7号”发送了新的指令，改变了一些任务参数，并指定了要求拍摄的特定区域。美国的不载人探测器上装有可多次编程的计算机，其优势在此时得以显现。当时苏联的探测器搭载的计算机灵活性不足，高度依赖在发射前写好的、不可更改的命令序列。

“水手7号”以更高的分辨率发回了210张照片，每张都有704像素 ×945像素，这比“水手4号”的200像素 ×200像素强太多了，其中最清楚的照片里，每个像素对应305米距离，而

“水手4号”发回的每个像素对应约1600米距离。这一进步除了归功于相机分辨率提高，也归功于飞行轨迹比此前更加接近火星。两颗新的“水手系列”探测器都在离火星表面仅3380千米处通过，且双双“活着”完成了任务，这在早期的不载人太空探测史上是罕见的。

征途坎坷

苏联在绕地轨道上运行载人航天器大获成功并领先美国，但后来美国追上了初期的技术差距，最后还取得了更亮眼的航天成绩。美国通过自己的尝试，在不载人探测器的指令和控制方面越发成熟。苏联当然希望重新登上领先地位，但这也给他们的火星、金星不载人探测计划，以及正在筹划的载人登月计划带来压力。苏联的载人登月最后也未实现。

1969年，苏联最重要的航天任务是“火星2M”，这仍是一对“孪生”探测器。两颗“火星2M”探测器即便按照苏联的标准看来，也都很大很沉，每颗质量达4853千克，且各配有三台彼此独立的相机、一台水蒸气探测仪，以及一台光谱仪。而且，这次任务不满足于飞掠，这两颗探测器都打算绕着火星持续飞行。

第一颗“火星2M”于1969年3月27日发射。升空过程刚开始还是不错的，但随后第三级火箭意外爆炸，探测器也随之毁坏。4月2日，第二颗探测器继续尝试，但火箭只离开地面91米就又爆炸了。雪上加霜的是，“质子号”运载火箭爆炸时释放的燃料带有腐蚀性，导致发射台在接下来的几个月内都无法使用，其他的任务也因此延误了。

至此，苏联在与美国的航天竞争中进入一个低谷期，此后不久，美国完成载人登月。苏联在载人和不载人航天的早期都曾取得辉煌的胜利，但最终都被超过。而且，苏联的航天发射任务很少事先宣布，当然最终还是会有消息传出；美国的发射任务除军事任务外，几乎总有事先声明。可以说，苏联探测火星的脚步慢下来了。

潮湿的荒野：“水手9号”的震惊发现

美国在1971年年初失去了“水手8号”，这颗探测器从卡纳维拉尔角发射后不久坠入大西洋。接替它进行再次发射的是“水手9号”——它们代表着新一代的“水手系列”探测器，且比前一代更大、更重，每颗探测器的质量都是“水手6号”和“水手7号”质量总和的两倍多。增重的原因有两个：第一个是科学仪器的常规性增添，第二个原因更加令人瞩目——为了让探测器长期驻留在火星附近。

20世纪60年代的火星探测一直是飞越式的，探测器只能抢时间观测火星，返回的数据也是碰上什么算什么，而且总数据量相当有限。但新一代的“水手系列”探测器大部分带有通用的燃料箱和火箭发动机，这些装置可以让它们在飞临火星后适当降低速度，以便进入一个稳定的、绕着火星飞行的轨道。它们出发时的重量一半属于燃料。1971 年 5 月 30 日，“水手 9 号”在烟雾和火焰中离开了卡纳维拉尔角，半年之内就接近了火星。此后再过几个星期，它就会使用这些燃料进入一个关键的阶段——火箭反推。如果反推成功，它就会“刹车”减速并进入一个舒适的轨道进行测绘；但如果失败，它就会像它的前辈们一样，掠过火星飞向远方。11 月 14 日，反推火箭顺利点火并燃烧了 5 分钟，这让探测器的速度降到足以被火星引力俘获的水平。“水手 9 号”由此成为历史上第一颗进入绕飞另一颗行星轨道的探测

上图：苏联为“火星2号”和“火星3号”这两次任务发行的一枚纪念邮票。“火星2号”的着陆器坠毁，其轨道器环绕火星拍摄地表时却遇到沙尘暴横扫这颗星球；“火星3号”的着陆器顺利降落，但几分钟内就出了故障，其轨道器的遭遇与“火星2号”的轨道器相似，拍出来的照片因恶劣天气而缺少可识别的特征。

器。此后，这样的探测器越来越多。

技术竞技场

苏联一直顽强地追求与火星有关的航天目标，但运气不佳。不过，每一次失败都激励了苏联航天人更为远大的志向。在航天事业的初期，美国在一次次任务中追赶苏联的心情越发急切，而此时二者的角色好像颠倒过来了，苏联的每次任务都越来越急迫地追赶美国。1971 年（与“水手 9 号”同年）12 月 2 日，苏联的“火星 2 号”和“火星 3 号”也进入绕飞火星的轨道，跟上了“水手 9 号”的脚步。而且，苏联的探测器这次并不只是绕飞，这两颗探测器各携带一部软着陆器和一辆火星车。这是 1971 年人类科技界的一个雄心勃勃的目标，如果着陆器取得成功，将带来一系列震撼人心的成就。

当这三颗代表航天竞争的探测器共同绕飞火

下图：“水手9号”观察火星的第一眼或许令人难忘，但品质着实不高。它遇到一场席卷整个火星的沙尘暴，导致照片缺少细节特征。喷气推进实验室利用这颗探测器上的计算机可重新编程的特点，等待了几个星期，等来了风暴的结束，然后重新启动了拍摄计划。

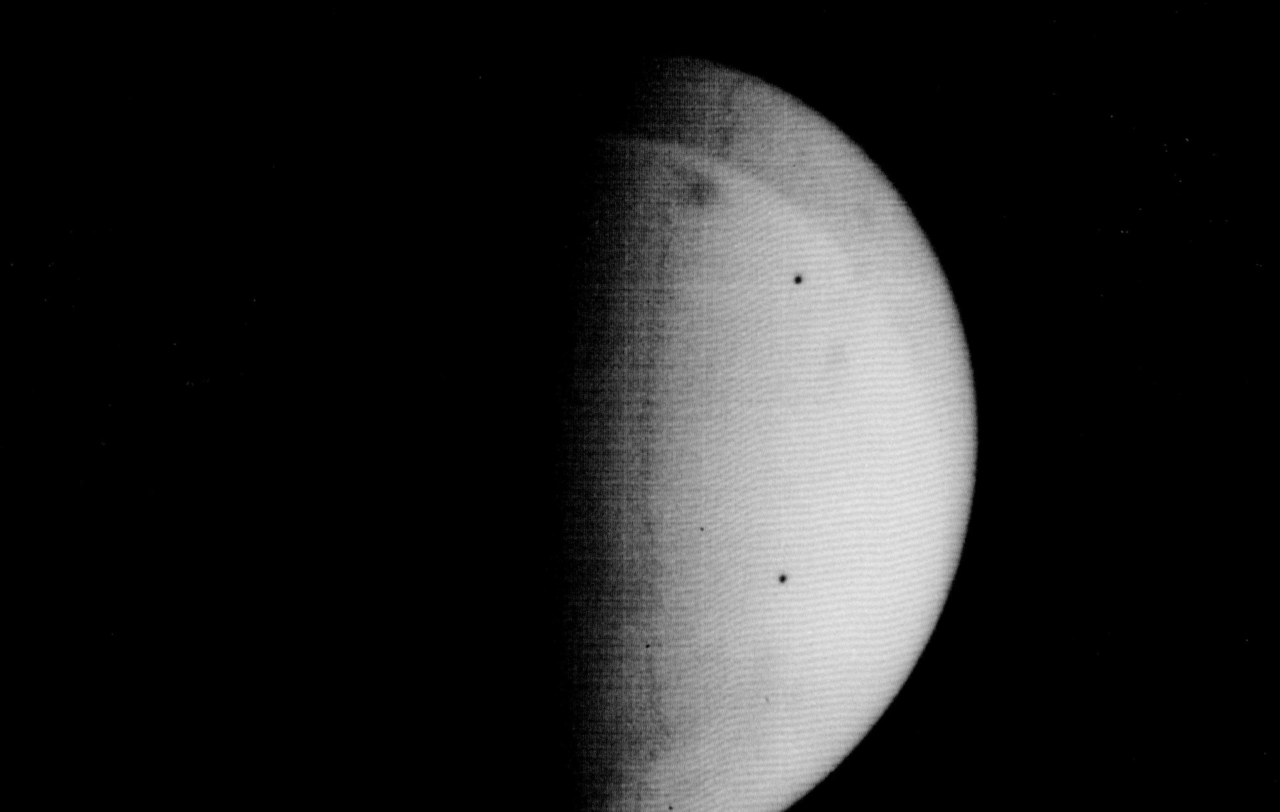

星时，一个让科学家们不愉快的场景出现了："水手9号"在接近火星时送回了一张几乎没有任何细节的照片。这张照片很快让科学家们确认了他们从9月开始就在猜测的事：整个火星正被一场覆盖其全部表面的巨型沙尘暴席卷着。虽然探测器可以对火星的各个位置拍照，但火星除了能从两极上空的沙尘"破洞"里看见一点儿细节，其他位置全被遮蔽。失望笼罩了航天界。

喷气推进实验室的工程师们忙得不可开交，他们很快设计出新的程序并发送给"水手9号"，把它的测绘任务时间向后推移。他们将影像系统调节为"受限模式"，节省下大部分的工作能力，等待风暴散去（这场风暴又持续了六个星期）。但苏联的两颗"火星号"不能重新编程，所以依然不停地朝着火星云层的顶端拍照，结果就是数百张茫茫一片、缺少内容的照片。当然，它们仍然送回一些有用的科学数据，但这些收获已经算不上划时代的科学成果了。"水手9号"则可以静候天气转好，去拍清晰的火星表面。

苏联的探测器还带有火星车，在当时，这无疑是货真价实的天才设计。两部苏联着陆器都在到达火星前大约4小时30分与飞船分离，沿着一条不同于绕飞轨道的、更具"切入"倾向的轨道前进，准备冲进火星大气。每部着陆器加上绕飞模块的总质量都远大于4535千克，约是"水手9号"的5倍。着陆器本身也堪称"怪兽"，它加满燃料后质量约1225千克。它们的轮廓大致呈球形，苏联的许多航天器都是这样的。着陆器接近火星时，会点燃反推火箭并进入大气层，然后通过降落伞与反推火箭相互配合，实现自动软着陆。着陆器上带有四块折叠起来的支板，着陆之后它们会立刻展开，将探测器调整到合适的姿态，以便其运行。

它如果着陆成功，还会带给世界一个更大的惊喜——火星车。此次的每辆火星车都是一个质量为5千克的盒子，尺寸和一个当今的Xbox[1]游戏机相近。在着陆器稳定后，它们将被一个小型机械臂送出，安置在火星表面，然后利用一组可以交替升降并推动车身的滑道向前移动，这很像小海龟孵化后爬向大海时的动作。它与着陆器之间有一根15米长的电缆连接，但又有一定的自主性，其头部安装有碰撞探测仪。这个设计看起来即便只是个雏形，也是充满灵感的。不过，这次火星车任务最后还是未能成功。

不同的结果

"火星2号"的着陆器冲入火星大气后，突发机械故障，不幸坠毁。"火星3号"通过其自主导航系统准确地进入着陆轨道，并安然抵达火星表面，蹦跳了一阵后停住了。机械支撑板向下翻转打开，帮助着陆器调整到垂直姿态，全景相机也展开了，其第一组可视画面开始向地球传送。

然而这个伟大的场景只坚持了15秒就中断了。着陆器在传回了70行视频数据后宣告失灵，其原因复杂——从沙尘导致的意外放电，到设计上的瑕疵，等等。于是，"火星2号"和"火星3号"雄心勃勃的任务至此都已谢幕，虽然它们的绕飞模块还在空中拍摄火星，但如前面所说，其画面缺少细节。

1 译者注：Xbox系列游戏机的尺寸各有不同，但均为扁盒形立方体，最大边长通常不超过35厘米。

下图：这张图片显示了火星上最大的火山——奥林波斯山附近的一处侵蚀地貌特征。它旁边还有许多条侵蚀而成的沟渠，看起来非常像是因过去的流水而形成的。

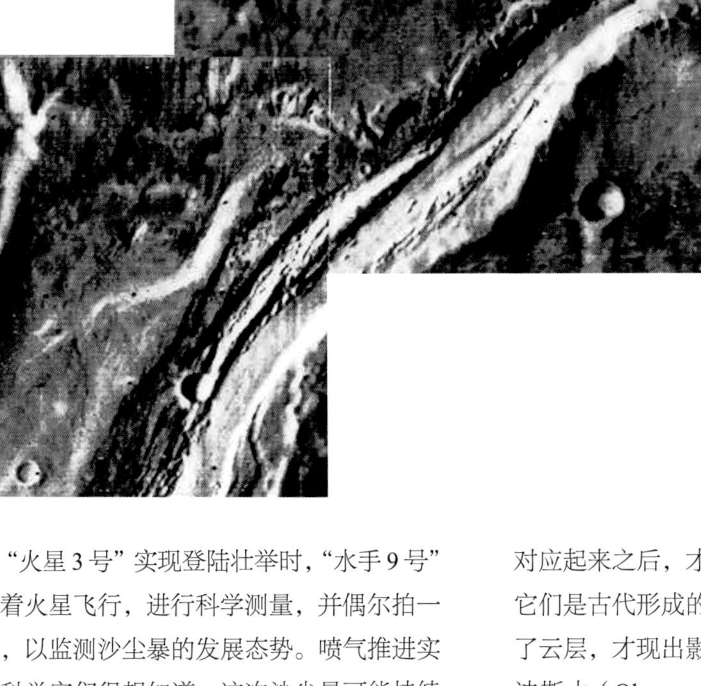

当“火星 3 号”实现登陆壮举时，“水手 9 号”继续绕着火星飞行，进行科学测量，并偶尔拍一下照片，以监测沙尘暴的发展态势。喷气推进实验室的科学家们很想知道，这次沙尘暴可能持续多久。几周后，在记录火星天气模式的常规照片上出现了奇怪的物体，有一张照片里有三个令人困惑的圆形斑点，此后很快又多了一个。直到科学家们把这些目标的位置与手头掌握的火星地图对应起来之后，才明白这些东西是什么。原来，它们是古代形成的巨型火山，其高耸的山顶穿透了云层，才现出影像。其中最高的一座山叫奥林波斯山（Olympus Mons），高达 25 千米，约是珠穆朗玛峰海拔高度的 3 倍，这也是太阳系中最高的山。巨大的火山穿出浓密尘埃云顶层的事实如同一扇窗口，为我们昭示着这颗神奇星球上壮观的自然地貌特征。

随着沙尘暴强度的下降，任务设计师有了给“水手 9 号”设定新目标的好机会。最初的计划是让“水手 8 号”沿着重复的轨道绕飞火星，并为火星表面 70% 的区域绘制地图（在此前的飞掠型探测任务中不可能做到这一点），然后让“水手 9 号”研究火星表面状况和大气状况随着时间的推移会有何变化。但由于“水手 8 号”折戟，“水手 9 号”必须先把它和“水手 8 号”各自最重要的任务兼顾起来。时间紧、任务重，幸好“水手 9 号”搭载的计算机可以重新编程，这项能力至关重要。当火星的天气稳定到可以开始成像时，喷气推进实验室已经把相关工作准备就绪。

在接下来的一年时间里，“水手 9 号”一直环绕火星飞行，离火星最近时只有 1600 多千米。“火星 9 号”后程发力，它送回地球的照片令人大为惊叹。这次任务为我们带回了几乎整个火星表面的地图。当然，由于要靠一部航天器完成原本给两部航天器的任务，所以任务质量方面有着小小的让步：“火星 9 号”的轨道倾斜，导致火星两极区域的成像分辨率较低。但无论如何，这些成果值得欣慰。

当初“水手 4 号”的 22 张火星照片告诉我们，火星是个像月球那样荒凉冷酷的世界。后来，在“水手 6 号”和“水手 7 号”更高的图片分辨率和更大的测绘覆盖范围下，这种观念有所调整，火星“变得”温和一些了，但是直到“水手 9 号”在一次次重复绕飞火星表面，并得到足够多的数据之后，我们关于火星表面作用过程的许多假设才得以完全重写。它的镜头展现出来的是一个分布着成千上万种彼此不同的地貌特征的世界，而且很明显，这些特征并非单纯来自陨石撞击。长长的沟渠蜿蜒着，显然这里曾经有过活跃的环境，这些河道就是那时候的侵蚀作用形成的。还有些地区看起来很像布满沙子的冲积三角洲。我们不清楚这些特征到底来自流水的侵蚀作用还是风蚀作用，但以地球的太空照片作为参照来看，它们非常像是流水冲刷出来的。地质学家们很兴奋，对行星科学领域来说，没有什么能比出现未知答案的新问题更让人激动的了。

专家们结合整个火星的表面图，像研究了火星大气的组成，还有其温度、密度和压力的水平。我们对火星的天气模式开始有了初步的了解，也第一次看到了那里的季节变化现象。探测器送回的数据很多，光是照片就有 7329 张。这些资料不仅可以供科学家研究很多年，而且对敲定下一组火星探测器的任务配置也很有用处。按当时的计划，在四年之内就会再发射一组探测器。所以说，“水手 9 号”的任务无疑是精彩的。

一个时代的落幕

在探测进行了近一年之后，“水手 9 号”的高度控制系统差不多耗尽了燃料，这导致它几乎不再可能重新完成定位。1972 年 10 月，地面工程师带着满足感和深深的遗憾之情，向探测器发出了终止命令。停止了工作的“水手 9 号”继续绕着火星飞行，成了早期行星探测活动的一块无声的纪念碑。预计它将会在 21 世纪 20 年代初坠入火星大气，最终撞上火星，撞击的具体位置不易预测。不过，现在环绕火星运行的新一代高分辨率相机肯定能观测到整个过程。

火星探测器的发射，让我们在短短的六年时间里，把对火星的认识从望远镜中的一个模糊影像变成一个灰暗且坑洼的“月球”，又变成一颗被某种强大的气象力量侵蚀和消磨过的行星。如果从地质和气象的角度来说，火星堪称一个会“呼吸”、有“生命”的“生态系统”。但是火星上壮丽的景色到底是风创造的，还是水创造的呢？这个星球目前还活跃吗？或者，这些都只是过去剧烈活动的余波？这些问题得到回答的时候已经是 1976 年，这一年，一对脱胎换骨地改进过的探测器雄心勃勃地抵达了火星，它们就是“海盗系列”（Viking）。

右图：苏联的“火星2号”和“火星3号”采用一致的“轨道器-着陆器”组合设计。它们都是重量级的大型探测器，这样做的主要原因是，设计者要用压力容器来保护其中的精密电子设备。这两颗探测器最后都只取得了部分成功。

下图：这是根据“水手9号”拍摄的照片，利用墨卡托投影法绘成的一幅火星全景图。它虽然不是特别准确，但这样拼接出来的图像，对致力于解开火星地质秘密的行星科学家来说，已是一份宝贵的资料了。

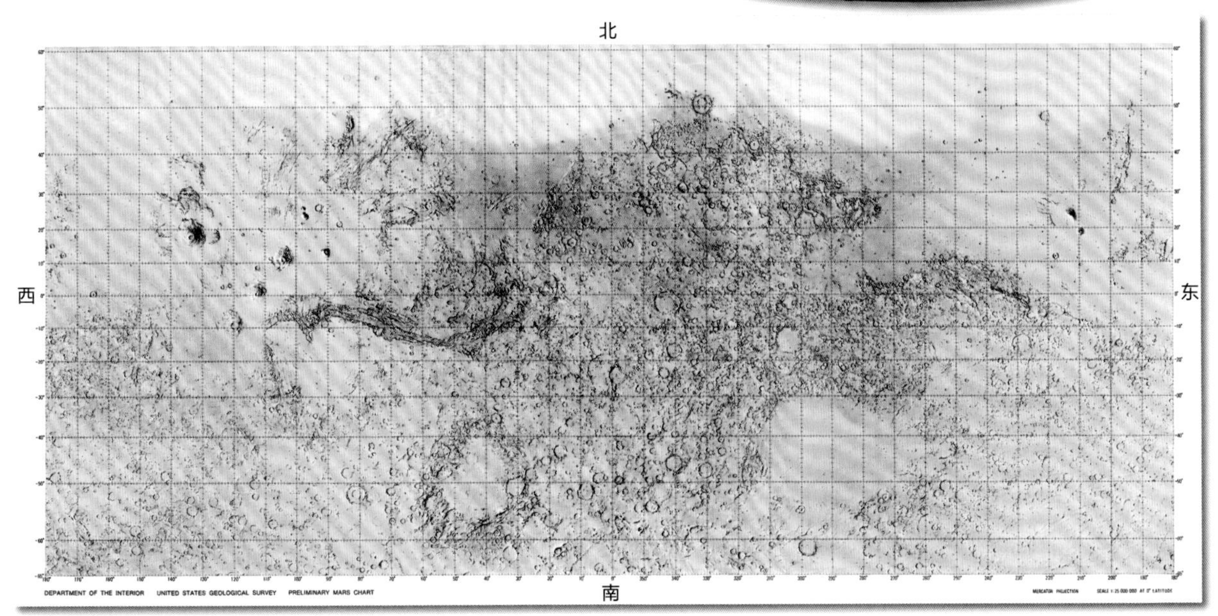

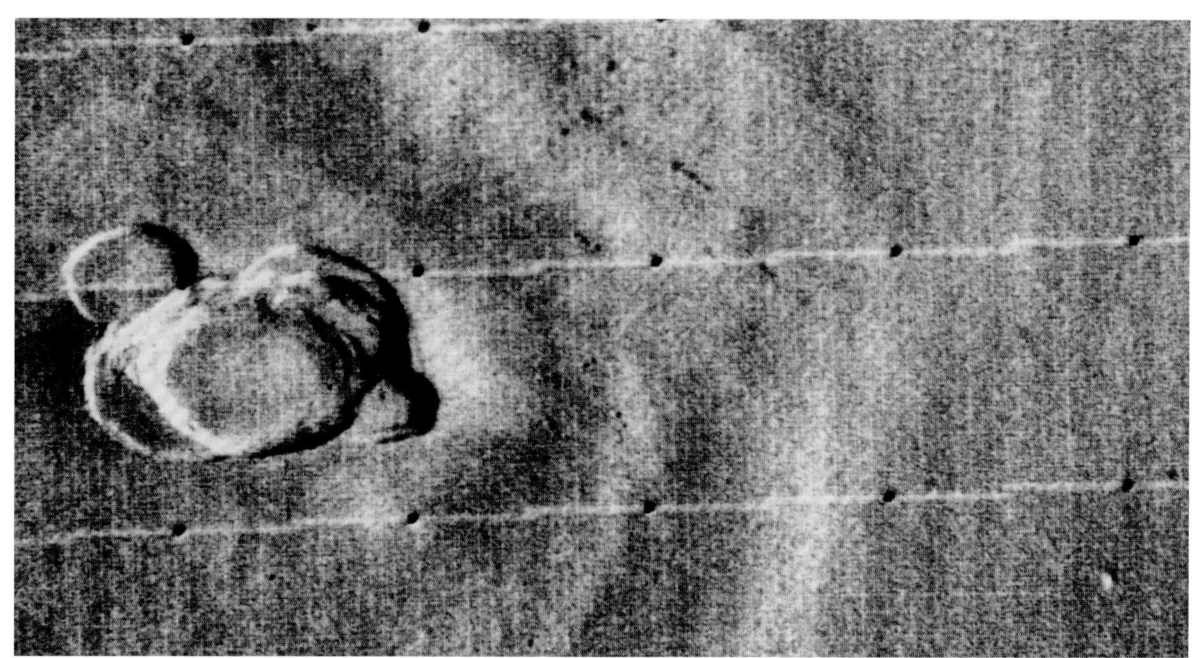

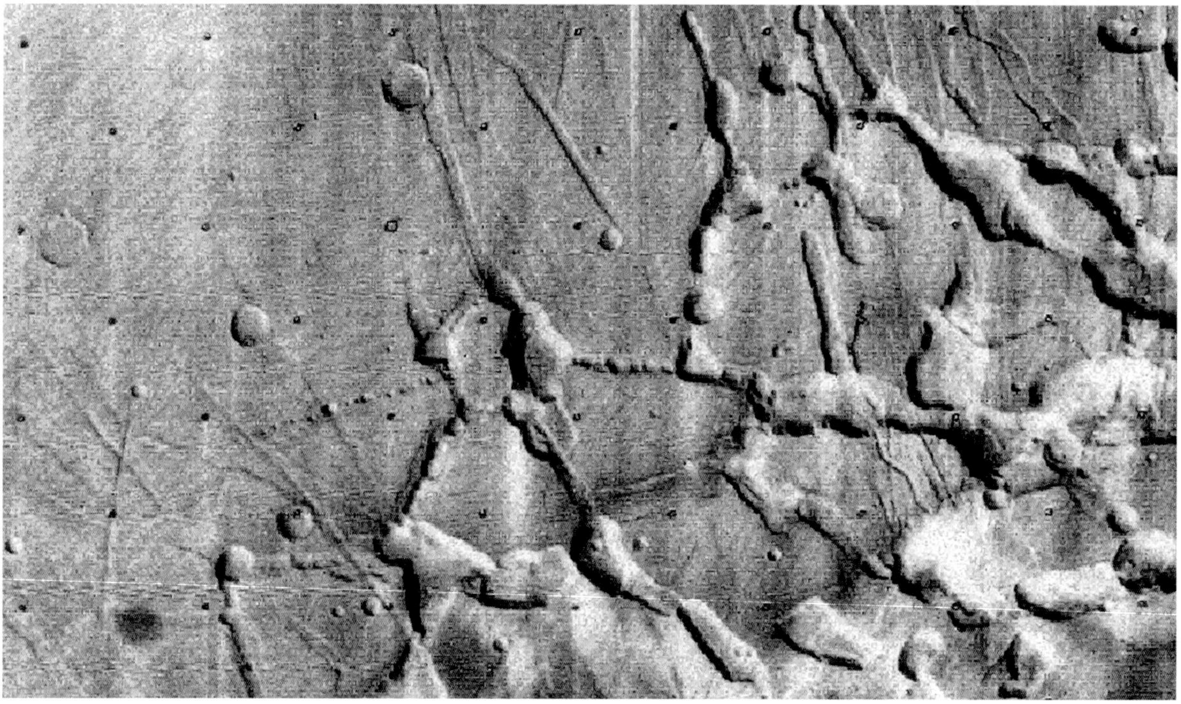

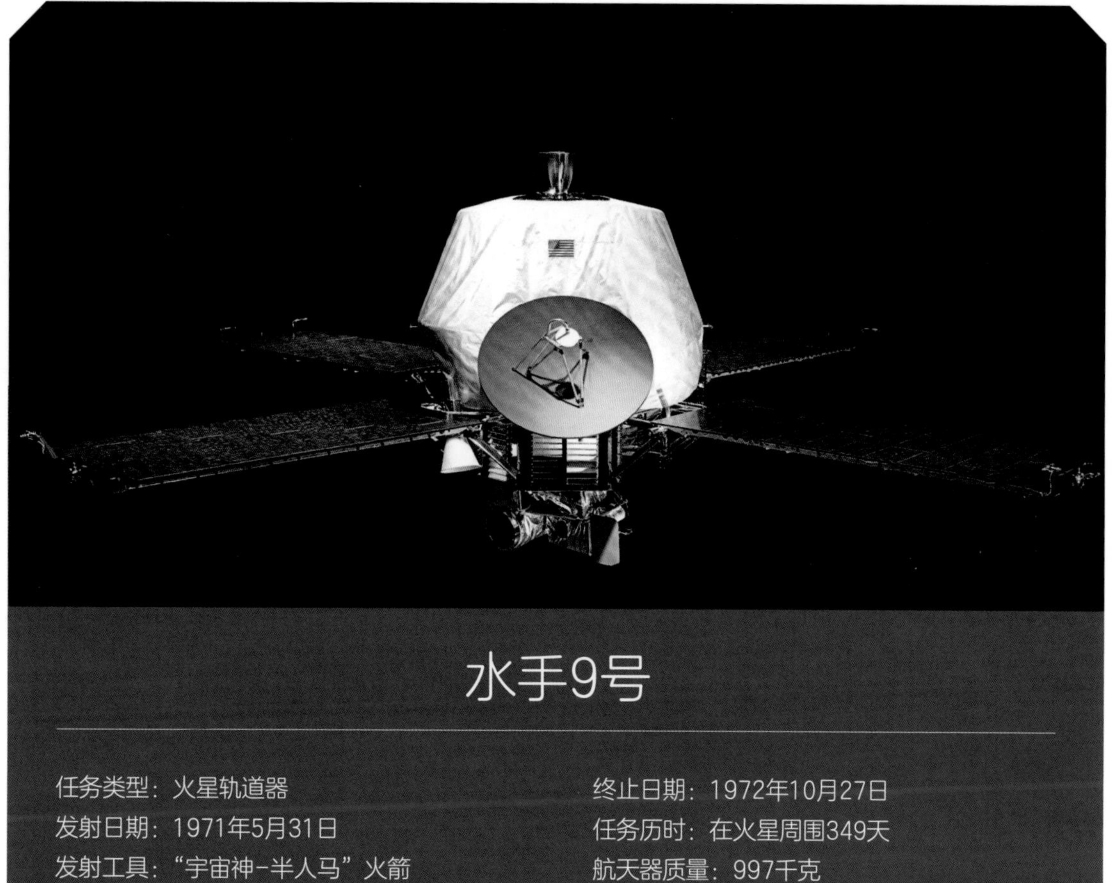

水手9号

任务类型：火星轨道器
发射日期：1971年5月31日
发射工具：“宇宙神-半人马”火箭
到达日期：1971年11月14日
终止日期：1972年10月27日
任务历时：在火星周围349天
航天器质量：997千克

对页上图：奥林波斯山的山口，这座巨大的火星火山高出周围地面约21千米。这张图的数据经过转发，因此带有电视信号中的那种干扰线条。

对页下图：位于“水手号峡谷群”末端附近的地貌“诺克提斯沟网”（Noctis Labyrinthus，意为“黑夜迷宫”），它破碎凌乱的形态结构，至今没能确定是怎么形成的。自然侵蚀的力量以及照片中显示出的岩壁坍塌都是可能的原因。

冲入迷境："海盗系列"的辉煌

从20世纪50年代起，有关人员就一直在构想这个时刻。火星地图已经被充分地研究过——先依靠通过望远镜画成的地图，后依靠"水手系列"传来的精致照片。探测器的仪器配备方案一直争论不休，任务参数已经制定和调整了许多遍，预定着陆点也改了又改。硬件则在建造、测试、清洁后已经整装待发。

然后，在1975年8月和9月，两枚"宇宙神3号"运载火箭离开卡纳维拉尔角，将它们的重型有效载荷——"海盗系列"（海盗1号和海盗2号）"孪生"探测器送入绕地球的轨道，随后，末级火箭带着探测器驶向火星。次年6月，随着反推火箭点燃，最初的两颗"海盗系列"及其着陆器正式到达绕飞火星的轨道。接着，喷气推进实验室的科学家们通过轨道器上搭载的新型增强相机的照片，花了整整一个月时间去观测下方凌乱的火星表面，因为这是他们给着陆器确定最佳着陆点的最后机会。

在加利福尼亚州帕萨迪纳，1976年7月20日凌晨1点，"海盗1号"的着陆器与其轨道器分离，点燃了自己的反推火箭，朝火星表面落去。以今天的标准来看，这台着陆器巨大、笨重，而且不够智能，它就这样降向了未知的深渊。鉴于当时人们对火星表面所知甚少，要想成功着陆基本得靠运气。所谓"成功着陆"的意思是：既没有碰在大型的突出岩石上，也没有磕在山的棱脉上。当今的喷气推进实验室里有不少人喜欢把"海盗1号"戏称为"傻瓜着陆器"。在跟轨道器分离之后的三个小时里，这个"超低等生物"一切只能依靠自己。它要么安然停落火星表面，要么在毁灭性的碰撞中宣告夭折。而且，由于地球和火星之间的无线电通信有很长的时间延迟，喷气推进实验室的任何人在着陆器接触火星表面之后大约9分钟之内都不会知道结果究竟是悲是喜。飞行工程师们紧张得坐立不安，死盯着控制台，等待着从火星表面传来的那最为重要的第一次信号……

一次新的出发

"海盗系列"的飞行，是十余年的策划和精心准备之后掀起的一个高潮。早在第一组"水手系列"飞掠火星之前，NASA和科学界人士就已经在筹划让机器人登陆火星表面执行探测任务了。诚然，"水手9号"绕飞并观测火星是一次很好的科学探测，但是仅凭轨道器是永远分辨不出完整的火星图景的。发送"轨道器－着陆器"组合，所收集到的数据成果才是无可匹敌的。"海盗系列"可以说是人类对火星的好奇心的某种最终表达。

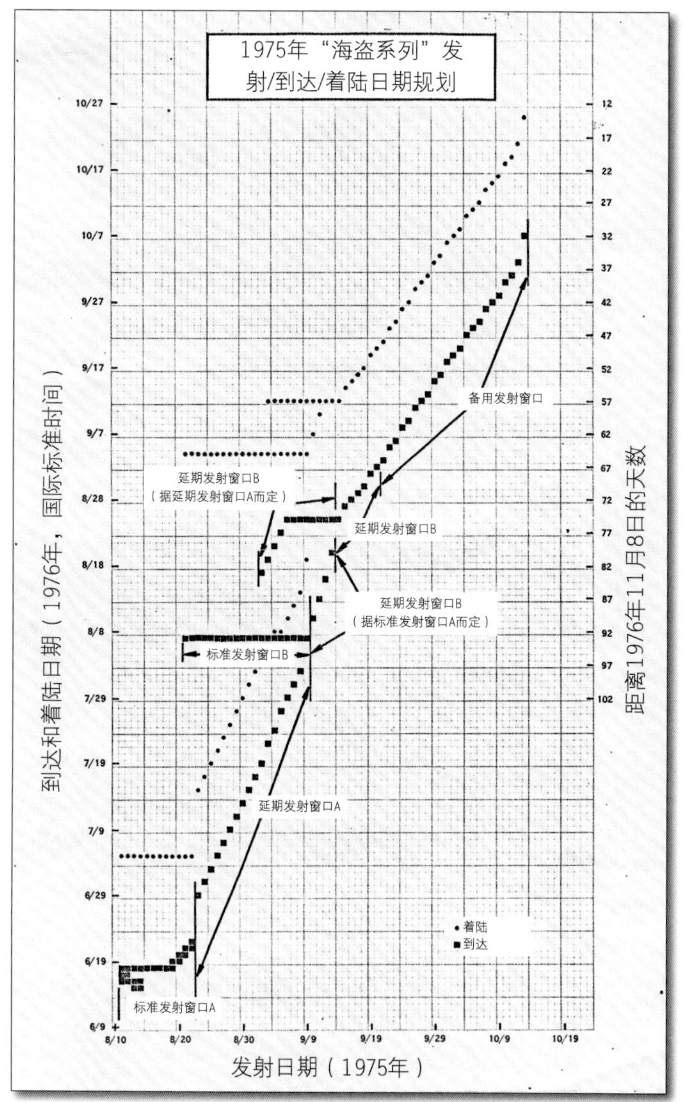

左图：1975年“海盗系列”发射/到达/着陆日期规划。直到万事俱备、真正发射之前，这种规划一直在进行。

上图：在美国发行的这枚纪念邮票上，“海盗系列”的一部着陆器正“飞在地球上方”，火星像一个小点，正在等待它前去取样。邮票上的Viking missions to Mars意为“海盗系列”火星任务。

通过把表面考察数据和在轨的连续观测数据相结合，人们对火星地质和天气过程的理解将“更新换代”。在此次行动中，新的高分辨率轨道相机将以空前的高精度拍照，而且会生成彩色照片。着陆器庞大的身躯装满各种仪器，探测项目繁多：从火星的天气到土壤成分，再到地震活动等，几乎应有尽有。而其中最重要的内容是一项大胆的探索，即追问人类与这颗红色行星的联系：寻找地球以外的生命。

从这项任务策划的最初阶段起，“探索火星生命”就是它任务清单的一部分。随着任务的筹备逐渐到位，这一目标站到了最重要的地方——

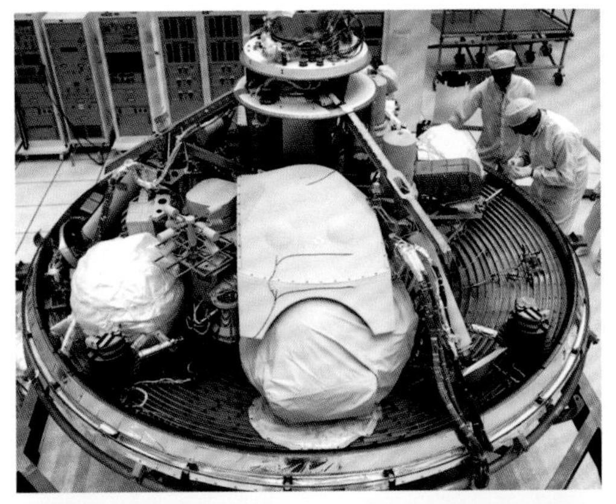

最上图：工程师在“海盗系列”的一部着陆器旁边，占据图片主体的圆形模块就是隔热罩，直径达3.5米。这是NASA首次针对外星球的大气层使用这种设计。

上图：一位工程师在检查“海盗系列”的一部着陆器上的土壤采样铲。它被安装在由弹簧钢制造的机械臂上，后者可以盘卷起来把样本收回。

至少在媒体看来如此。关于这个排序曾有很多争论，主要的争论点在于是先集中力量研究火星地质以寻找水源，还是直接跨越一步去寻找火星土壤中的微生物痕迹。基于当时的合理推断，任务组决定先研究火星土壤中的微生物活动迹象，尽管如今看来，这个决定在科学上有些自负。后来的事实说明，这一“赌注”在很长的时间内都搞不清究竟算是赢了还是输了，它没有得到一个非此即彼的清晰答案。

给着陆器物色一个着陆点的工作，在轨道器和着陆器尚处于设计和制造阶段时就开始了。来自“水手6号”和“水手7号”的数据所含信息丰富，但对那些负责将着陆器安全送到火星表面的人来说，还远不足以让他们高枕无忧。轨道器拍摄的这些照片只覆盖火星表面的一小部分，而且其分辨率的水平仍然有限，虽然能帮助着陆器避开像一个小镇那么大的障碍物，但避开更小一些的障碍物就做不到了。要想仅根据已有的数据来决定着陆点，信息从根本上说还是不够。到了1971年，“水手9号”的新数据来了。这批数据的分辨率更佳，覆盖范围也更大，但仍然无法识别出直径小于1100米的物体。所以，选择着陆区的事，一半靠观察，另一半靠直觉。

意见的分歧

除这些安全上的问题之外，在首选着陆点的问题上，科学小组成员之间的争论也加剧了。虽然他们都很有科学追求，但他们所选择的目标方向却千差万别：气象学家们想找一个周围几千米内都平坦、干净的区域降落，要想获取纯净的天气数据，这是最佳之选；但地质学家们却希望能拍摄到着陆点附近有趣的地表特征，另外最好能

亲历者之声

诺尔曼·霍洛维茨

(Norman Horowitz)

美国加州理工学院生物学教授

霍洛维茨监督了"海盗系列"任务中的生命科学实验的全过程。他说道：

"关于火星生命的概念已经存在了三百年。这是我们第一次有能力去检验它。'水手9号'的发现为登陆火星提供了客观的理据，那就是火星上曾经有水。那里有一些干涸的河床，显然是被水流制造出来的。所有的地质学家都认为这些痕迹来自水蚀，液态水曾经活跃在火星表面。如果火星上有过水的话，那就可以说，那里也可能萌发过生命，进而，这些生命可能至今还活着。诚然，'水手9号'作为一颗轨道器于1971年进入绕火星的轨道，还拍回了照片，但即便如此，我还是倾向于认为火星上有生命的概率接近于零。

"请想象，地球是太阳系中唯一有居民的星球，地球上只有一种生命形式——我的意思是，只要你观察生物的组成，就会发现它们都有相同的基因系统，它们都依赖于由相同的氨基酸组成的DNA和蛋白质，具有相同的基因密码。很明显，生命的方式是唯一的，也就是说，众生都是亲戚。生命的出现可能只发生过一次，地点就是地球，在太阳系中没有其他的地方可以上演这一幕。即便生命真的在其他星球上萌发过，它们也没有存续下来。我认为这是一个非常重要的、根本的结论。如果人们全都意识到这一点，或许就不会那么乐于破坏地球了。"

落在一个大小合适的陨击坑附近，这样可能会见到一些从地表之下溅射出来的物质，然后可以利用机械臂对其取样；生物学团队的工作也依赖于高分辨率的轨道器图像，生物学家们希望把一部着陆器放在照片中的明亮区域，另一部放在暗色区域，他们认为这样做可能会增加找到火星生命的机会，但他们自己也不知道不同色调的区域在演化方面会有什么区别；化学家们则想选择一个地势低洼的地区，那里大气压力更强、温度更高，而且可能更潮湿。

讨论一直持续到1970年。虽然来自"水手系列"的6号、7号和9号的图像数据都会被采用，但只有在获得新的"海盗系列"的轨道器的相机照片后，他们才能最终确定着陆器的着陆点。而就在争论的过程中，NASA总部还投来了一枚"炸弹"：他们希望"海盗系列"的团队削减任务成本，轨道器上那些经过改进的相机正好属于准备"砍掉"的部分。此时，摆在团队面前的选项有：使用旧有的"水手9号"款的相机、简化现有的相机、彻底放弃使用相机。于是，当年"水手4号"

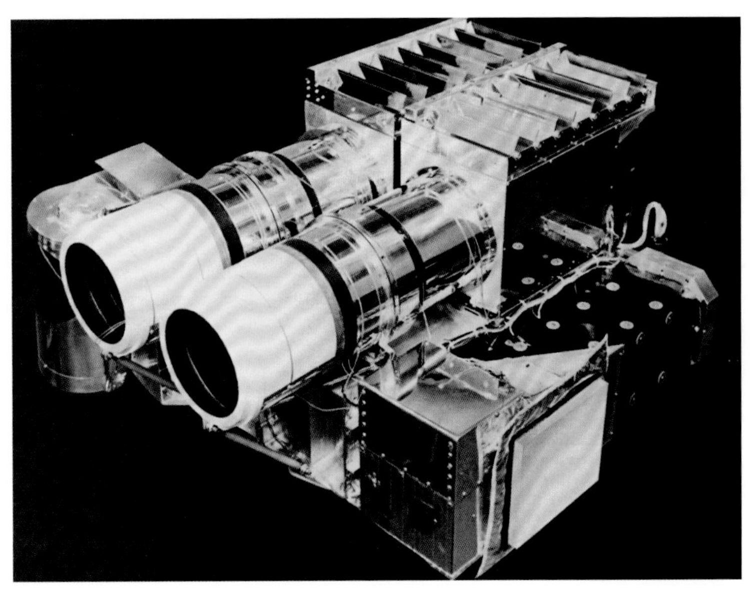

左图："海盗系列"的轨道器配有一对相机，它们可以通过望远镜的光学原理对火星表面进行高分辨率的"慢速扫描"。它的光路上还可以轮换插入六种不同颜色的滤镜，用于获取特定光学波段的照片。

时期的争论复活了，且已经升级到关乎任务生死存亡的高度。一旦"海盗系列"的轨道器上失去了改进版的相机，那么着陆器着陆点的选择就几乎只能撞大运了。

喷气推进实验室的科学家和工程师们强烈反对，其声浪旷日持久，有时甚至面红耳赤。最后，改进后的轨道器相机得以保留，其分辨率远高于"水手 9 号"。毕竟，不论砍掉还是简化轨道器的相机，都将对科学研究和着陆区的选择造成重大损失（到 1980 年"海盗系列"的第二颗轨道器结束运行时，它已通过无线电传回约 9000 张照片，其中许多都促成了独特的发现，而如果只有原来那种较低档次的成像，这些发现都是不可能的）。

当然，在此后的几年内，轨道器的成像改进工作仍在进行，优化任务列表并为着陆器决定着陆点的工作也还在继续。

工作的焦点在生命科学实验。当然，气象学和地质学的研究也很重要，但是主导此次着陆计划的生命科学实验却是至关重要的。在"阿波罗"探月计划的预算被削减大半的背景下，喷气推进实验室如何利用有限的技术资源和财政资源，尽可能好地寻找另一颗星球上的生命，成了生命科学家群体内部的一个辩题。

更上层楼的技术

在实验设计的初期，有两种仪器必不可少：气相色谱仪和质谱仪。两者都能在被加热的土壤样本中检测出样本散发出来的微量气体中的化学元素。这是第一次将这类装置部署到太空中；后来它们都以高度改进后的版本重返太空，最近的例子是 2012 年开始的"好奇号"（Curiosity）探测任务。

而在选定剩下的实验时，大家争论的核心是，火星上是否有某种微生物能像地球上的微生物那样，进行营养物质代谢。在最后的折中方案里，

上图：用"海盗1号"拍摄的照片拼接而成的火星全球照片。顶部的白色北极冠引人注目，同样醒目的还有下半部分蜿蜒绵长的"水手号峡谷群"。

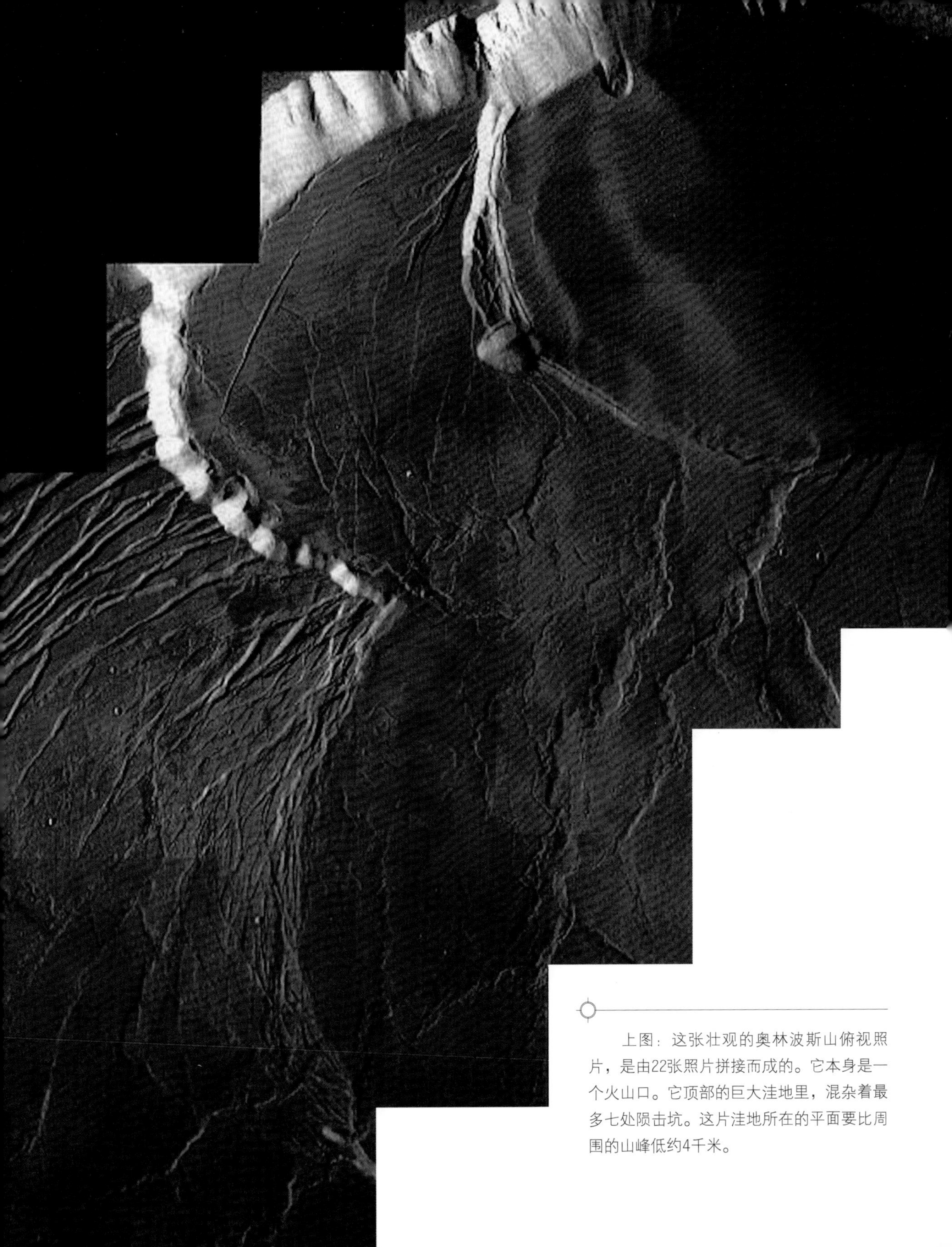

上图：这张壮观的奥林波斯山俯视照片，是由22张照片拼接而成的。它本身是一个火山口。它顶部的巨大洼地里，混杂着最多七处陨击坑。这片洼地所在的平面要比周围的山峰低约4千米。

海盗1号和海盗2号

任务类型：火星轨道器和着陆器
发射日期：海盗1号，1975年8月20日；
海盗2号，1975年9月9日
发射工具："宇宙神3号-半人马"火箭
到达日期：海盗1号，1976年6月19日；
海盗2号，1976年8月7日
着陆器着陆日期：海盗1号着陆器，1976年7月20日；
海盗2号着陆器，1976年9月3日
终止日期：海盗1号，轨道器1980年8月17日，着陆器1982年11月13日；
海盗2号，轨道器1978年7月25日，着陆器1980年4月11日
任务历时：2307天，其中海盗1号着陆器在火星表面工作6年4个月
航天器质量：轨道器883千克，着陆器572千克

着陆器上会携带一些营养物质，这些物质会被喷射到采集来的火星土壤样本中，但不论样本里到底有没有某种微生物能摄取和代谢这些营养物质，生命科学实验模块都会试图对微生物的存在进行分析。跟大多数的折中方案一样，它令争论双方都存有一些不满，但也足以让双方都觉得宽慰，推进了事情的发展。为了寻找火星土壤中的微生物，大家又增选了三项实验。

着陆器上的科学仪器还包括气象仪器、地震仪、相机组合，以及另一台谱仪（使用 X 射线）。这些仪器会每日测量当地的天气模式，侦测有助于我们理解火星内部结构的"地震"现象，并通过 X 射线谱仪确定火星土壤中的常见矿物成分。

在"海盗系列"制造完成后，这些实验设施需要接受测试，以便为凶险的火星之旅做好准备。除了苏联的"火星 3 号"任务在 1971 年着陆后开始向轨道器传送视频信息仅 15 秒就意外结束（以及它的"孪生"着陆器失控坠毁），人类还没有在另一颗行星上施放过机器。NASA 自然十分关心对火星原始环境的保护，因为飞船上如果携带了来自地球的杂散细菌，不仅会导致对火星

上图："海盗系列"的一部着陆器被封装在它的减速伞里，进入喷气推进实验室的加热装置进行杀菌处理。这部着陆器的10亿美元成本中，有10%用于各种消毒。

生命现象的误判，还可能对火星造成更大的污染。许多科学家认为这种担心几乎不可能化为现实，但 NASA 对此还是慎之又慎。为"海盗系列"着陆器消毒花费的钱，据说占到任务总成本的 1/10，而这些消毒程序也是行星着陆探测任务中长期不允许变通的标准。对于这一做法到底是否值得，行星科学界一直有激烈的争议，但 NASA 的意见始终没有变——稳妥一点儿总比后悔好。

在组装和整备过程中，着陆器要被擦洗干净很多次。在最后一次被清洁之后，还要送到喷气推进实验室设立的大型消毒室里。在那里，它会在 112 摄氏度的高温下烘烤 30 小时 30 分钟，然后被密闭在保护性的减速伞中。太空飞行过程中，着陆器将一直躲在这层保护壳之下。如今美国的着陆器和火星车已经不再接受这种程度的消毒了，这既是为了节约成本，也有保护灵敏电子器件免遭风险的考虑。然而，未来任何准备前往外星液态水源附近的任务，都可能接触外星微生物，因此都必须重新考虑"海盗系列"当年的坚持。

在组装完毕且保证干净、无菌之后，整个着陆器会被封包运往佛罗里达州的肯尼迪航天中心。在那里，机器要接受复查，并安装在"宇宙神 3 号"运载火箭上，那是当时美国推力最强大的火箭。

1975 年 8 月 20 日，"海盗 1 号"从卡纳维拉尔角启程。9 月 9 日，"海盗 2 号"随之出发。半年后，它们飞临火星。探测器先是绕火星飞行了一个月，其间，此次任务的科学小组观测了相关的火星地形。当时的照片分辨率仍然偏低，不足以准确地预判最佳着陆位置，但其画质与"水手 9 号"相比还是有了足够的改善，足以让控制小组在最后时刻做出几次调整。在"阿波罗 11 号"登月后的七年，"海盗 1 号"的着陆器向火星表面进发了。接下来的几天内发生的事，让许多国家为之一振。

粉色天空和红色沙地

随着反推火箭的启动，2米×3米的着陆器以超过16000千米的时速冲进了火星大气。着陆器从与轨道器分离并下降开始，已经过去3个多小时了。在这个飞行环境变得越发紧张、严酷的阶段，着陆器用它自带的存储量仅18千字节的计算机控制着它保护壳周围的12个推进器，以保持姿态和方向。隔热板也在发挥功效，替着陆器阻挡外部1482摄氏度的高温。

在喷气推进实验室的任务控制中心，工程师越来越频繁地查看屏幕，阅读着探测器在19分钟之前发出的数据。无线电信号到达地球必须花这么长时间，所以读到的消息已经“旧”了。因此地面人员能做的其实只是等待，然后观察……“海盗系列”是自主行动的。

在离开轨道器并坠落了近1000千米之后，“海盗1号”在距火星表面27千米处调整了飞行轨迹，开始平直地滑行，以消除多余的下降速度。隔热板可以实实在在地为着陆器提供升力，使其水平滑行若干千米，让刚进入火星大气时的速度持续下降。在高度剩下6千米处，它的时速已经降到不足1600千米，这时安装在保护壳上的“小炮”开火了，发射出来的是降落伞。降落伞的布制穹顶宽度达到16米，尽管它的制造者和测试人员担心它会在此时被扯裂，但它实际上顺利膨胀到了最大体积，进一步减慢了着陆器的速度。此时，隔热板被抛离，排列在着陆器底部的三台着陆发动机开始工作。一个雷达高度计负责把高度数据发送给计算机，以便让着陆器知道自己离火星表面还有多远。但是，它无法确定自己下方的火星表面是不是足够平坦，所以剩下的这一个因素只能碰运气了。

上图：NASA的喷气推进实验室在“海盗系列”任务期间指定佩戴的徽章。

真相时刻

当这幕如芭蕾舞般精巧的“机械电子秀”上

演时，着陆器已经开始了它的科学考察。对火星大气的压力和成分的分析在它进入大气层后不久就开始了，而且连续不断。太空飞行不讲究浪费任何东西，甚至在火星大气里的一次灼热、艰难的坠落中能够收集到的数据也不例外。

着陆前的 45 秒，降落伞和顶盖被抛弃，“海盗 1 号”直冲火星表面——这时着陆器的运动如果再有水平方向的分量，它的腿就会像脆弱的树枝一样被折断。它在最终触碰火星时，速度已经减低到每小时 10 千米，这差不多是竞走运动员的速度。发动机在触地的同时立即熄火，一切都安静下来。至此，“海盗 1 号”经过 7.08 亿千米的旅程，终于登上了火星。

在地球上，任务工程师们欢呼雀跃，掌声如潮，有些人甚至忘了把笨重的耳机挂回控制台上。此前，这个房间里的许多人都认为着陆成功的概率只有一半，只不过很少有人敢大声说出来罢了。紧张焦虑的阶段已经结束，此时着陆器正在火星表面慢慢冷却，不久后就会正式运行。

它的着陆点在火星赤道以北 22.8 度，位于规划的着陆区域之内。这片着陆区名叫克律塞平原（Chryse Planitia），希腊语的意思是“黄金平原”。这个区域能被选中，是因为它既有很高的科研价值，也有不错的安全性：它似乎是一块洼地，似乎含有许多古代的水源，同时看起来相当平滑，没有太密集的陨击坑。但实际等待着第一部成功降落并存活下来的火星着陆器的，会是什么样的环境呢？

“海盗系列”着陆器的设计工作寿命为 90 天。设计者在初始程序中内置了一种预防机制：如果有必要的话，它能够自主运转任务所需的基本功能。然而，由于“海盗系列”的轨道器能在头顶上反复地沿着既定轨道飞过，这种机制已经不必运行了，因为轨道器将充当通信中继站，同

左图：1976年7月20日，“海盗系列”的工程师们观看“海盗1号”着陆器的降落实况。

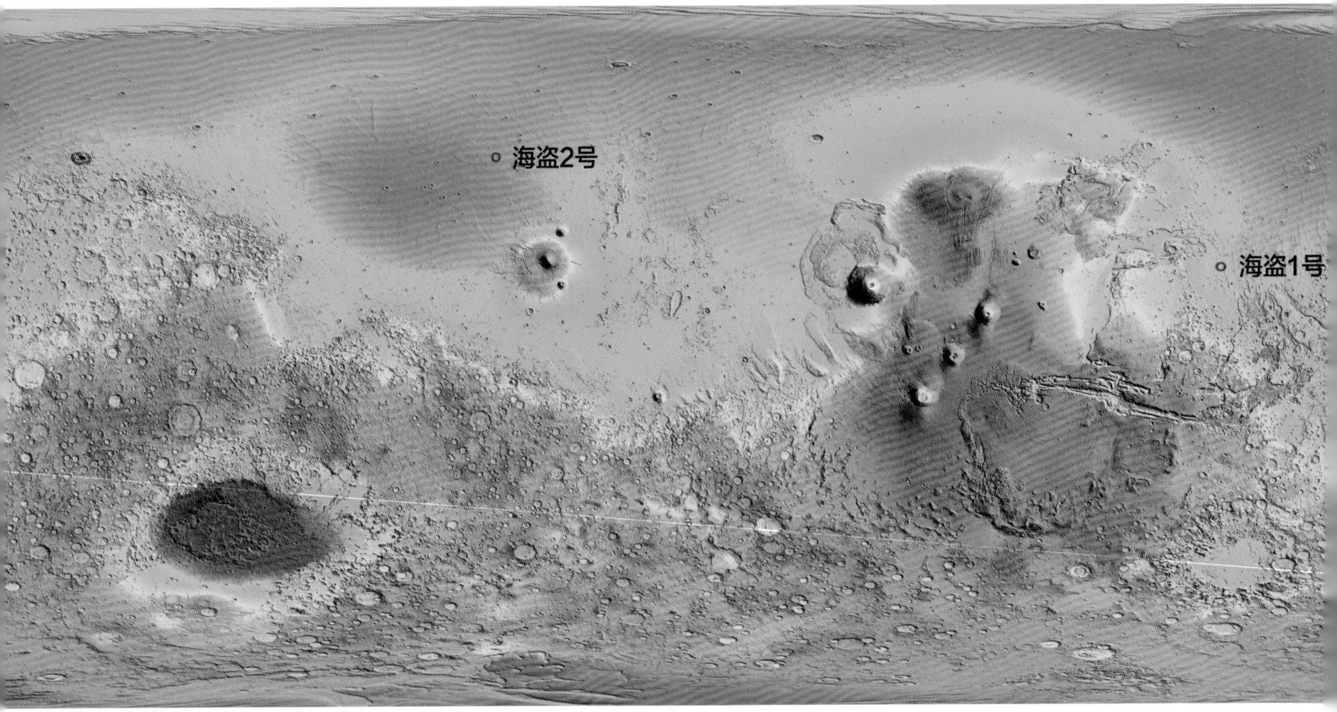

海盗2号

海盗1号

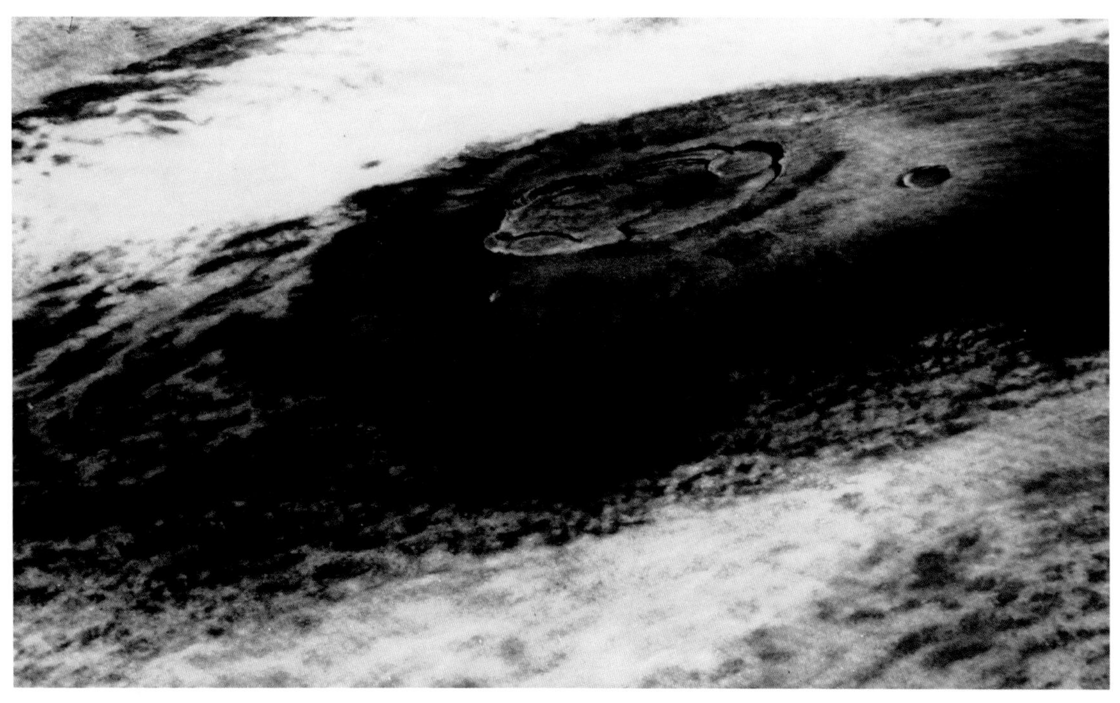

对页上图：1976年，由“海盗1号”发回的一张照片，火星稀薄的大气层在它的天际线附近清晰可见。

对页下图：“海盗系列”的两部着陆器选择了相距很远的两个降落点，它们位于火星球面的两侧，几乎呈对跖关系。

上图：“海盗系列”轨道器视角下的奥林波斯山，图中最顶端的陨击坑最大，直径80千米。

时继续它们自己的任务，也就是从空中观测火星表面并绘制地图。

着陆器到位后的第一项任务是测试它的双通道摄像头，并向地球传输图像。不少国家的媒体正焦急地等待美国首次从火星表面传回图像信号。当时还没有互联网可供直播，所以只有能直接接收或中转 NASA 信号的地方可以实时看到最新的图像。这次的影像装置使用了新款设计——“海盗系列”的相机并没有像从前的探测器那样只配备单一的光学成像系统，而仿佛是一个垂直安装的咖啡罐，侧面开了一道狭缝。相机内部有一面安装在转轴上的镜子，会将一小部分所需的图像直接反射到下方的一片透镜里，然后进入一组光电二极管。这块镜子会改变倾斜角度，以便从上到下扫视地形，然后稍微旋转一个角度，重复这个过程，如此扫视几十次。它收集到的明暗度水平会被转换成数据发回地球。这个收集图像的方式既缓慢又艰苦，但它可以实现前所未有的高分辨率，可以支持精确的彩色再现，甚至让三维摄影成为可能。

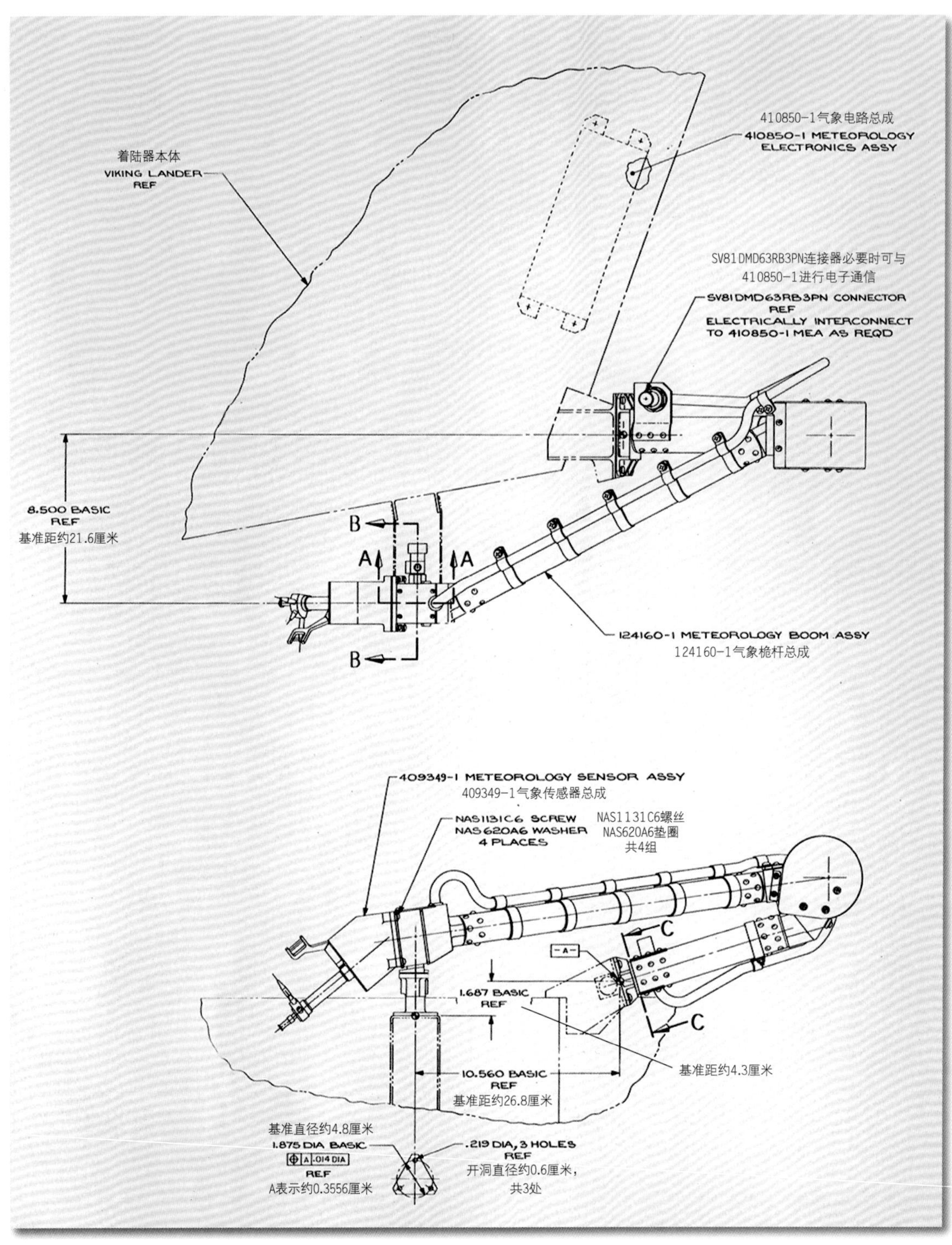
410850-1气象电路总成
410850-1 METEOROLOGY ELECTRONICS ASSY
着陆器本体
VIKING LANDER REF
SV81DMD63RB3PN连接器必要时可与410850-1进行电子通信
SV81DMD63RB3PN CONNECTOR REF ELECTRICALLY INTERCONNECT TO 410850-1 MEA AS REQD
8.500 BASIC REF
基准距约21.6厘米
B
A
A
B
124160-1 METEOROLOGY BOOM ASSY
124160-1气象桅杆总成
409349-1 METEOROLOGY SENSOR ASSY
409349-1气象传感器总成
NAS1131C6 SCREW
NAS620A6 WASHER
4 PLACES
NAS1131C6螺丝
NAS620A6垫圈
共4组
C
-A-
1.687 BASIC REF
C
基准距约4.3厘米
10.560 BASIC REF
基准距约26.8厘米
基准直径约4.8厘米
1.875 DIA BASIC
A .014 DIA
REF
A表示约0.3556厘米
.219 DIA, 3 HOLES REF
开洞直径约0.6厘米，共3处

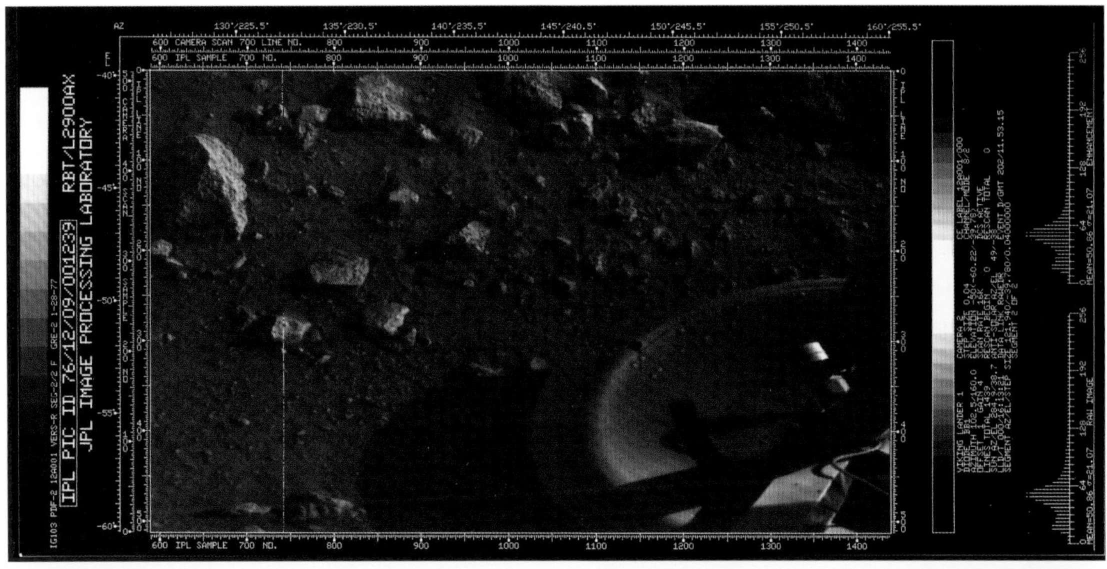

对页图：一幅“气象桅杆”的设计简图。

最上图：从火星表面发回的第一张照片，照的是“海盗1号”着陆器的某一根着陆腿的脚垫。记者们最想要的是全景彩照，但工程师们最想确认的是：着陆器的着陆点是不是有稳固的表面，以及着陆器本身是否已经站稳。

上图：“海盗2号”着陆器降落在乌托邦平原后拍摄的一张风景照。照片周围的各种标尺和比色块都属于工程数据，包括照片处理的技术数据。

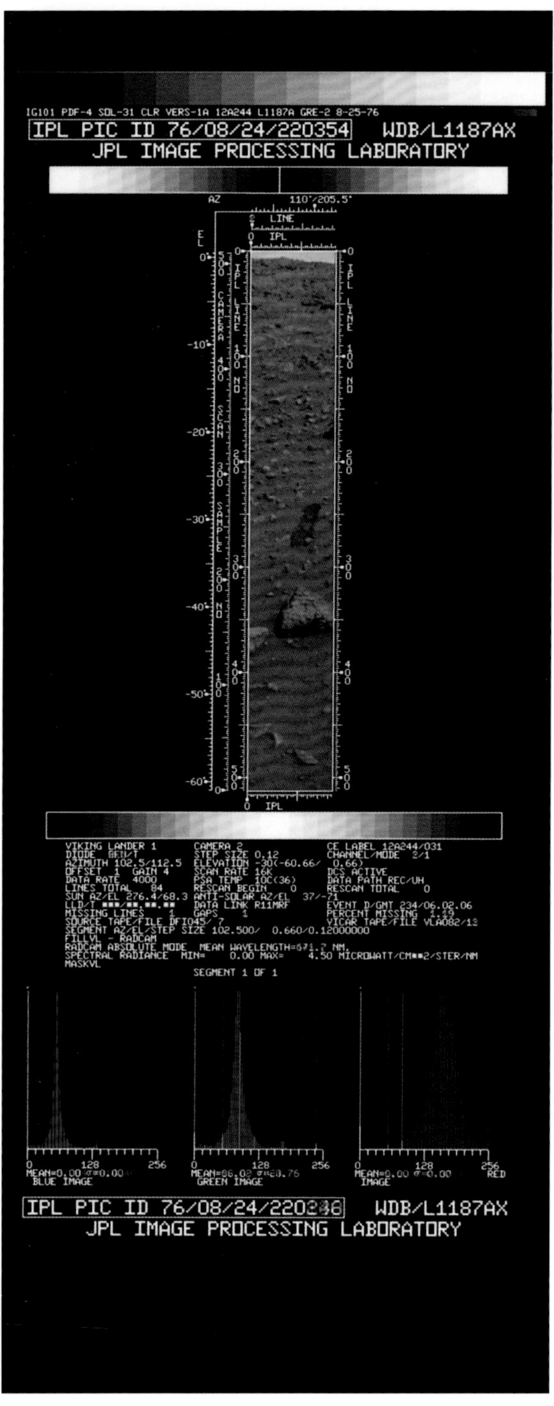

千言万语一景中

此时，任务设计师想的是：抓紧时间抢拍两张照片。因为，轨道器将在大约15分钟后从着陆点上方的天空中飞过，如果着陆器在轨道器下一次到来之前意外失效，那么这次传输的数据就是此次登陆直接获得的所有数据。在漫长的无线电延迟后，第一张照片的数据陆续回到地球。每一批数据绘制出一个竖条，照片由此从左到右缓慢地建构起来。这历史性的“火星第一瞥”是黑白的，因为彩色照片的拍摄任务排在它的后面，而且彩色数据传输起来也需要更长的时间。随着黑白条纹一次一条地堆积起来，视场宽度为60度的照片逐渐完整了。而这摄自火星表面的第一张照片的内容，居然只是“海盗系列”印在岩质土壤上的一个“脚印”。

这引发了众多媒体人的抱怨。他们说，大量的经费换来的应该是一个雄奇开阔、亘古未见的火星地平线广角镜头，现在这个镜头到底是哪儿？诚然，任务规划团队已经讨论过第一张照片是否要拍摄壮丽的景色，但他们最后明智地决定，着陆后最为紧要的任务是：确定着陆器是否安然处于一块水平的地面上。全景式的大作还需要他们等待，记者们也得陪着等。

很快，相机位置调整了，拍出了火星的第一张地平线照片：岩石和土壤错杂在一起，粗糙而崎岖的地形一直延伸到朦胧的远方，十分壮观。为了让照片快些到手，这张照片也是黑白的。后来，彩色照片也传回来了，经过适当处理后，我们看到了像鲑鱼那样粉红的火星天空，以及砖红色的、高度氧化的土壤和岩石。这是直击心灵的一幕。

对页图："海盗1号"着陆器的采样机械臂挖出的一条小沟（照片中部）。照片是由一条或不多的几条垂直扫描拍摄结果拼合出来的。照片周围是各种工程技术标尺和数据。

上图：这是采样铲伸出时和采样完毕后的场景对比，机械臂触及的地方在着陆器的侧面，呈一个小的弧形。

着陆器上的其他各种机械部件也在完成检查之后准备开始工作，其间还引爆了很少量的炸药，一根像金属臂一样的"气象桅杆"晃晃悠悠地竖立起来，并锁定到位。不久，着陆器就把当地的风速、大气压、湿度和温度数据发了回来。来自火星的天气实况也在一段时间内成了当时每日新闻播报的一部分，比如平均气温 -55 摄氏度，最

左上图："海盗1号"和一块名叫"大块头"（Big Joe）的岩石（译者注：这是一位美国歌手的昵称），拍摄于克律塞平原。

左下图：这张照片由"海盗1号"着陆器拍摄于降落之后一个月，具体时间是1976年8月21日火星当地日落后的15分钟。

高气温 -30 摄氏度，最低气温 -95 摄氏度，大气压 0.0062 帕。风速和湿度的记录按计划持续了几个月后又多坚持了好几年。

但到了释放地震仪的时候，一个故障出现了。当初，考虑到着陆器进入降落轨道的过程中震动会特别猛烈，为了保护这个精密的感应装置，人们把它预先固定住了。但此时，有一个起固定作用的针脚没能按原计划断开，因为它被精密电路中的一根电线给缠住了。所以，“海盗 1 号”在执行任务期间就无法探测火星上的任何地震现象了。对此，NASA 只能指望“海盗 2 号”的着陆器不要出现同样的问题。

不过，还有更多的麻烦要上演。着陆器上用于取样的机械臂也没有正确地展开。要想采集土壤样本，并将其送至着陆器内的各种实验仪器做检测，这个机械臂是必不可少的，所以这个故障成了众人瞩目的头等问题。故障原因是固定保护罩用的一个定位销意外卡住了，限制了机械臂的运动空间。喷气推进实验室的工程师们和制作着陆器的马丁・马丽埃塔（Martin Marietta）公司团队挤在一起，很快想出一个新计划：重试伸展机械臂，然后故意缩回一部分，以便让那个定位销松开。几天之内，修改过的程序命令就被发送到着陆器上。当新程序执行后，定位销真的松开了，机械臂可以充分活动了。“海盗 1 号”终于能实现采集并分析土壤样本这一主要功能了。

7 月 28 日，在着陆后一个多星期，它的机械臂完全展开。它挖掘了两条测试用的小沟，揭示了“抓取半径”之内的火星土壤的许多特性。所谓“抓取半径”，就是取样臂以静态着陆器为中心可以取到样本的最远距离。研究人员先是了解到所处理的火星土壤的物理性状与地球上的荒漠土壤相似，随后就下令挖出一小部分泥土样本，并令其缓慢晃动着经过进料斗上方，使部分泥土掉进分析仪器中。工程师和科学小组全体到岗，共同等待。这项工作虽然仅是此次探测任务的一部分，但事实上就是“海盗系列”此行的“最高目标”——它要检测火星上是否有生命！

然而，太空探索中很少有什么事是简单的，而且尝试回答任何一个问题通常都会引出更多的问题。在这种实验里，返回的数据也不会像人们期望的那样带来一个简单、明确的答案。“海盗系列”的生命科学实验结果自然也没脱离这种路数，并最终引发了持续至今的讨论和争议。

是生命吗?

土壤样本刚被安全地送进仪器，科研小组就开始为他们的实验而忙碌。有些人比其他人行动更快，比如其中两个负责生物学处理的人需要一定的时间来生成数据。气相色谱质谱仪（GCMS）观测了以不同程度加热的未经处理的土壤，分析了它在加热后产生的气体。

分析显示，没找到任何以有机形式存在的碳元素。鉴于该仪器的精确度达到了十亿分之几的级别，这个结论对于火星生命存在的可能性来说算不上什么好消息。但是，在生命科学实验模块里还有另外三项实验。

这三项实验全部基于如下的理念：所有的微生物都会释放出某种东西，那就是它们因从食物中收集能量而生成的一种代谢废物，或者说副产品。在 20 世纪 60 年代和 70 年代初，人们并不知道世界上有多种生活在极端环境中的微生物，这些物种的发现都晚于那个时期。这些奇特物种可以存活在极为严酷的环境中，比如南极洲的岩石内部，或者暗无天日且温度高到足以将人烫伤的深海火山口附近。在当时看来，传统的微生物代谢物测试，似乎已是在火星土壤中寻找生命的好办法。如果火星上确有微生物存在，而且火星土壤的化学成分也有点异样的话，这种方法可能会起作用。

这里的“气体交换实验”（GEX）就是在实验舱里装上火星土壤样本，然后抽走其中的火星大气，用氦气代替。接着，将作为营养液的肉汤

左图：“海盗系列”着陆器的采样铲不仅可以挖沟并收集沙子、土壤，还可以轻轻推开一些岩石，以便暴露出其下的新鲜表面。为了把样本送进仪器做检测，它还会轻轻筛动样本并将其倒进一个收集漏斗。

对页图：这张“海盗系列”着陆器的完整照片，显示了完全伸展之后的机械臂。机械臂本身由两片弹簧钢组成，它们很像彼此相对的两条金属卷尺，只要从卷轴上伸出，就可以拼合成管状。

喷进这些土壤，再加入纯净水。在持续多日的实验过程中，要不断对实验舱里的空气样本进行检测，重点是寻找其中的氧气、氮气、氢气和甲烷。人们的指望在于，样本中的任何微生物都能代谢营养物质，并产生可以检测出来的副产品。遗憾的是，经过一系列的测试，结论是否定的。

实验还在继续

“热解释放”（PR）实验（也称“碳同化实验”）会给样本加入水，并提供人造光源和含有放射性成分碳 -14 的复制版火星大气。经过数天，将实验舱内的空气抽出，再把剩余的土壤样本加热至 646 摄氏度，然后检测土壤因灼热而产生的气体。这个实验的思路是，任何参加了微生物代谢的碳 -14 在空气被抽走时都会留在微生物体内，而在这些微生物被灼烧之后就会重新释放出来。实验结果再次是负面的，完全没有找到火星生命的迹象。

生命科学模块中的第三个实验是“标记物释放实验”，也是外星生物学此行的最后希望所在。这个实验也像气体交换实验中那样，给火星土壤注入营养物质，其中含有碳 -14。实验舱内的空气得到持续监测，科学家们在其中寻找土壤里任何进行生物营养物质代谢的副产品。

在短时间内，测量显示有放射性的二氧化碳。土壤中的某些物质似乎对注入的营养物质有了反应，这可能意味着有微生物正在消化那些带放射性的肉汤。相关的指标继续攀升，喷气推进实验室里也出现了许多十分谨慎的微笑。几天后，实验舱内又补充了一剂营养素，标记物的示意图线又一次上涨了。这个结果自然令人印象深刻，但也有点奇怪——读数变化速度比人们针对微生物代谢所预期的更快。不过，毕竟这是在火星上的实验，所以一切看上去都有可能。最终，在大约一个星期后，实验进行了后期的步骤：通过加热对实验舱进行彻底清洁，然后在相同的样本上重复这次实验（此时的样本中应该不含任何生命了）。结果正如预期，这次没有代谢气体生成，于是就导向了这样的结论：任何会消化肉汤的东西都在加热处理时被杀死了。

这项实验的首席科学家吉尔伯特·莱文（Gilbert Levin）激动万分。在他看来，似乎已经在火星上找到了生命。但是，其他科学家没有急于下定论，其代表是负责“热解释放实验”的诺尔曼·霍洛维茨。他认为，这个现象有可能是土壤中的氧化物跟营养液中的水分发生化学反应造成的。

大家花了一些时间讨论这些结果，但很快，大多数人又被迫把这个问题搁置起来，以便把精力集中在任务的其他方面，因为还有很多事情要忙，而且还有第二部着陆器要在火星上降落。但莱文坚持认为，这个结果在他看来是很有说服力的。而霍洛维茨以同样坚决的态度反对莱文，他觉得这些读数似乎来自土壤中某种高度氧化的东西，比如苛性碱、高氯酸盐等。2005 年，霍洛维茨去世，此后，这种不同的解读也一直有自己的市场。莱文则继续主张他的观点，他承认这个结果可以有多种解释，但他觉得其中的一种解释，也就是为火星生命的存在给出积极迹象的解释最有可能是真的。后来的研究已经表明，生活于高氯酸盐中的微生物确实会在某些条件下产生类似 1976 年实验的结果。此后，莱文一直努力争取将一项新的生命科学实验纳入火星登陆探测任务，只不过 NASA 把工作放在了其他优先事项上。后

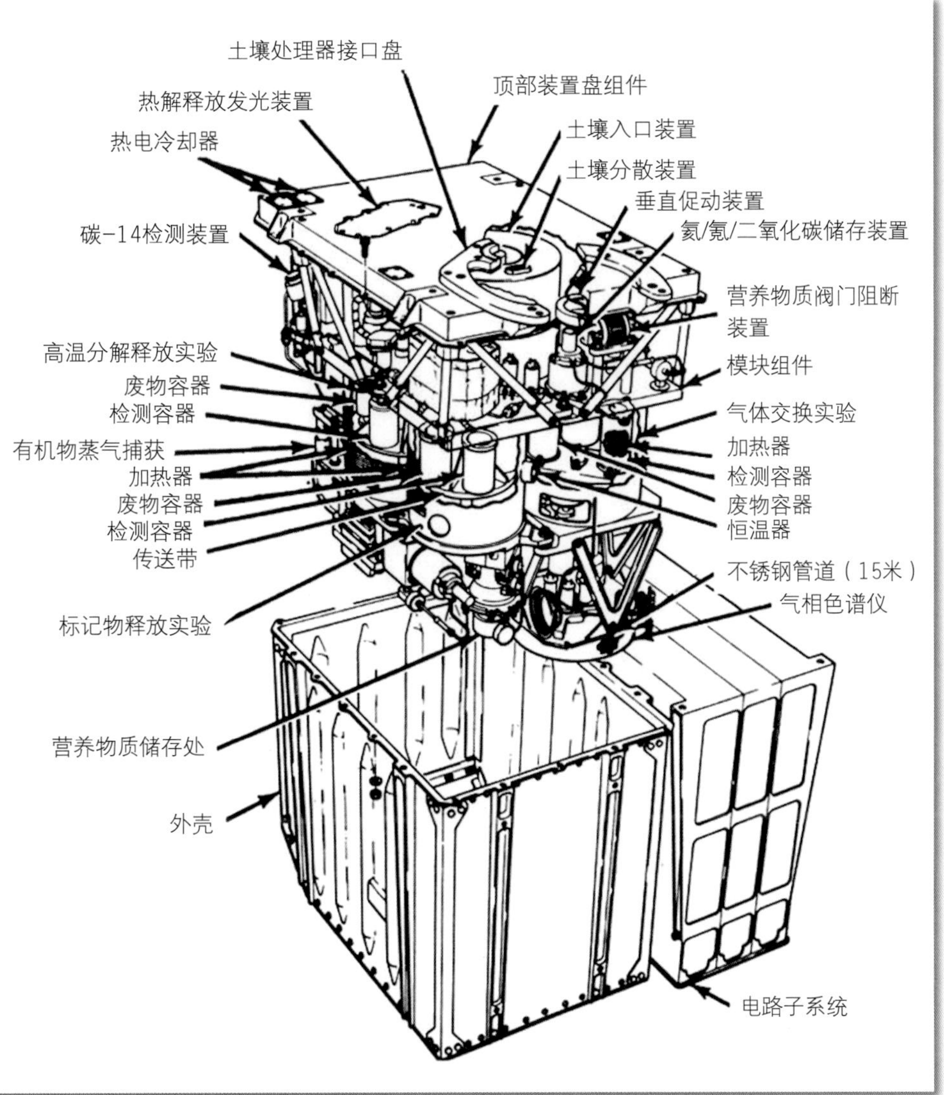

上图："海盗系列"着陆器的生物实验模块携带了四种仪器，每种都采取了稍有不同的方法去尝试识别火星土壤中的微生物。虽然证据在整体上似乎显示了消极的结果，但有些科学家并不那么认为。

来的"凤凰号"（Phoenix）（译者注：全称"火星凤凰号"，即 Mars Phoenix，见第 160 页）着陆器则证实：火星上存在高氯酸盐。

"海盗 2 号"接受挑战

9 月 9 日，轮到"海盗 2 号"出发前往火星。

Kathy: Dist

SCR NO. 096
REV. Basic

LPAG GCSC SOFTWARE CHANGE REQUEST

TITLE OF CHANGE:
VL2 MSET INITIATED GCMS ION PUMP PWR OFF

PRELIM CONCUR
LPAG 3/18/77 DATE
SPFPAD DATE

ORIGINATOR	VFT GRP	PHONE	DATE
S. E. LOWRIE	LCAST	5985	MAR 18, 1977

DESCRIPTION OF CHANGE:

Revise flight software to allow GCMS ION Pwr Off Event based on a MSET entry on Sol 208, 08:00:00 LLT.

Software change must be contained within a one segment update

See attachment for code/MSET change

Note: This change was incorporated and successfully executed on VL1 Sol 237.

REASON FOR CHANGE:

Per SRS Cycle 31 decision was made to power off ION Pump on Sol 208 after last GCMS OA sequence.

Due to VL2 winter environment insufficient power exists to maintain the GCMS instrument above 25°F.

RELATED FLT OPS SCR: None

POINT OF INCORPORATION: VL2 Sol 203

VERIFICATION STATUS:

	REQUEST	COMPLETE	RUN ID.
LSEQ	N/A		
LCOM	✓	✓	VIA2026A
LCOMSM	✓	✓	VIA2026A
VLC-PTC			
VLC-CMU			

FINAL APPROVAL:

LPAG CHIEF 3/18/77 DATE

SPFPAD DIRECTOR DATE

上图：每天的行动都经过精心的策划，并有手写的备忘录以便追踪。这张1977年的表格是在探测器着陆后约九个月填写的，它提出一个请求，要改变着陆器上的一个开关的状态。

与先行一步的“海盗1号”一样，来自“海盗2号”轨道器的图像也经过仔细的观察，备选的着陆点也引发了激烈的争执。最初被选中的是一个名为基多尼亚（Cydonia）的区域，但是随着新的图像不断出现，那里看上去越来越糟糕，有太多具有破坏性的潜在风险，这让科学家们越来越苦恼。当然，既然这些照片里可见的最小细节也有玫瑰碗体育场或温布利大球场那么大，所以不可能完全依靠它们去搞清着陆点附近到底有什么；这其实是一个解读地形变化趋势的问题。和以前一样，科学家们只能凭借已知信息进行猜测，在安全性和科学收益之间找一个最佳的平衡点。雷达数据也再次被用于寻找一片可供着陆器“生活”的降落区。

任务团队经投票决定，让“海盗2号”以乌托邦平原（Utopia Planitia）作为计划着陆点。该地距离克律塞平原7725千米，但仍处于火星的北半球。“海盗2号”的着陆器最后也安全降落，但其间并非一帆风顺。着陆器在与轨道器分离后不久，其用于导航的陀螺仪的供电就意外地中断了。着陆器随即开始在空中翻滚，失去了与地球的无线电联系。好在几分钟内，一套备用的导航装置接管了着陆器的控制，使其姿态稳定下来，

右图由上至下：

“海盗2号”视野里的乌托邦平原。着陆后几个月，已经有一些尘埃落在着陆器上。这张经过处理的照片相当确切地传达了火星上的真实颜色。

在一个傍晚，“海盗2号”的视线朝东北方向穿过乌托邦平原。

1979年5月，“海盗2号”拍摄到附近地面上的晨霜。

在没有来自地球的支援的情况下辅助它继续向火星降落。跟以前一样，地球上的工程师此时只是被动的观察者，着陆器在自行做出决定，争取成功触地。

降落的流程与结果都和“海盗 1 号”那次非常相似。着陆器上的生命科学模块也发回了类似的读数，甚至标记物的释放实验也得到了近似于“海盗 1 号”的结果，但这并没有改变科学家们的看法。在两个星期之后，“海盗 1 号”数据分析的结果仍未出乎他们的预料，尽管这次的环境条件略有不同。令团队中的地质学家们宽慰的是，“海盗 2 号”上的地震仪运行得很好，在执行任务期间传回了一些“火星震”的数据。

在接下来的几年里，“海盗系列”的轨道器和着陆器协同工作，分别从空中和表面分析火星及其周边的环境。大量的样本显示，火星的土壤来自火山活动，它们富含铁元素，且已高度氧化。第二部着陆器探测“火星震”的活动，利用来自火星两侧的地震波信号，让我们对火星的大气和天气逐渐有了更全面的理解。

当然，成果中也少不了照片。两部着陆器都不知疲倦地工作着，送回照片数千张，此外轨道器也在不停地拍摄照片。“海盗系列”的任务总共获得近 5 万张照片，其中许多是彩色的，还有一些甚至是 3D 式的双画面。为这次任务投入的 10 亿美元（注意其购买力是 20 世纪 70 年代的）资金，赢得了超值的回报。

“海盗系列”的谢幕

“海盗系列”所有探测器的工作寿命都远超设计时的 90 天，当然，这些设备在接下来的几年里终于还是一个接一个陷入了沉默。首先停止工作的是“海盗 2 号”的轨道器。它在首次拍摄了火卫二的照片之后几个月出现了燃料泄漏，开始消耗自己用于调整姿态的燃料。在绕飞火星 700 多圈之后，它于 1978 年 7 月结束使命。

“海盗 2 号”的着陆器和“海盗 1 号”的轨道器一直顺利运行到 1980 年。然而，着陆器在 1980 年 4 月发生电池故障，无法再向地球传送信号。8 月，“海盗 1 号”的轨道器耗尽了自己的机动燃料，随即停止工作。

这使得“海盗 1 号”着陆器成了那个年代人类留在火星上的最后使者。理论上说，因为其使用钚 -238 提供核能，而这种同位素的半衰期为 87.7 年，所以这项为期 90 天的任务本来可以进行更长时间，比如十多年（这个远短于衰变期限的时间是由于负责将放射物的热能转换为电能的装置“热电偶”会老化，而且老化速度远远快于钚 -238 的衰变）。然而，在 1982 年，作为例行维护操作的一部分，有一系列代码从喷气推进实验室被发送给着陆器，但代码中有错误，导致后者转动了无线电天线，不再对准地球。当人们意识到这个错误时，事情已经太迟了——在接下来的一次通信尝试中，着陆器本该与地球进行无中继的直接联系，但它没有反应。地球方面还尝试利用它附近的地形起伏，把信号反射给它，但也没有成功。任务设计师是不愿意看到事情以这种方式收场的，显然，他们宁愿亲手发出最后的命令让着陆器长眠。鉴于这部着陆器本来正处于其工作的巅峰时期，这是件特别让人苦闷的事。直到今天，“海盗 1 号”仍待在火星表面，而且天线对准一片红色的沙子，仿佛还在等待最终的指令。“海盗系列”的精彩任务结束了；在接下来的 15 年里，火星将一直沉寂，没有访客。

MARTIN MARIETTA

马丁·玛丽埃塔集团

马里兰州20034，贝塞斯达
罗克利奇路6801号
电话：（301）897-8101

总裁
小唐纳德·劳斯

1977年3月9日

各位尊敬的股东：

“海盗系列”火星探测任务已圆满完成，我集团为此次任务做出的卓越贡献也得到了NASA的表彰和奖励。

这1480万美元的奖金自然令人欣喜，但我们更应该记住的是，它完完全全对得起我们在这个项目中的杰出表现。这是我们集团承接过的最困难、最复杂的项目之一。

在此，我要再一次对本集团航天公司丹佛办公区的全体男女员工致以深深的敬意。他们作为“海盗系列”团队的成员，兢兢业业，取得了无与伦比、举世瞩目的成绩，为集团赢得了广泛的认可。

不只是他们，集团全体成员都深知，“海盗系列”的研发过程历时数年，漫长且充满风险。其间，不时遇到各种挫折，艰巨挑战始终存在。最后，正如世人所见，它在1976年得偿所愿、大功告成，实现了文明史上又一个“第一次”，让我们欢欣鼓舞。它为我们打开了一扇新的窗口，呈现了实地观察另一颗行星的第一手资料。

我们的全体员工，还有在他们手中诞生的精美的“海盗系列”着陆器，全都超额完成了任务。在这次由NASA、工业界和学术界携手合作的探测任务中，它的地位是不可取代的，它为人类的智慧和心灵都立下了赫赫功勋。

你们真诚的，
小唐纳德·劳斯

MARTIN MARIETTA

MARTIN MARIETTA CORPORATION

6801 ROCKLEDGE DRIVE
BETHESDA, MARYLAND 20034
TELEPHONE (301) 897-8101

J. DONALD RAUTH
PRESIDENT

March 9, 1977

Dear Shareholder:

The National Aeronautics and Space Administration has awarded Martin Marietta the maximum performance fee for its accomplishment in Project Viking, the exploration of Mars.

The amount of this award, $14.8 million, is gratifying, of course, but hardly more so than that it represents 100 per cent of the sum available to us for accomplishment in one of the most difficult and most sophisticated projects ever undertaken.

I have conveyed again my deep feeling of admiration to literally thousands of dedicated men and women in the Denver Division of our Aerospace company, whose singular excellence as members of our Project Viking team have led to this further recognition for extraordinary achievement.

They, and all of us, were acutely aware in the long, sometime frustrating but always challenging years of the Viking development that this was a high-risk undertaking. In the end, as the whole world knows, there came in 1976 the exhilaration of total success as the Viking opened--for the first time in human history--a close-up window through which we are obtaining our first factual knowledge of another world.

Our men and women and their exquisite machines, the Viking landers, did everything required of them--and more. They were an integral part of a NASA, industrial, and academic combination that produced a triumph of intellect and ingenuity.

Sincerely,

左图：这封信是1977年写给马丁·玛丽埃塔集团（Martin Marietta，现在的洛克希德-马丁公司）的股东的，信中告诉他们，NASA已经向该公司账户里存入一笔奖金，以表示“谢谢，‘海盗号’运行了！”（上图为信件译文）

勇敢的“探路者”

在地球与“海盗1号”着陆器失去联系之后，火星安静了15年。这是自“水手4号”以来，火星探测事业最长的间歇期。“海盗系列”任务是成功的，但并没有其他任务立刻拿过接力棒。由于没能在火星上找到确凿的生命现象证据，NASA探测火星的动力似乎有所折损。

当然，这也部分地缘于NASA同时忙着其他一些项目，时间和资金没有太多富余。“旅行者1号”和“旅行者2号”在太阳系边缘航行了数十年之久，已成为航天史上的明星。

当“旅行者2号”在1989年飞过海王星后，当时太阳系中所有的行星，除冥王星之外（译者注：冥王星于2006年才被免去“行星”称号），都已有了地图。在这个阶段，也不是没有飞船被派往火星。苏联继续为火星任务的成功而努力。他们在1988年发射了两颗探测器，即“福博斯（Fobos）1号”和“福博斯2号”。这两次任务要对火星进行绕飞观测，其着陆器则要飞往火卫一（译者注：Fobos也是火卫一的名字）。但这次任务的工作模式可靠性依然不足，“福博斯1号”在发射过程中丢失，而“福博斯2号”在即将施放着陆器的时候也失败了。

当然，受挫的绝不止苏联。NASA的“火星观察者”（Mars Observer）任务在四年后的1992年发射，结果也失败了。地球与“火星观察者”的轨道器之间的通信，在后者还差三天到达火星的时候就中断了，事故原因被确定为燃料泄漏导致飞船失控旋转。后来对此进行的调查主要集中在硬件上：这颗轨道器的设计方案其实是一款地球人造卫星的衍生版。这种把地球卫星方案改成火星探测器的做法，是NASA在20世纪90年代节约开支的措施之一。结果，调整了用途的“现货”地球卫星并不是深空探测任务的佳选，因此后来

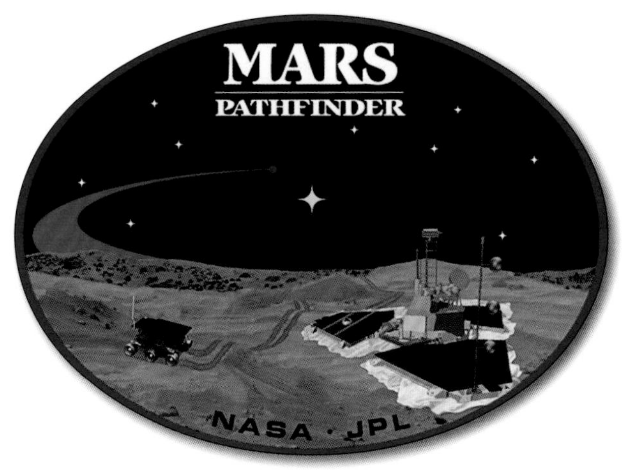

上图：“火星探路者号”的任务徽章。

再也没有这样的尝试了。

失败后的成功

关于太阳系的其他探测任务要比火星这块儿成功得多。“伽利略号”（Galileo）飞往木星的旅程在1989年开始；此前，由于“挑战者号”航天飞机失事，发射耽搁了很长时间，这颗探测器最终由“亚特兰蒂斯号”航天飞机送入轨道。它的部分天线未能正确展开，导致其通信能力打了折扣，不过它还是实现了主要的任务目标。

还有一系列航天器被送往金星，它们发回了惊人的结果。美国的“先驱者号”（Pioneer）金星探测任务在1988年顺利完成，它环绕金星运行，并向金星大气抛下了探测器。苏联则完成了“金星系列”（Venera）和“织女星号”（Vega）任务，其成果包括1981年从金星这颗地狱般的星球表面返回的第一张照片。最后，美国的“麦哲伦号”（Magellan）金星轨道器在1990年至1994年成功绘制了金星表面大部分区域的地图，它是利用雷达“看透”金星周围厚实的云层的。

但是，鉴于苏联和美国在火星探测上都遭遇失败，火星任务的挑战性依然很强。此后，苏联解体，前往火星的努力基本上停顿了。俄罗斯在1996年又进行了一次额外的尝试，但仍未成功。在美国，NASA也越来越讨厌风险，因此积极寻求更省钱的方法来探索太阳系。1992年，丹尼

下图：在喷气推进实验室的“航天器组装与封装2号车间”（SAEF-2）内，技术人员准备关闭“火星探路者号”的着陆器的金属“花瓣”。在三片“花瓣”的前面可以看到其携带的小型火星车“旅居者号”（Sojourner）。

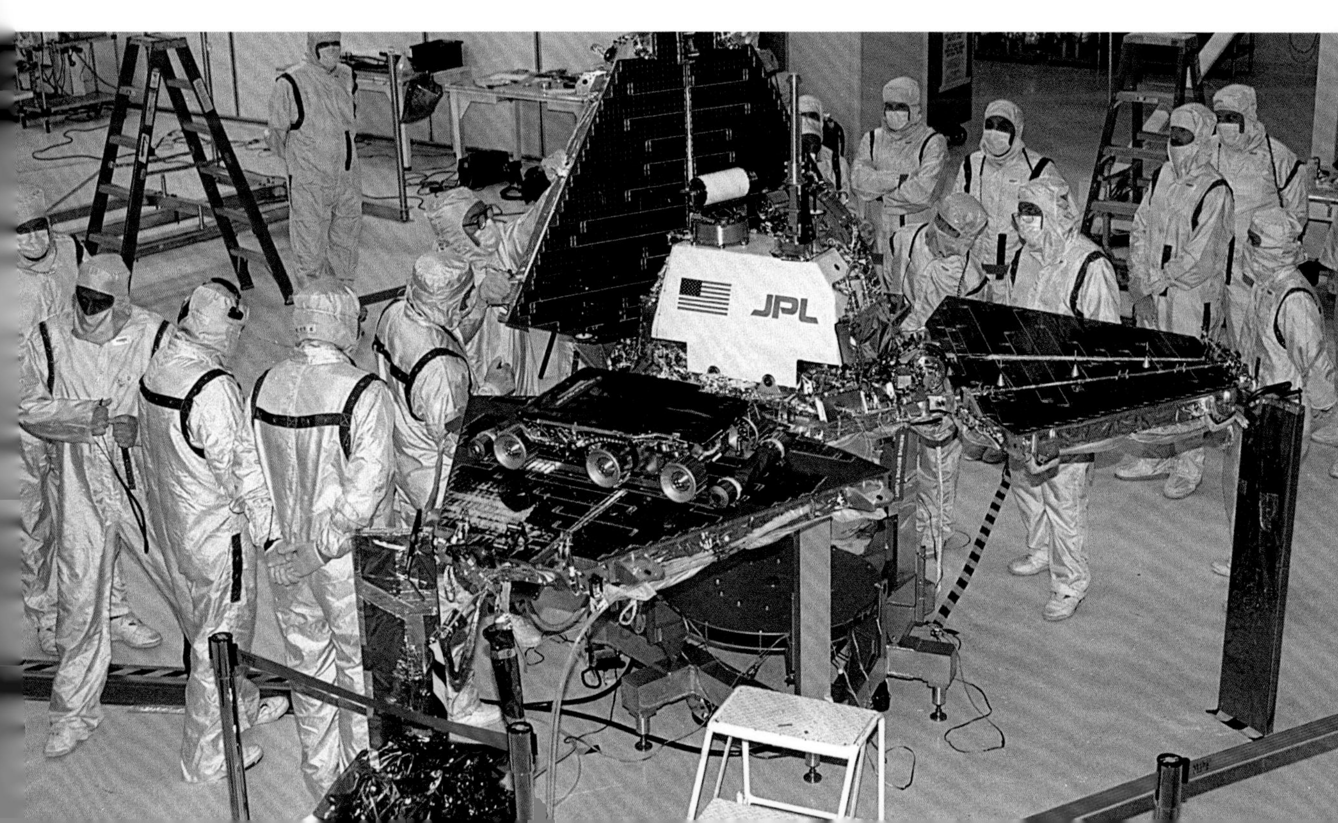

尔·戈尔丁（Daniel Goldin）担任NASA掌门人时提出了一种新方法，他称为“更快、更好、更省”。他想选择数量更多的低成本任务，这样既能节省资金，又能分散风险。如果私下随便问一位航天工程师，这个“更快、更好、更省”是否对路，他们很可能会顾左右而言他。不过，“更快、更好、更省”确实像咒语一样催生了一批较小型的机器人任务，其中包括一颗体积适中的火星探测器，即“火星探路者号”（Mars Pathfinder）。

与既昂贵又雄心勃勃的“海盗系列”计划形成鲜明对比的是，“火星探路者号”项目资金很少，而且整个项目只用了几年时间就准备完毕。“火星探路者号”仅造一部，不属于传统类型的航天器。它的目标并不大，但喷气推进实验室一旦拿到批文，就开始为新的任务全速前进了。

“火星探路者号”指路

“火星探路者号”计划为期三年，预算仅有1.5亿美元，属于NASA新提出的“发现计划”（Discovery Program）的一部分，该计划旨在孵化那些目标有限、规模较小、成本较低的机器人任务。“海盗系列”任务花费了数十亿美元，如果折算成1997年的购买力，这项成本的数字还要高出一倍有余；而“火星探路者号”似乎是一个彻头彻尾的便宜任务……如果它能成功的话。

长期以来，喷气推进实验室一直利用民营公司来帮助其按照合同建造探测器、运营探测任务。但这样做耗时较长，而“火星探路者号”任务时间太紧。这是一个不寻常的转变，此次任务完全是在喷气推进实验室的内部规划和运行的。“火星探路者号”由一部质量只有226千克的小型着陆器和一辆体积小巧（只有厨房烤箱那么点儿）的火星车组成，后者的质量还不到11千克。如果你知道“海盗系列”的着陆器即使在不加燃料的情况下也有544千克，那么“火星探路者号”似乎就更引人注意了。

“火星探路者号”任务的幕后团队也是高度年轻化和简约化的。他们工作起来速度很快，只测试那些绝对必需的项目，而且避开了任何行政文书事务。结果三年时间过去（“海盗系列”任务忙了超过十年），“火星探路者号”几乎没留下什么书面材料和可以循迹的文档。正如该任务的一位首席工程师所说：“我们没工夫写备忘录……这就像飞机没有航图，只靠雷达导航来飞。”这简直是十足的部队作战状态。

任务的设计颇为巧妙。由于预算吃紧，“火星探路者号”的策划者们不可能奢侈地先进入绕飞火星的轨道，再悠闲地选择着陆点。这次发射使用的火箭是“德尔塔2号”（Delta II），与运送“海盗系列”的巨型火箭“宇宙神3号”相比，它的体积小得多（而且更省），其能量仅够将很少的有效载荷直接送往火星，带不动那些进入绕飞火星轨道所需的燃料和发动机。所以，此次任务几乎相当于用一门巨大的加农炮把探测器直接打上火星（在火星表面画了个靶标）。不过，考虑到预算和进度的限制，这是唯一可行的选择。这种路径也将成为未来所有火星着陆器的首选。

“火星探路者号”小组使用的火星地图与20年前“海盗系列”用来筹划着陆的地图是相同的。自从“海盗系列”的轨道器陷入沉默以来，已经没有围绕火星飞行的在役探测器，所以“火星探路者号”的策划者们回到了“海盗系列”和“水手9号”绘制的地图上去选择着陆位置。大量的直觉和猜测再一次派上了用场。这群科学家的优

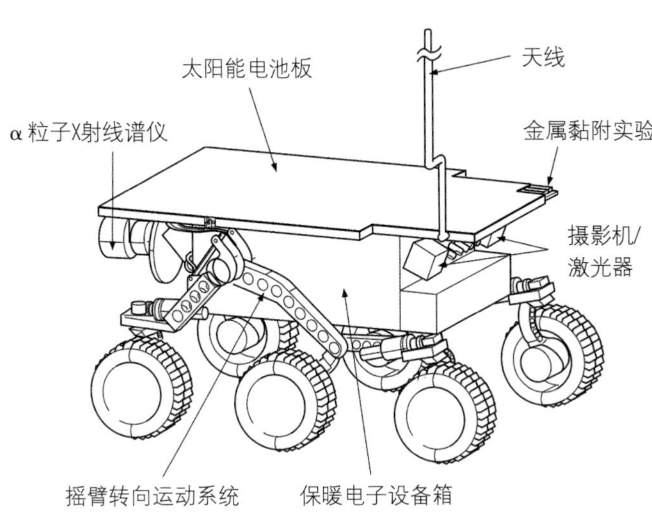

左下图：“旅居者号”火星车是1976年“海盗系列”任务之后第一台登陆火星的设备。相比“海盗系列”着陆器572千克的质量，这辆小车只有11.5千克，但它是一辆十分能干的火星车。

右图：气囊着陆系统是革命性设计，但它在测试过程中给工程师带来了无尽的麻烦。但在实际执行任务时它表现得非常好，因此也被下一代火星车“火星探测漫游者系列”（MER）所采用。

下图：“火星探路者号”进入火星大气后的着陆过程：先用降落伞减慢着陆器的速度，当雷达告诉着陆器离地面足够近时，再用缆绳把着陆器往下放。随后反推火箭点火，气囊充气，缆绳切断。“火星探路者号”会在火星表面弹跳着停下来。

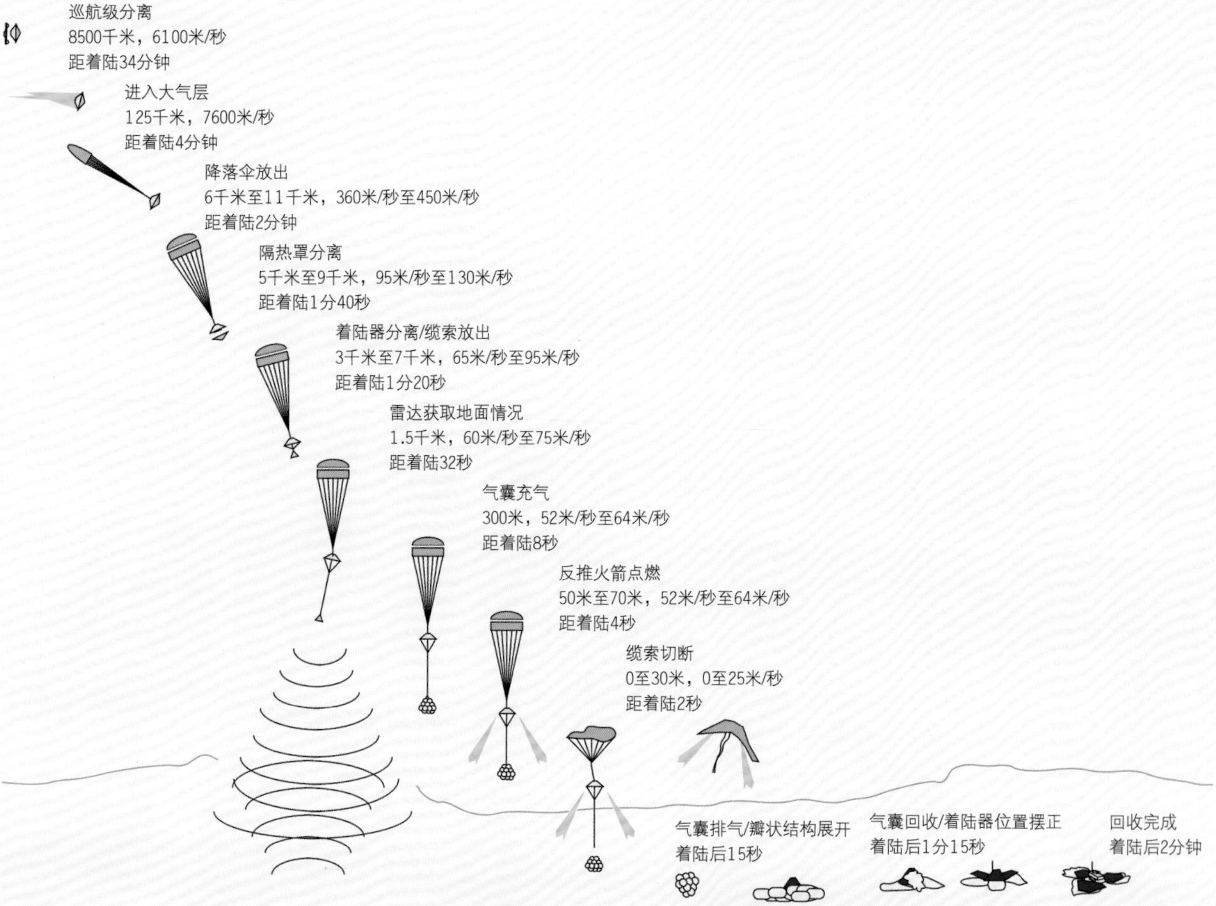

巡航级分离
8500千米，6100米/秒
距着陆34分钟

进入大气层
125千米，7600米/秒
距着陆4分钟

降落伞放出
6千米至11千米，360米/秒至450米/秒
距着陆2分钟

隔热罩分离
5千米至9千米，95米/秒至130米/秒
距着陆1分40秒

着陆器分离/缆索放出
3千米至7千米，65米/秒至95米/秒
距着陆1分20秒

雷达获取地面情况
1.5千米，60米/秒至75米/秒
距着陆32秒

气囊充气
300米，52米/秒至64米/秒
距着陆8秒

反推火箭点燃
50米至70米，52米/秒至64米/秒
距着陆4秒

缆索切断
0至30米，0至25米/秒
距着陆2秒

气囊排气/瓣状结构展开
着陆后15秒

气囊回收/着陆器位置摆正
着陆后1分15秒

回收完成
着陆后2分钟

“火星探路者号”进入火星大气后的着陆过程

势之一就是能将“海盗系列”轨道器拍的照片与20世纪70年代从火星表面返回的进行对比，这有助于他们进一步了解轨道照片中看到的东西，并为其提供地面视角上的参照。然而，要明智地选定一个既足够安全，地理环境又有趣的着陆点，仍然有一条很长的路要走。火星的表面还有许多未知的区域将导致探测器不能安全降落，尤其是对这样一部微型机器来说。

年轻的工程师们对“海盗系列”的设计进行了长期的艰苦研究，然后果断决定把“海盗系列”的思路扔到一边。即使经过十年的工程技术改进（包括计算机能力方面的巨大进步），但从本质上说，“海盗系列”的着陆器仍然是盲目着陆的。考虑到囊中羞涩，这些年轻人相信他们需要一种全新的方法。他们如何才能把“风险项”从任务的“方程”中消去呢？

着陆难题

经过多次激烈争论和“头脑风暴”后，有一种设计备受推崇。若仅从效果而言，这种设计的思路是让着陆器到达火星表面后自己找到一个安全的落脚点。着陆器和其他附件将被包裹在一个保护气囊里，这组气囊一旦离开降落伞，就会在地面弹跳，然后滚动，直到有一片空地让它稳定下来。静止之后，安全气囊将会放气，着陆器的保护罩也会自动打开，调整自己的姿态。这种设计与苏联1971年的“火星2号”和“火星3号”的着陆器有部分相似。只有进行到那一步，相机才能打开，着陆器才算成功着陆。

这些都还只是计划，它暂时还是奇特而大胆的创意。这种在火星上着陆的新方法并没有在NASA总部的资深工程师们那里得到太多认可。

在一次如今提起来仍不堪回首的会面中，“火星探路者号”的高级工程师们与管理人员会晤了NASA的“老一辈”，结果，许多经验丰富的老手——如“勘测者”（Surveyor）登月器、“阿波罗”计划甚至“海盗系列”的参与者们——都不愉快。那次，当“火星探路者号”的设计被展示给“老一辈”时，房间里一片寂静。喷气推进实验室负责“火星探路者号”项目的总工程师罗伯·曼宁（Rob Manning）回忆说，“阿波罗”飞船的主要设计者之一卡德维尔·约翰森（Cadwell Johnson）对“火星探路者号”的演示做出的反应是：“你不用教我怎么把探测器降落到另一颗星球上。这个设计永远别想升空。”曼宁至今仍然清楚地记得那一天。他回想道：“设计‘海盗系列’的那些人都莫名其妙地转着眼珠，问我‘你到底是想唱哪出’。”

他补充说：“我当时已经对他们讲了，我们打算让着陆器弹跳到距离火星表面15米至23米的高度，这个设计已经通过了测试，它可以安全弹跳到30米高。但他们不这么认为。”

方案在NASA总部的审核并不顺利。不过，经过一番争吵，“火星探路者号”的设计小组最终还是得到了批准，计划可以继续进行。但所有的部件都必须通过检测，而且不能超支。

许多个气囊要被缝在一起，并在里面配上重物来模拟航天器的重量，然后送到各种表面上空进行跌落试验。气囊要经历一次又一次的撕扯，其尺寸、压力和配置也都要经过检验，直到设计人员点头为止。但这里并没有给试错留下太多的空间，因为工程师们根本没有足够的钱和时间去测试出他们想要的气囊。

降落伞方面也面临着类似的挑战。此前美国

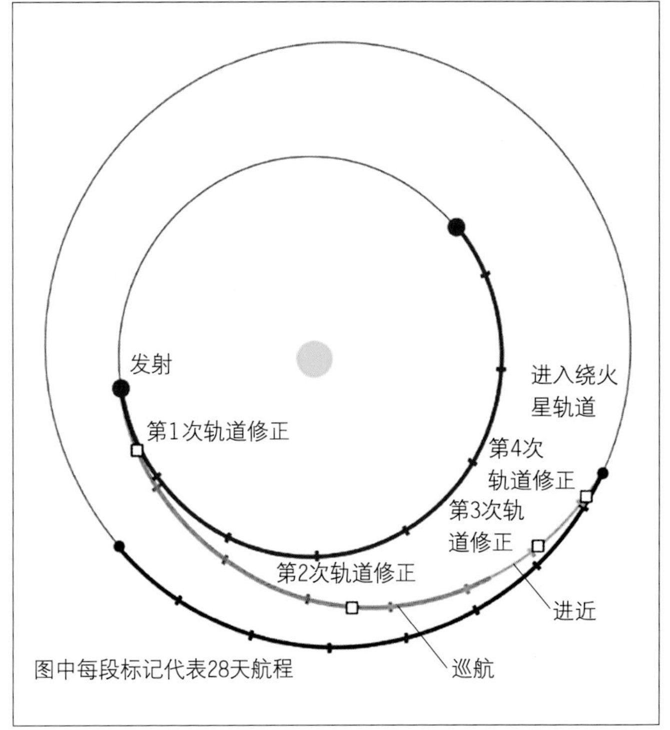

左图：从地球到火星的旅程，其遥远程度超出了一般人的想象。地球运行到最接近火星的时候，距离可能缩小到5600万千米以内，但探测器飞往火星的路线是曲线，所以实际航程远超过4.83亿千米。

对页上图："旅居者号"火星车被安装在"火星探路者号"的翻板上。

对页下图：家族合影：左侧是"火星探路者号"的火星车"旅居者号"，右侧是"火星探测漫游者-A"携带的火星车"勇气号"（Spirit）。后来的"好奇号"（Curiosity）比它们两个都高。

只有两部前往其他行星的着陆器使用过降落伞，即"海盗系列"着陆器登上火星的任务。"火星探路者号"的小组能花的钱大为减少，而且飞船进入火星大气的速度更快（比"海盗系列"快50%），为此，他们测试了尽可能多的设计变化。最终被选中的设计方案避免了撕扯和剧烈震动，但出错余地很小，又一次让讲究条理的工程师惴惴不安。

还有就是那辆小小的火星车。这辆"旅居者号"（它的名字源于19世纪美国废奴主义者索杰娜•特鲁斯，即Sojourner Truth）的设计虽然简单，但作为第一台同类设备，也面临着巨大的未知，尤其需要事先测试。测试的设施是紧盯着账本布置起来的，它位于喷气推进实验室的一个空房间里，使用从当地的游乐场用品商店里买来的沙子填满了一个木围栏。火星车就在这种沙子里做了测试，而这种沙子跟附近小学校的沙坑里的沙子没什么不同，不过也没别的办法了。

准备发射

喷气推进实验室的工作仍在继续。日程本来就十分紧张了，时间和资源的需求却还在增加，就这样到了将探测器用飞机送往卡纳维拉尔角的那一天。作为自"海盗系列"结束以来的第一次火星登陆任务，以及继20世纪70年代苏联的"月球车"（Lunokhod）以来第一个登陆外星球的轮式机器人，"旅居者号"此行风险很大。尽管有人打算把该任务的大部分制造工作外包给NASA

火星探路者号

任务类型：火星轨道器/火星车
发射日期：1996年12月4日
发射工具："德尔塔2号"火箭
到达日期：1997年7月4日
终止日期：1997年9月27日
任务历时：在火星表面工作2个月23天
航天器质量：870千克

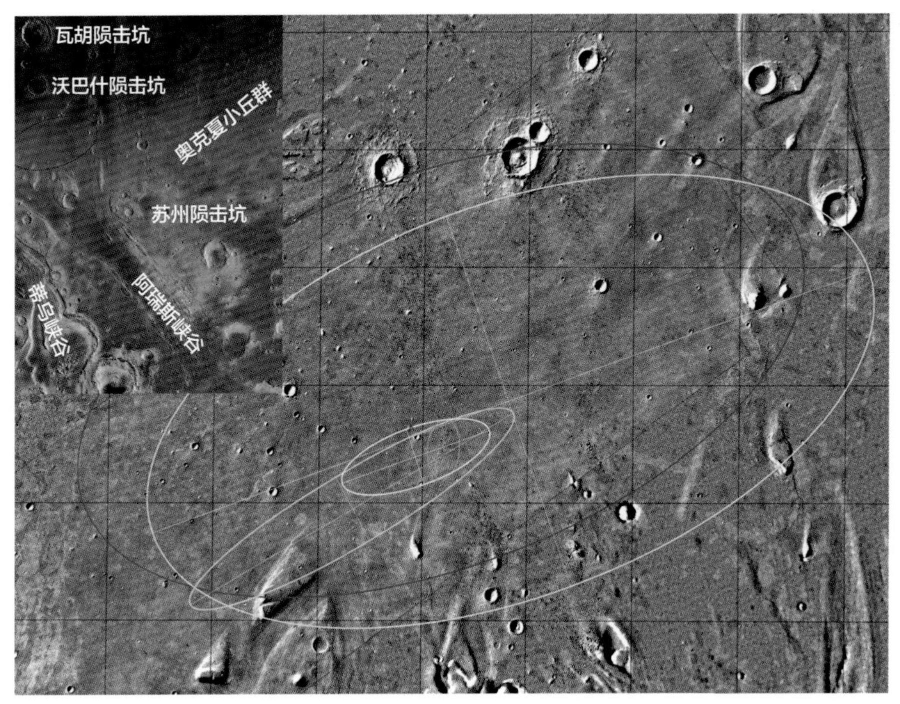

左图："火星探路者号"开了气囊着陆系统的先河。这个在"阿瑞斯峡谷"（Ares Vallis）的椭圆形着陆区离"海盗1号"在克律塞平原的着陆点不远。最后的着陆区椭圆（淡粉色）长轴为200千米，短轴为70千米。

的承包商，然而时间根本不允许这样做，此次的着陆器和火星车都是由NASA自己的工程师和制造人员在喷气推进实验室内制造的。这是一项顶级的内部任务，只有外部的保护壳、气囊和着陆反推火箭是外包制造的。

1996年12月，当"火星探路者号"准备发射时，NASA总部的一些人开始担心。自从关于设计思路的争议结束以来，"火星探路者号"并没有受到太多的审查，但现在它很快要按预定日程起飞了，一些人又想要确认是否所有的环节都真的妥当了。然而，此次任务准备的步调实在太快，没有留下太多可供审查的文书资料。在举行了评审会、咨询过喷气推进实验室的工程团队之后，任务的预期被调整了：这个任务被定位为对相关工程概念的一次验证，只要这个方面能取得成功，则任何超出主要任务范围的科学目标都可以被"拿掉"。着陆器预计能在火星上坚持一个月，火星车则是一个星期。如果有其他的收获，都算是额外之喜。

然而，探测器定位上的降格并没有减轻工程师们和任务管理者的压力。NASA总部有自己的期望，但实验室里的"火星探路者号"团队也有自己的严格需求要满足。接下来的几个月，实践将检验他们在火星任务上的能力，并为未来的登陆任务绘制"路线图"。

左图：真相时刻——“火星探路者号”着陆器以高速冲入火星大气后，在“维克特纶”（Vectran）材质的安全气囊的包裹和保护下撞击了火星表面。当然，这张图只是艺术家制作的想象图。

亲历者之声

罗伯·曼宁

（Rob Manning）

“火星探路者号”首席工程师

罗伯·曼宁于 1981 年毕业于加州理工学院，获得电子工程学位，随后加入喷气推进实验室。在为木星探测器“伽利略号”和土星探测任务“卡西尼号”工作了十年之后，他被招募到这个新的、更小型的任务中。一开始，他对加盟“火星探路者号”任务心存疑虑——“当我第一次看到这款设计时，我在想：‘喷气推进实验室在这方面没有技术，而且离我们上次真正登陆另一颗星球已经这么多年了，自从1976年的‘海盗系列’之后，我们还没有在这家单位里制作过任何着陆器！’”

但是，在项目管理人托尼·斯皮尔（Tony Spear）的一个劝说电话之后，曼宁改变了主意。“他是机械工程师，而我是电子系统和软件工程师，我俩刚好组成搭档，所以他聘请我给这个项目担任总工程师。”很快，曼宁负责了整个任务中最让人烦心的部分——“进入、下降与着陆”，简称 EDL。这项工作不适合那些心理抗压能力弱的人。

曼宁回想道：“托尼·斯皮尔作为项目管理者，本想把 EDL 工作外包出去，但我们剩下的时间不够了，而这项工作又非常复杂。”

他甚至不知道如何跟外部公司说明投标流程，更不用说如何协助他们进行设计了。“比如，我无法想象怎么写一个规范性文档去告诉别人设计方案应如何与气囊连接。所以，我们说服托尼，这个过程还是我们自己继续干吧，就像我们每天在这里干的那样。当然，最后的结果是成功的，如果没有令人难以置信的团队合作，这次成功是不可能的。”

“火星探路者号”的胜利

“火星探路者号”于1996年12月3日在卡纳维拉尔角伴着轰鸣升空。这部着陆器没有“孪生兄弟”备用，也没有具体科研任务。但这次火星之旅异常顺利，它沿着计划的轨道直奔火星表面而去，没有绕着火星飞行的悠闲环节，也不会测绘火星表面以再次调整自己的着陆位置。它的着陆位置在一段时间前已经确定了，工程师们明确知道它的落点，不管结果是好是坏。

1997 年 7 月 4 日，“火星探路者号”在火星上的“阿瑞斯峡谷”地区降落，这里距离“海盗 1 号”在克律塞平原的着陆点只有 836 千米。阿瑞斯峡谷被认为是一个曾在古代受到水流影响的地区，因此也是地质学家们非常感兴趣的区域。人们已经通过轨道器拍摄的照片对这一区域进行了详细的研究，对它能带来的科学回报也有着合理的预期。出于对飞行任务成功的强烈渴望，科学方面的预期就做了一些让步。

“火星探路者号”进入火星大气的速度很快；由于与地球之间有长时间的无线电延迟，它也必须自主飞行。它自带的小型计算机精确地把控着

航向，并负责调整轨道；同时，隔热板保护它不受冲入火星大气时的高温影响。它的降落伞是在超音速的情况下展开的，但当时的时速刚刚超过1287千米，所以降落伞没有像在多次测试中那样被撕裂。在降落伞的作用下，“火星探路者号”的时速降到令人大为安心的257千米。

在离地面约5千米处，“火星探路者号”从缓慢下降的着陆器中被迅速地垂吊下来，缆索长约20米。到离地面约300米处，一组小型火箭发动机产生的热气在一瞬间就把气囊充满了。到离地面仅剩约100米时，反推火箭点燃，着陆器的速度突然间大幅降低，随后它在不到21米的高度上开始自由落体运动，坠落到火星表面。

它触及火星表面的时速为64千米，首触后的第一次反弹约14米高，后来的每次反弹都要变低一些。着陆器上的传感器记录到的弹跳有15次，实际上可能更多。不久，“火星探路者号”停稳了，气囊开始放气。着陆器发回一条关键的信息，说明它平安度过了这个超出常规的降落过程，已在火星上站稳了脚跟。

对页左图：着陆后的第二天，“旅居者号”就从“火星探路者号”中分离了。解除了固定之后，它在悬架上“站起来”并沿着斜坡滑行到地面上。在它周围还可以看到已经放了气的气囊。

对页右图：“火星探路者号”的火星车“旅居者号”有微波炉大小，质量只有11.25千克。这是火星上的第一辆轮式机器。

上图：在任务的第8到10个火星日，“火星探路者号”的相机拍下了着陆点的全景图片。在该图的右侧，“旅居者号”正在探测岩石“藤壶比尔”。

路在眼前

时隔21年，以不同的方式达到了前辈的成就，这令团队成员一片欢腾。而这一次，全世界有数百万个地点都看到了直播。作为互联网时代第一次登陆其他行星的任务，任何接入网络的人都可以收看，观众达到几百万人。这也是喷气推进实验室的网络服务器应对过的最繁重的访问需求，由于计算机负荷的限制，服务器的工况已经达到极限。满脸胡须的罗伯•曼宁热情洋溢地庆祝胜利的照片很快在网上传开，成了“病毒式信息传播”的一个早期案例。

实验室的工程师检查了着陆器的健康状况，发现一切都好。以着陆点计算，这次着陆发生在火星当地时间凌晨 3 点左右。已经瘪下来的气囊被收回，保护着陆器主体结构的侧瓣也像花朵一样展开。在火星上的日出之后，着陆器发回了第一批图像，并做了气象测量。对那些参加过“海盗系列”任务的人来说，这一幕既熟悉又带着几分陌生。

在着陆之后的第二个火星日，小小的火星车被着陆器释放，准备滑到火星的土地上。这又是一个高风险的动作，火星车必须通过一个陡坡才能到达下方的沙地。这个方式看上去简单，但其中所有可能出错的因素都引起了人们的极大关注，气氛又紧张起来。比如，火星车可能在坡道上被绊住，或者被周围已经瘪掉的气囊缠住，无论何种问题，都将造成重大的挫折。

火星车沿着斜坡徐徐下行，人们“步步惊心”。在平坦的地面上，这部“旅居者号”的最佳行驶速度也只有每秒 13 毫米，在斜坡上要慢得多。它花了快一整天的时间才把自己的六个轮子印在火星土壤上。黄昏，“旅居者号”部署了“α 粒子 X 射线谱仪”（APXS），并“闻了闻”坡道底部的土壤。得到的结果与预期的差不多，这里的土壤数据与 20 年前“海盗系列”得到的数据基本吻合。

在第三个火星日，“旅居者号”开始了自己的外出探险。它朝着附近的一块岩石前进，这个观测目标被团队赋予一个有点异想天开的名字——“藤壶比尔”（Barnacle Bill）（译者注：这是美国人熟悉的喜剧艺术形象，是一位会晕船的船长）。执行任务的科学家小组有权为他们所遇到的新物体命名，因此这些名字五花八门，从卡通人物到不知所云的奇怪混搭都有。“藤壶比尔”离坡道并不远，只有 38 厘米，但这段距离足以算是“旅居者号”的第一次“野游”了。“旅居者号”用自己小小的机械臂上的 APXS 探测“藤壶比尔”达 10 小时之久，发现它起源于火山岩，具体来说可能是安山岩，又或者是其他种类的由火山活动形成的岩石，它在最初形成之后曾经熔化过，后来又重新固结。

与此同时，着陆器还给着陆区拍摄并合成一张全景照片，它自己则位于照片的中心。这是它第一次勘察周围的地形，这类调查后来进行了多次，每次都发现了新的特点。就像科学家们所猜测的那样，这个着陆区在无数个世纪之前曾经泛滥着灾难性的洪水。在离着陆器不远的地方可以发现流水形成的沉积物，附近岩石的成分也明显不同，而且很可能是原生的。正如一位科学家所说，这是个“地质大礼包”，团队为此兴奋了好几个星期。

“旅居者号”访问的第二块岩石被称为“瑜伽者”。经过 APXS 探测发现，“瑜伽者”的来

对页图：一位艺术家创作的在火星表面工作的“火星探路者号”想象图。其中，“旅居者号”正朝着作为目标的岩石走去。值得注意的是，即使在两个引导斜坡之间（该区域在太空飞行阶段用于固定火星车），也是装有太阳能电池板的。效率是任务成功的关键。

JPL

源与“藤壶比尔”是不同的。“瑜伽者”是一块玄武岩，这是一种古老而常见的火山岩。仔细探测后发现，“瑜伽者”是被水流送到现在的位置的，这也是火星探测中的又一项“首次发现”，且正好符合人们所希望看到的多样性。而这个发现诞生于可实际运作的火星车第一次执行外星任务的过程中，更增添了一层轰动性。

一项挑战式任务

几个星期过去了，新发现层出不穷。“旅居者号”的运作时间远远超过它完成主要任务所需的 7 天，显然，“火星探路者号”着陆器的工作也会超过 30 天的“质保期”。然而，这次任务也并非全无挑战。

8 月中旬，着陆器上的计算机毫无征兆地自动重启了。喷气推进实验室的团队在它重启的过程中越来越担心，事实上这只是一次简单的关闭和重启。这台计算机的款式是旧的，即便在飞行过程中也仅依靠主频为 2.5 兆赫的 IBM RAD6000 芯片（这是旧式苹果个人电脑 PowerPC 750 芯片的军用版）、128 兆内存的配置运行。当它在几个小时后重新上线时，大家总算松了一口气。但是，另一个问题很快浮现出来。

在着陆器与地面失去联系期间，火星车遇到了麻烦。这款能够进行短途自主驾驶的火星车在半路上不慎把自己的一侧撞在一块楔形岩石上（地球方面恰当地称这款岩石为“楔子”，即 Wedge），这导致车身的倾斜程度超出了预设的安全参数。它只能暂时停下不动，等待来自地球的命令。在经过紧急会议和一些地面测试之后，工程师们敲定了一个解决方案，并通过无线电发给探测器。“旅居者号”慢慢地从岩石上退开，调整了自己的方向，前往一个名叫“岩石花园”（Rock Garden）的地区。一周后，它来到一堆杂乱的“地质标本”当中。

“旅居者号”在剩下的任务时间内，都在距离“火星探路者号”着陆器 10 米以内的区域研究岩石和土壤的特征。随着地质证据和化学证据的积累，一幅更为详细的火星地图正在生成，并且被迅速地修订着。对这些数据的解读，可以跟从轨道上得到的指征相呼应，表明火星在历史上显然经历过水流的冲刷。水流曾经在一片洪泛平原上泱荡，但是这些水最后都去哪儿了呢？

要想搞清火星上的水的问题，必须期待另一个任务的完成。此时“火星探路者号”上的计算机开始越来越频繁地出故障，车载电池也正在失去蓄电能力，这些都令人担忧。火星上的冬季正在来临，随之而来的是温度的不断降低。由于储备的电量变少了，着陆器上的加热器不能正常工作，导致相关电子设备在火星的漫漫长夜中越来越凉。

任务告终

火星的环境是恶劣的，对探测器来说也十分艰难，“火星探路者号”剩下的日子屈指可数。1997 年 9 月 27 日，着陆器最后一次发射信号给地球，此后就沉默了。地球方面多次呼叫它，均未得到回应，这次任务看来要告一段落了。但直到 11 月底，人们都一直在尝试恢复和“火星探路者号”的联系，不过也都没有成功。NASA 官方宣布此次任务已于 1997 年 11 月 5 日在事实上终结。

“火星探路者号”在火星表面运行了 85 天，其间对火星的岩石和土壤进行了 15 次独立的化

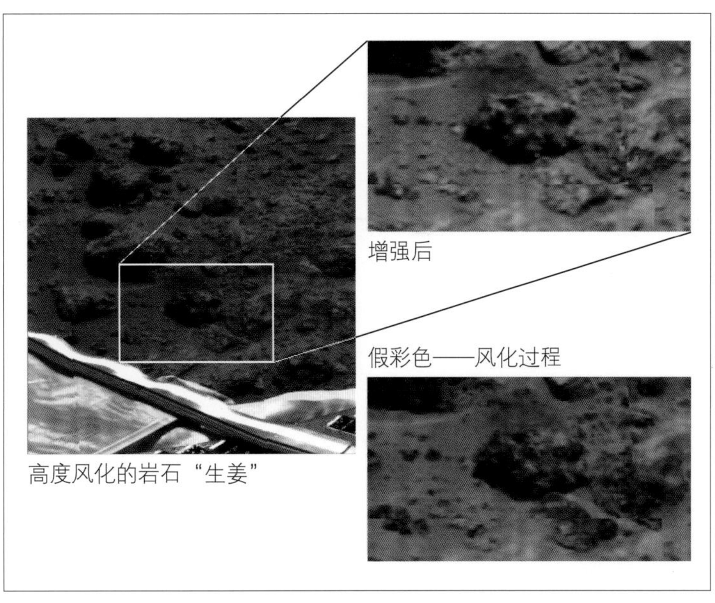

右上图：图左是“火星探路者号”给一块叫作“生姜”（Ginger）的岩石拍的照片，右侧则是其彩色增强版，以显示更多的细节。

右图：这是当年9月15日由“旅居者号”火星车的前置摄像头拍摄的岩石“黑猩猩”（Chimp）的照片，可以看出岩石上的纹理。在图片前部的一片小卵石中间，可以看到从右下往左上的、由风力作用留下的痕迹。

学分析，它的桅杆相机一共传回 16500 张照片，而“旅居者号”也送回了 550 张照片。“旅居者号”的工作时间达到了预期寿命的 11 倍，着陆器的工作时间也达到了自身“质保期”的 3 倍。

也许这次任务的最大收获是对轨道器俯视火星时不能确定的地面真相给予验证和细化——毫无疑问，历史上的火星曾经远比今天温暖、湿润。支持这一结论的证据现在俯拾皆是。一个在火星的岩石和土壤中蕴藏已久的故事，现在已经被读出；此后，“跟着水走”就成了 NASA 所有火星探测任务的信条。对于一个预算很少、拼死拼活勉强赶上最后发射期限的项目来说，这个结果算是让人满意了。

已经“殉职”的“火星探路者号”随着火星冬季的到来，开始蒙上了红色的灰尘；与此同时，喷气推进实验室的工程师们已经在为下一组带车轮的火星使者——“火星探测漫游者”（Mars Exploration Rovers，MER）而忙碌了。然而，在这些更复杂的机器到达这颗红色星球之前，还会有另一颗不载人探测器以前所未有的清晰度从空中俯视火星，那就是“火星全球勘测者”（Mars Global Surveyor）。

上图：1997年7月，由“火星探路者号”拍下的这张组合照片展现了火星上的日落。其中，天空的颜色是真实的，地形部分则被后期调亮，以显示更多的细节。

对页下图：这是“火星探路者号”着陆点示意图，是利用着陆器桅杆上的相机提供的俯拍照片合成的。多个红色方框标出的是要派“旅居者号”去深入探测的岩石。

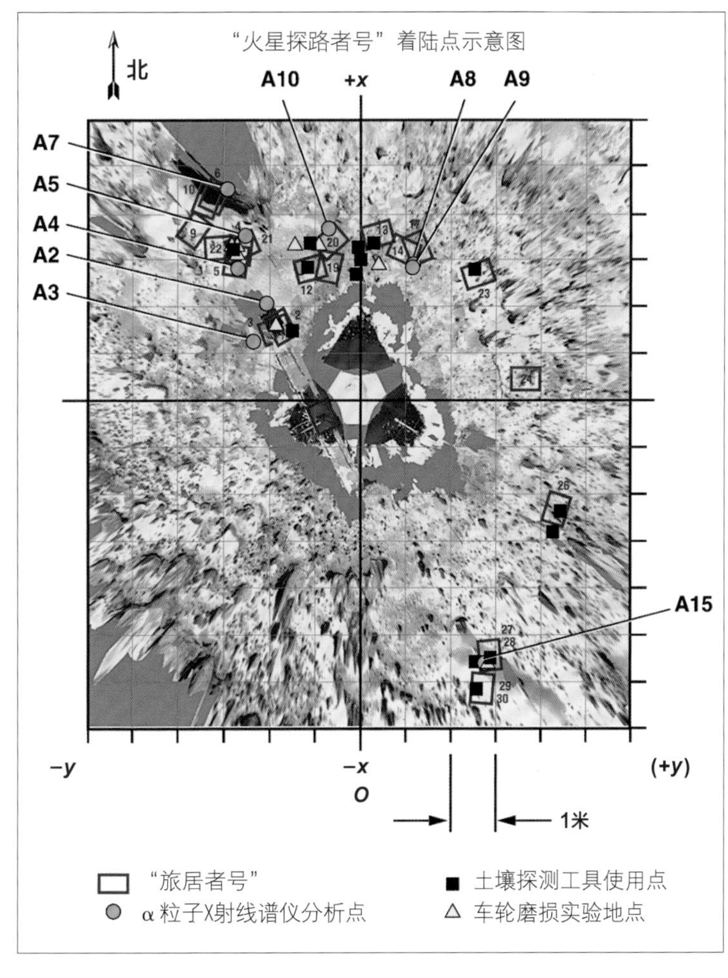
"火星探路者号"着陆点示意图
北
A10
+x
A8
A9
A7
A5
A4
A2
A3
A15
−y
−x
O
(+y)
1米
"旅居者号"
α粒子X射线谱仪分析点
土壤探测工具使用点
车轮磨损实验地点

鸟瞰：火星全球勘测者

“火星全球勘测者”的发射其实比“火星探路者号”（1996年12月）还早一点儿，但它的轨道器在1997年9月11日才到达火星。它像此前的“海盗系列”和“水手9号”一样，在接近火星后点燃了减速用的推进器，以便进入围绕火星飞行的轨道。这颗轨道器绕飞火星的轨道颇不寻常，轨道上距离火星最近的点只有262千米，而离火星最远的点则在53108千米开外。这条椭圆形轨道为何如此夸张？

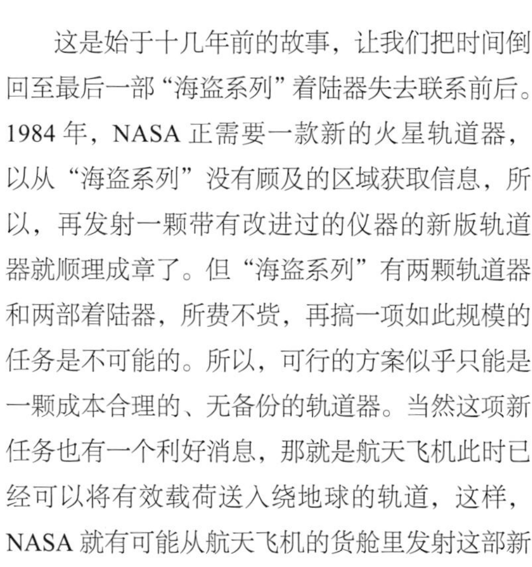

这是始于十几年前的故事，让我们把时间倒回至最后一部“海盗系列”着陆器失去联系前后。1984年，NASA正需要一款新的火星轨道器，以从“海盗系列”没有顾及的区域获取信息，所以，再发射一颗带有改进过的仪器的新版轨道器就顺理成章了。但“海盗系列”有两颗轨道器和两部着陆器，所费不赀，再搞一项如此规模的任务是不可能的。所以，可行的方案似乎只能是一颗成本合理的、无备份的轨道器。当然这项新任务也有一个利好消息，那就是航天飞机此时已经可以将有效载荷送入绕地球的轨道，这样，NASA就有可能从航天飞机的货舱里发射这部新的航天器。

这样看来，局面还是不错的。这项任务的最终名称是“火星观察者”（Mars Observer，MO）。不过跟往常一样，一旦加入其他的考虑，这个计划就开始明显陷入困境。为了节约开支，这颗轨道器是基于一颗地球轨道卫星的方案设计的，也就是改造地球卫星用于火星之旅。在深空航行中，航天器的某些系统必须修改，但基本设

上图：“火星全球勘测者 ’98”任务标识设计大赛的优胜作品。

对页图：这张图片是用“火星全球勘测者”在2006年拍摄的许多张照片拼接并加以后期处理得到的。图的中心部分有火星上最大的火山口——塔尔西斯（Tharsis）。

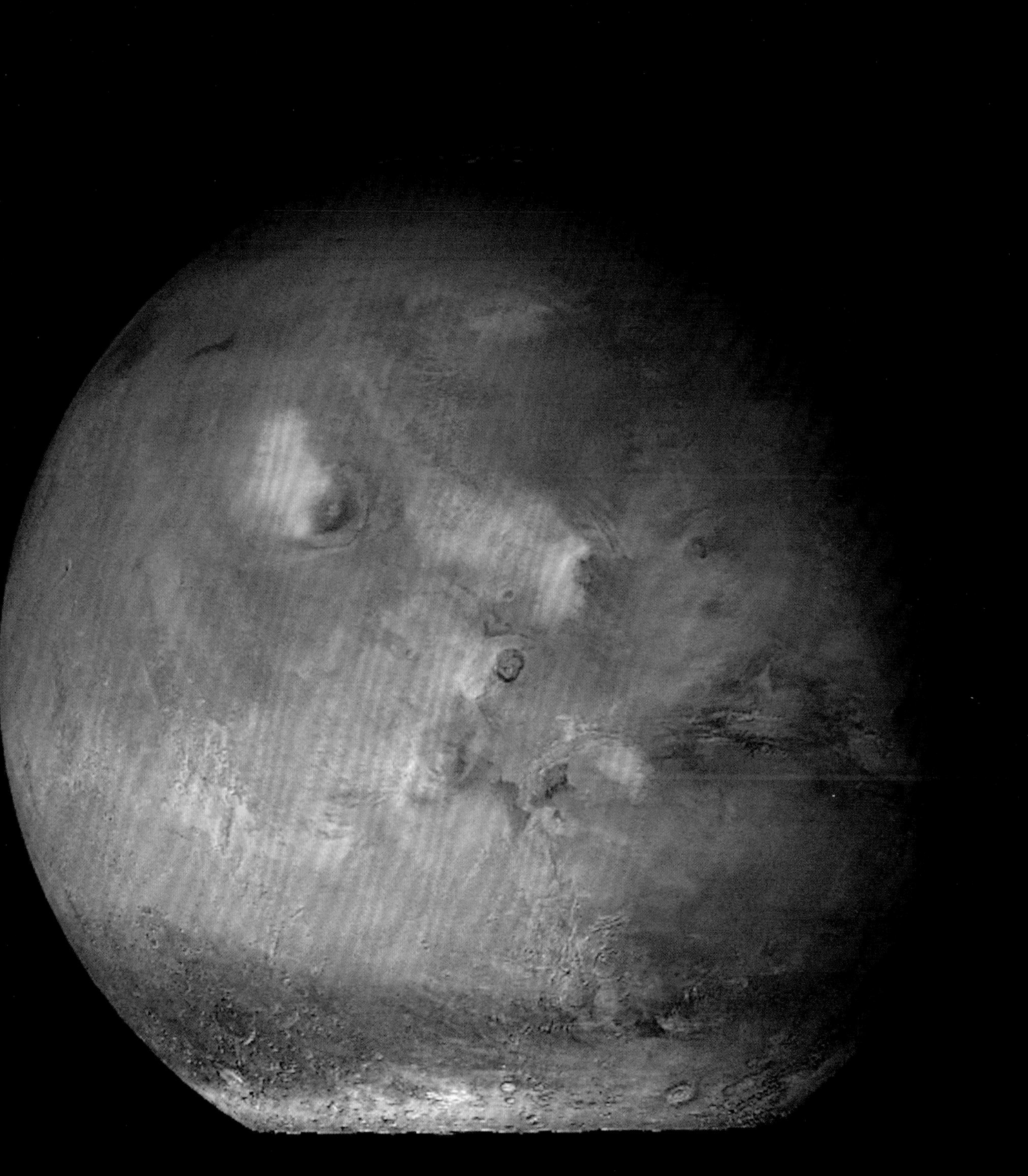

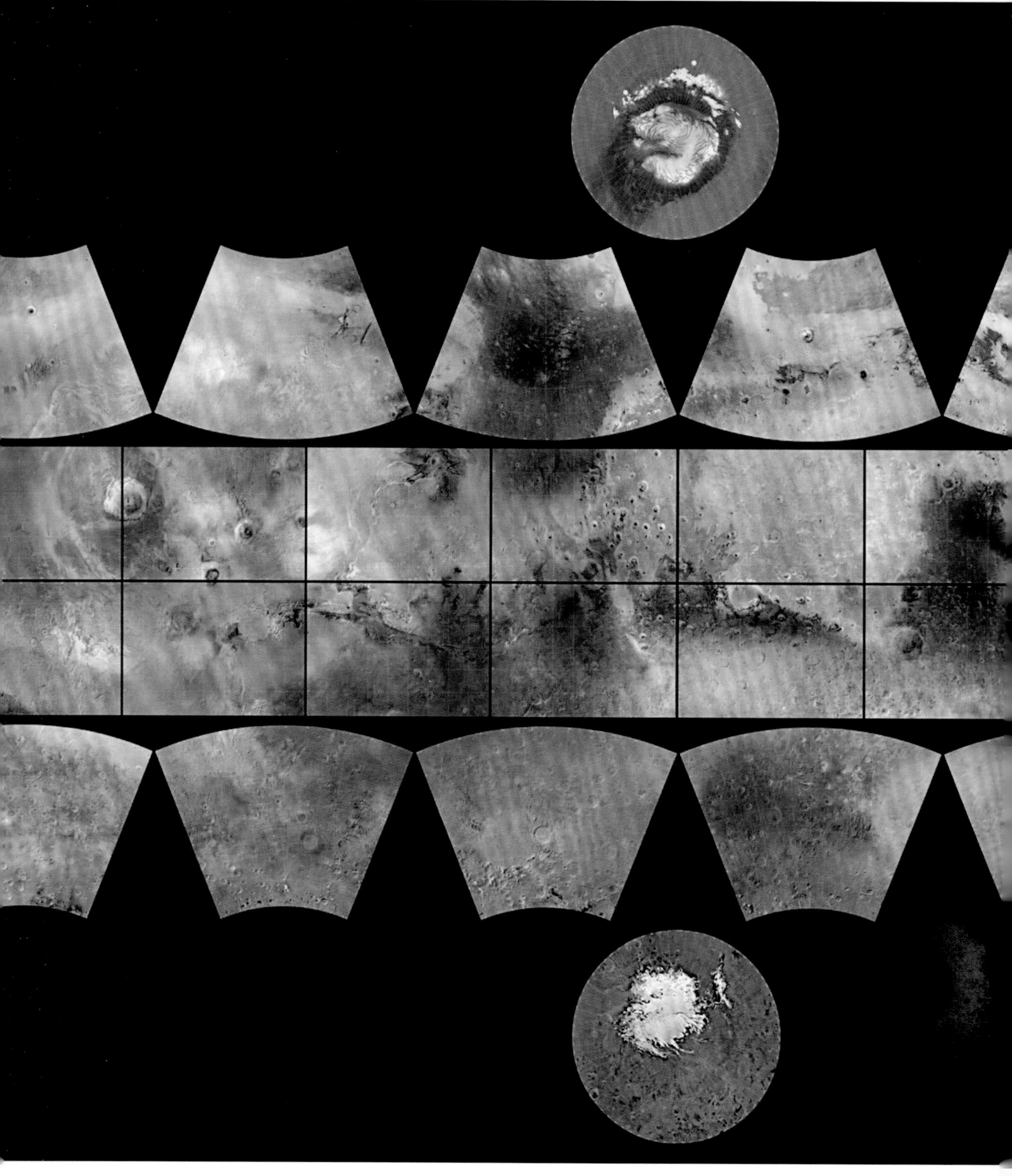

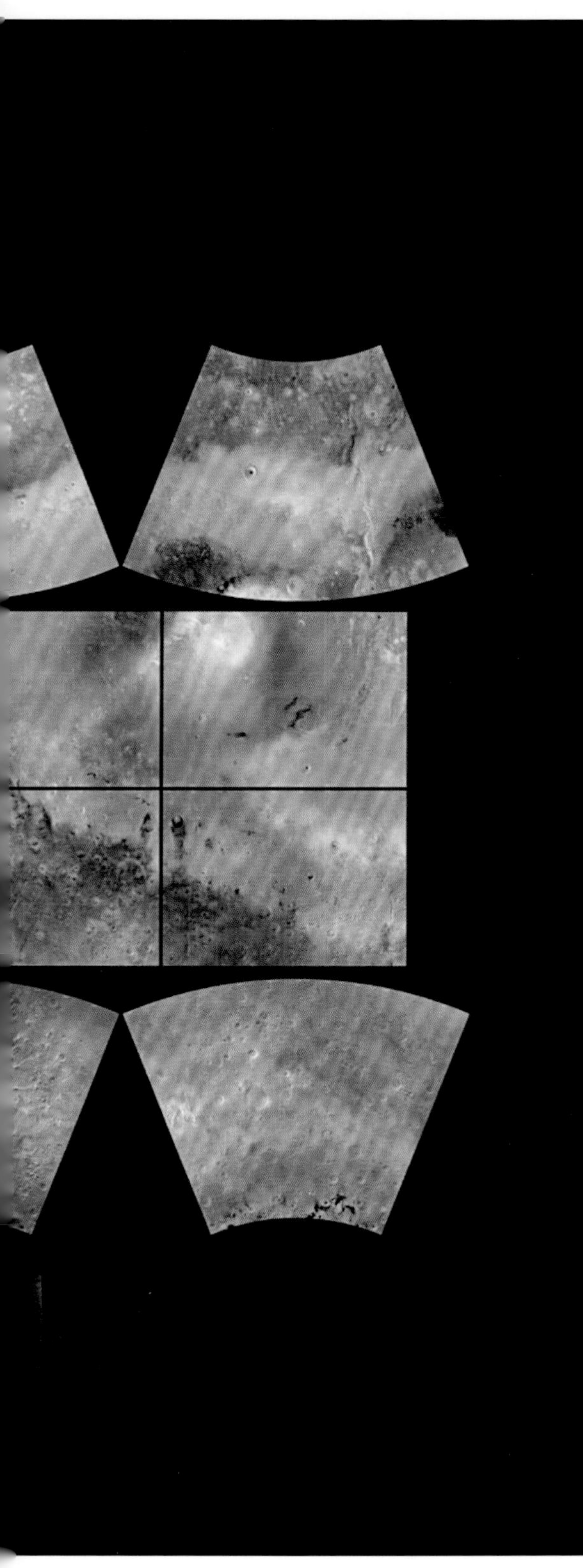

计可以保持相同，这样做在理论上可以省钱。

经济型太空飞行

从航天飞机上发射飞船的决定，是由 NASA 的总部做出的。航天飞机的定期飞行是节约成本的关键，为此，几乎所有要进入太空的东西都会被放在轨道器所在的航天飞机货舱中一同升空。不过，“挑战者号”在 1986 年的一次飞行中，于起飞 73 秒后爆炸，上述运货命令随即撤销。自此之后，各种人造卫星和行星探测任务，以及大多数军事任务，都得像过去 25 年那样，搭乘一次性运载火箭上天。

这种方法的问题在于，一次性火箭的操作成本很高，而“火星观察者”也不能算是轻巧的航天器。它的总质量达到 1018 千克，必须像“海盗系列”那样乘坐昂贵的“宇宙神 3 号”运载火箭。然而，为了适应不断上涨的成本，该计划还削减了更多的开支。

1992 年 9 月，“火星观察者”终于在浓烟和轰鸣中离开了卡纳维拉尔角。飞行过程还算平安无事，将近一年之后，1993 年 8 月，它接近了绕火星轨道。但就在它准备点燃制动火箭以便进入这条轨道前不久，通信突然中断了。它不再向地球发出“声音”，并且沿着原来的轨道继续飞行。

左图：这幅图像，是使用1979年“水手9号”所拍照片制作的“火星地图”的升级版，引用了“火星全球勘测者”新拍摄的素材。这幅详细的地图覆盖了火星的全部表面。

经过对相关证据的严格检查和对该项目设计过程的详细研究，工作人员确定它的燃料已经泄漏，并导致了一次灾难性的爆炸，这次任务告吹了。研究者认为，这次失败的原因至少有一部分应归咎于在地球卫星的设计方案和硬件功能基础上去改造出一颗火星探测器。节约成本的手段如果不恰当，反而会浪费经费，这项任务就是一个反面教材。

失败之后，NASA 几乎立刻提出一项新任务"火星探测计划"（Mars Exploration Program，MEP）。该任务结合了新的火星探测目标与重整旗鼓的强烈愿望，以期迅速走出"火星观察者"失败所带来的尴尬。它仍然采用"火星探路者号"廉价的着陆器和火星车，又加上了一个全新的轨道器设计，即"火星全球勘测者"。

这颗轨道器试图替失败的"火星观察者"挽回大部分原定的考察内容，但成本低得多，约为 1.54 亿美元，而不是原来的 8 亿美元以上。它的质量约为"火星观察者"的一半，一些飞行硬件沿用了"火星观察者"的备件，但总体设计是新的：它从一开始就是按照火星轨道器的架构来设计的。

由于质量较小，所以这次可以用较便宜的"德尔塔 2 号"火箭来执行发射任务。与"宇宙神"一样，"德尔塔"也曾是洲际弹道导弹的发射装置，后来被重新设计，用于非军事目的。然而，与"宇宙神"在发射时远超 590 吨的推力相比，基本型号的"德尔塔 2 号"产生的推力不超过 363 吨。"火星全球勘测者"享受不到带着足够大的火箭发动机进入火星轨道的待遇。要帮它在到达火星附近后降低速度，防止它像早期的"水手系列"那样快速掠过目标，工程师和任务设计师需要一些巧妙的新方法。

踩下"刹车"

多年以来，航天界一直在讨论一种名叫"空气制动"（aerobraking）的技术，理论上它可以帮助航天器在行星间高速巡航之后减速。简单来说，就是要适时调整航天器的轨道，让它稍微浸入目标行星的大气层，借助由此而生的空气阻力把速度降低到足够的水平，以便进入所需的最终轨道。当然这种方法也有潜在的风险（在实际飞行中会有所妥协）——如果瞄准时有任何偏差，或者对目标星球的大气密度认识不准，就可能导致航天器掠过目标或者过热烧毁。此外，航天器要想在这样的变速动作后保持完好，到底需要具备多强的健壮性[1]，目前还不完全清楚。这项技术只尝试过一次。

1993 年，NASA 的"麦哲伦号"金星探测器在快要完成所有的在轨任务时，被决定用来进行"空气制动"的实验，毕竟此时它大部分的重要目标已经实现，其服役已经进入了第 5 次延长期。实验的另一个诱因是金星拥有浓厚的大气层，可以作为很好的实验环境，提供一个明确的结果来表明空气制动到底是会成功还是会失败。

在地球方面下达了变轨指令后，"麦哲伦号"浸入了金星大气层，在随后的两个月时间里按计划将轨道从椭圆形变为正圆形。

1 译者注：健壮性（Robust）也叫鲁棒性，指系统在异常状况下和突发险情时维持生存与工作状态的能力。

火星观察者

任务类型：火星轨道器
发射日期：1992年9月26日
发射工具："德尔塔2号"火箭
到达日期：无
终止日期：1993年8月21日
任务历时：至失败时共331天
航天器质量：1018千克

对"火星全球勘测者"而言，空气制动从一开始就在任务规划之列。它的制动火箭远远小于"火星观察者"上使用的同类部件，可以帮助它在减速后进入一条 53108 千米 ×262 千米的巨大椭圆轨道，这种轨道需要的总制动能量更少。火星的大气很稀薄，所以想借助这种大气完成制动，就离不开一些额外的工作。这个方案看起来优雅帅气，其实是一场豪赌。然而，NASA 的选择是有限的，它必须继续使用这项只测试过一次的技术，不然就得一直等到造出一部更大的航天器并且订购一枚更大的运载火箭。因此，这次选择空气制动是必然的。

"火星全球勘测者"也成了第一部从设计阶段就为这种制动方法而准备的航天器。它拥有宽达 12 米的太阳能电池板，这会在火星大气中产生足够大的阻力，使它在飞临火星后的六个月内明显地改变轨道——至少按计划来说应该是这样。

"火星全球勘测者"出发

"火星全球勘测者" 于 1996 年 11 月 7 日发射，比"火星探路者号"早了一个多月。它到达火星的时间是 1997 年 9 月。然而，在奔赴火星的过程中出现了一个重大的技术问题：有一块太阳能电池板没能完全展开。这些电池板不仅对能源的供应至关重要，而且对航天器的空气制动的正确实施也非常重要。太阳能电池板拥有"翅膀"一样的外形，所以能产生足够的阻力来降低飞行速度，进而使扁椭圆形的轨道逐渐变得更圆。结果，两块电池板中的一个顺利地完全展开，另一个只展开了大约 80%。后者的支撑架似乎出了问题，未能将板面锁定到位。

但飞行工程师几乎没有选择，火星已近在眼前。制动火箭如期点火，"火星全球勘测者"进入了一条扁长的绕火星轨道，绕飞火星的周期为 45 小时。这次任务是第一次让探测器进入绕飞火星两极的轨道，它可以在火星的南极和北极上空循环飞过，这种有利的轨道可以最有效地补全整个火星表面的地图。反复的机动动作，使它的"近火点"（离火星表面最近的点）推进到约 262 千米高，这个高度已经足够浸入火星大气，生成足够的阻力帮它减速。地球方面还对那块已损坏的太阳能电池板的角度做了调整，以尽量减轻它因姿态偏差而可能发生的各种翘曲或损坏，并将空气制动时浸入火星大气的程度改得更浅、更柔和了。这样做会折损来自火星空气的阻力，把轨道演变的过程拖慢，但也能让探测器免遭更多损害。

这颗探测器花了一年多的时间才把轨道变成圆形。在这条圆形轨道上，它每 2 小时就绕火星

火星全球勘测者

任务类型：火星轨道器
发射日期：1996年11月7日
发射工具：“德尔塔2号”火箭

到达日期：1997年9月12日
终止日期：2006年11月14日
任务历时：在火星上空工作9年1个月21天

航天器质量：1030千克

一圈，距离火星表面约 450 千米。科学考察团队在这段时间里也并非无所事事，而是获得了大量的优质数据。当然，任务中最具雄心壮志的部分直到这个阶段才终于可以开始。

“火星全球勘测者”上的仪器受到尺寸和重量的限制，所以比已告失踪的“火星观察者”上要少，然而这套科研硬件仍有一定的实力：

热发射光谱仪（Thermal Emission Spectrometer，TES）是一种红外光谱仪，对研究人员们感兴趣的各种矿物尤其敏感；火星在轨激光高度计（Mars Orbital Laser Altimeter，MOLA）用于测绘，将使用红外激光束精确地测量从轨道器到火星表面的距离。

其他仪器包括一台磁强计和一台电子反射率计，用于测量太阳风，以协助确定火星的磁场（结果证明其非常微弱），还有多普勒效应超稳定振荡器（Ultrastable Oscillator for Doppler Measurements，USORS），它是一台与探测器上的无线电相连且极为精确的时钟，科学家可以用它来跟踪探测器绕火星运行时无线电信号的微小变化，以便更准确地测定火星的引力场。

不过，要论“火星全球勘测者”上最引人注目的设备，或许就是它的相机了。它注定是这次任务中最受公众喜爱的角色。这台名叫“火星轨道相机”（Mars Orbital Camera，MOC）的精密成像仪，由位于加州圣迭戈的马林空间科学系统公司为 NASA 制造。公司的创立者迈克•马林（Mike Malin）曾是 NASA 的雇员，他离职单干是因为想走自己的路：制造出一部在他看来比 NASA 一直使用的款式优越得多的相机。创业后，他将改进过的相机卖给了 NASA，用于“火星全球勘测者”之后的许多火星绕飞任务，还得到一份合同，负责对相机收集的数据进行解释和归档。这一装置在很大程度上帮助“火星全球勘测者”成为迄今最具实力的火星轨道器，它以每像素对应 45 厘米的高分辨率，提供了令人难以置信的画面细节，比以前环绕火星运行过的任何相机都好。

在绕火星运行的第二年，“火星全球勘测者”开始从 399 千米高的最终轨道（绕火星周期不到 2 小时）上正式进行测绘和表面勘查。这个飞行高度及其周期有一个优点：它使轨道器每天差不多能在同一时刻看到同一个地区，从而让照片更容易进行逐日比较，并做出更有价值的解释。

优质图像和关键发现

凭借来自各种仪器的大量数据，这次返回的图像比以前获得的任何成果都壮观。对这些数据的研究已经进行了十多年，并带来了许多发现，包括火星表面某些地貌特征的沉积性质。马林公司的一位科学家肯•埃格特（Ken Edgett）多年来研究了大约 24 万张照片，它们可以代表这次任务送回的全部图像。他后来认识到，他在照片上看到的东西确实是沉积物，其中一些竟然厚达 10 千米。这一发现被称为“点燃干柴的火种”，这也许是一位地质学家能在此次任务中做出的最为重要的发现。它改变了科学家们看待火星的方式，而且在后续任务的规划中起到了关键的作用。

与此同一阶段的研究发现还包括证实了水在古代火星的河流三角洲的形成中起到的持续作用，甚至找到了一些疑似证据，说明火星峡谷壁上的沟壑在相对晚近的时期还受到过水的侵蚀。“火星全球勘测者”还拍到了火卫一（福博斯）、火卫二（德莫斯）的高画质照片，增加了我们对这两颗微小、神秘的卫星的了解。火星的天气模式和大气现象，包括被称为“沙尘暴”的小型气旋，都被记录和研究了。“火星在轨激光高度计”则帮我们首次真正了解了火星表面地形的动态。

“火星全球勘测者”任务也把在火星上找水摆到了科学考察的核心位置上，它捕捉到一批高分辨率照片，用这些照片可以清楚地复原出火星在历史上的潮湿时期的大量流水痕迹。这次任务持续了近十年，四次延长了寿命，而它原计划只工作一个火星年（相当于地球上的两年）。2006年，这颗轨道器与地球失去联络。三天之后，地球方面又收到一个微弱的信号，表明轨道器已进入“安全模式”，这是轨道器上的计算机检测到故障时会进入的状态。NASA 多次尝试重新开启与轨道器的联系，但均未成功。那一年，任务设计师甚至借用欧洲的火星轨道器“火星快车号”（Mars Express）发送了一个航天器之间的信号给它，可还是没有回应。2007 年 1 月，NASA 正式宣布“火星全球勘测者”任务终结。

尽管这颗探测器的任务是意外终止的，但仍然可以说它圆满成功。这次探访火星，本来是失去“火星观察者”之后一次低成本的后续补偿行动，却成了迄今为止对这颗红色行星进行的持续时间最长、最有成效的探测。

对页左上图：“火星全球勘测者”拍摄的埃奥罗斯（Aeolus）地区照片。其中的地貌，特别是沿着中线从上到下排布的几座孤峰，都属于水流作用的间接结果。

对页右上图：这是火星南半球“戈尔工混杂地”（Gorgonum Chaos）的照片，显示出非常细腻的水蚀痕迹。从峡谷壁顶端顺滑而下的纹理，被认为是当代的高盐分渗流水留下的。

对页左中图：这座巨大的陨击坑以天文学家斯基亚帕雷利的名字命名。它直径460千米的中心洼地呈现层叠纹理，其原因据推测是这里在久远的过去曾有积水长期驻留。

对页右中图：一张火星上的“龙卷风”的实时照片。这个龙卷风在该图的左上部呈现为一块模糊的白斑。旁边地面上迂回曲折的暗色痕迹是该龙卷风走过的路径，它所到之处，土壤都受到翻搅。

对页下图：“火星全球勘测者”上的“火星在轨激光高度计”探得的火星表面高差图。其左右两端分别代表火星的北极和南极。很明显，火星南半球的表面更厚实一些。

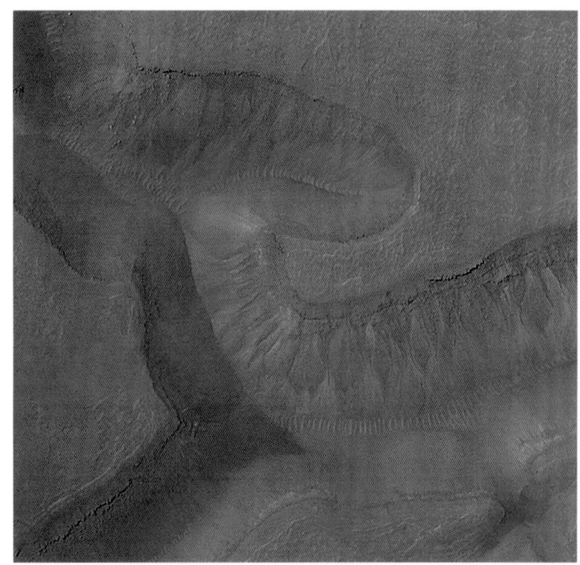

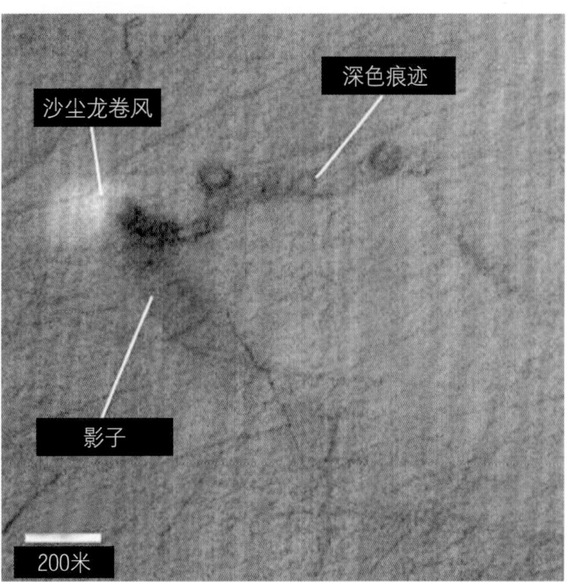
深色痕迹
沙尘龙卷风
影子
200米

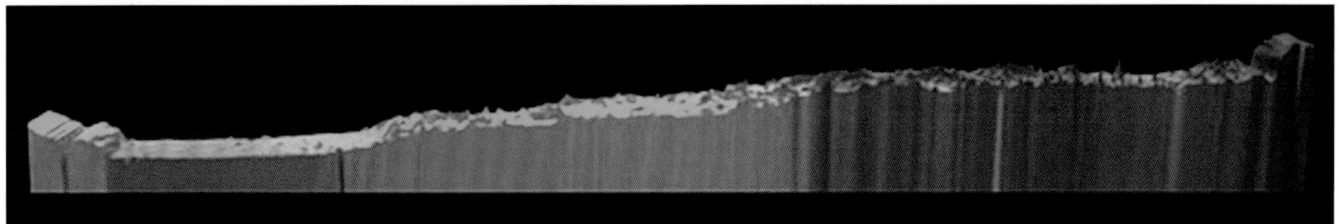

奔向“星际怪兽”之旅

任何参与过火星计划的喷气推进实验室成员，还有大多数的俄罗斯行星科学家和工程师都会告诉你：去火星很难。几十年以来，所有前往火星的任务，总成功率仅为一半左右。苏联失败的次数多于美国，但NASA也逃不掉概率的平衡，这种情况在20世纪90年代末再次降临。

低成本和高效率

“火星探路者号”和“火星全球勘测者”两项任务，建立起人们对“花小钱办大事”这一思路的信心，而且，前往火星途中的所有问题似乎都在预算范围之内解决了。以同样的理念为基础，又有两项成本意识鲜明的新任务被设计出来。

第一项是“火星气候轨道器”（Mars Climate Orbiter, MCO）。它的成本范围与“火星探路者号”和“火星全球勘测者”相同，在发射升空之前只花了不到2亿美元。它专门负责监测火星的气候、大气环境，以及火星表面的累积变化。它相对较轻，只有638千克，所以发射成本相对不高，令NASA总部的会计人员表示满意。与NASA发射的大多数火星轨道器一样，这颗探测器仍由洛克希德-马丁公司负责制造，它于1998年12月升空。

第二项是“火星极地着陆器”（Mars Polar Lander，MPL），质量290千克，准备前往火星的南极地区，主要目标是寻找水冰（译者注：固态的水）。为了协助实现这个目标，它携带了两个“撞击器”（硬着陆模块）。在着陆器本身还

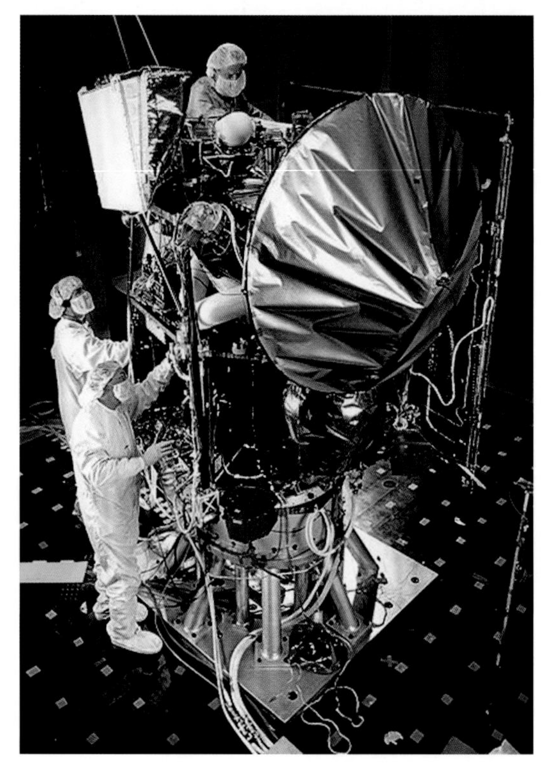

上图：命运不佳的“火星气候轨道器”在测试阶段的照片。

火星气候轨道器

任务类型：火星轨道器
发射日期：1998年12月11日
发射工具：“德尔塔2号”火箭
到达日期：1999年9月23日
终止日期：1999年9月23日
任务历时：至失败时共286天
航天器质量：638千克

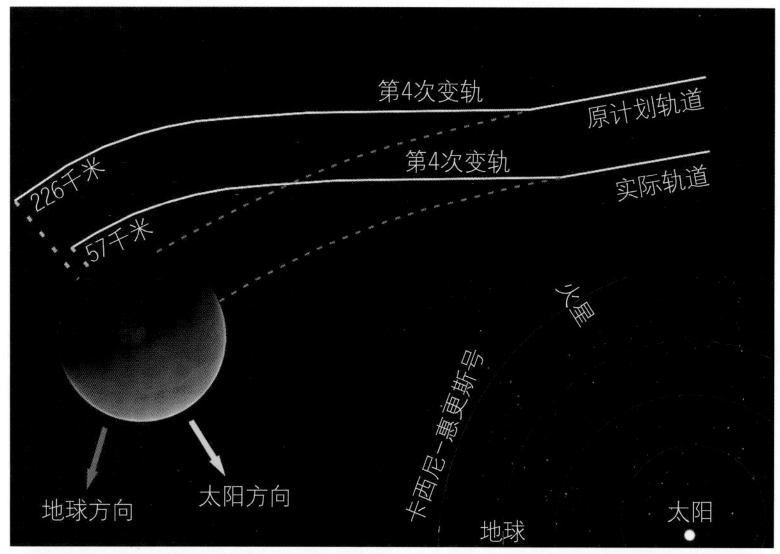

左上图："火星气候轨道器"失败原因分析图。由于公制单位和英制单位被混淆使用，它按计划执行空气制动时，所进入的轨道与火星距离过近，使它在过于浓密的大气中高速行进，导致破损。

左下图：这张并不清晰的火星照片是"火星气候轨道器"在它的漫长旅途中拍摄的唯一照片。当时它距离火星450万千米。

未降落到火星的冰冻荒原上时，“撞击器”会提前与着陆器分离。这些机器化的“子弹”将钻到火星的沙质土壤下1米深，测量那里的原始物质的特性。通过这种方式，它们将第一次观测到那些未被太阳辐射和火星表面化学作用严重影响过的尘埃，而这特别有价值。1999年1月，“火星极地着陆器”升空。

希望与恐惧

在最初的几个月里，一切似乎都进展得挺顺利，两颗探测器顺利进入太空，到达火星。1999年9月3日，“火星气候轨道器”调整了轨道，使其路线得到适当配置，以在火星大气中进行空气制动。这一技术在被“火星全球勘测者”验证之后，此时已经被看作相对常规的技术了。制动火箭也被点燃，以使“火星气候轨道器”的速度下降，供火星大气捕捉它。

但是，随后什么消息都没有了。无线电信号瞬间中止，相关的工程师火急火燎地检查是否出现了暂时失联、失去高度控制等情况，甚或其他更为严重的事态。半个小时过去了，轨道器本应从火星背面绕出来并重新建立通信，但信号还是一片空白。这次任务猝然告终，工程团队立即开始调查失败的原因。

此时，所有人的目光都集中在“火星极地着陆器”上。一年失败一次已经令人震惊了，假如一年里两次受挫，那将是灾难性的。在整整三个月后，也就是12月3日，“火星极地着陆器”正准备历史性地降落到火星南极地区。就像此前的“火星探路者号”那样，它走的也是一条直接冲向火星表面的轨道，在着陆前不会绕飞火星——只有享受了更大的运载火箭和更充足的燃料供应的“海盗系列”才有过那种待遇。

“火星极地着陆器”上的发动机燃烧了16分钟，减速将它并带入正确的轨道，以便进入火星大气。着陆器发出的数据虽然一如既往地被地球和火星之间的遥远距离所延迟，但看起来还很不错。当它坠入火星稀薄的大气层时，一切也还十分顺利。

然而，某一瞬间之后，一切都乱套了。过了半个小时，工程师仍在试图联系这部着陆器。这颗在进入火星大气时最后一次发来消息的探测器，应该正在驶向火星上一个名为“南极高原”（Planum Australe）的地区。收到着陆器发出“着陆成功”信息的预定时间已经过了很久，但无线电还处在静默状态，任务被判定为失败。

于是，NASA在三个月内第二次召集了调查小组，来弄清为何又失败了。经过为期数月的数据整理和评估，他们发现了两个可怕的致命错误，上述两项任务各有一个。调查结果是明确的：“火星极地着陆器”的坠毁缘于它携带的传感器和相关软件发生了误判，后者检测到由几条着陆腿的展开和锁定引发的震动，由此推断着陆器已经降落到火星表面，因此计算机尽职尽责地下令关闭了下降发动机，以避免燃烧产物对火星表面造成污染。遗憾的是，当反推火箭停止燃烧时，着陆器实际上仍在空中，高度不小于30米，这导致着陆器加速下落，摔进下方的岩质土壤，葬身于此。

火星气候轨道器“死亡”的最终原因则比这个更加尴尬。喷气推进实验室和轨道器的制造承包商洛克希德－马丁公司之间，电子通信线路太长，又时不时地出毛病，导致双方在数量单位的选择上不知道何时产生了误解。承包商为轨道器

火星极地着陆器

任务类型：火星着陆器
发射日期：1999年1月3日
发射工具："德尔塔2号"火箭
到达日期：1999年12月12日
终止日期：1999年12月12日
任务历时：至失败共334天
航天器质量：290千克

上图："火星气候轨道器"在制造过程中。后来，它自带的计算机在接到"着陆腿释放"的信号后做出错误的反应，导致它硬着陆，撞毁在火星表面。

对页图：一张"星际怪兽"的漫画。鉴于有太多的火星探测器折戟沉沙，这个"怪兽"于20世纪60年代初被喷气推进实验室的工程师约翰·卡萨尼"发明"出来，作为一种戏谑的解释。

的运行提供的计算机软件使用了英制单位（英寸、英尺、英里），而喷气推进实验室这边则按惯例以公制单位（厘米、米、千米）进行操作。结果，轨道器在进入绕飞火星轨道前的一个机动动作，就使它飞进了错误的轨道，因此它没能进入 160 千米高的空气制动轨道，而是在约 112 千米的高度上掠过火星。虽然火星大气稀薄，但在那么低的高度上对高速运行的航天器来说还是太稠密了，轨道器显然是无法“幸存”的——它在第一次空气制动过程中散架了。

两次失败都让人尴尬，但媒体尤其不想放过“火星气候轨道器”的失败。NASA 真的在同一年之内，而且是在几个星期之内相继搞砸了两项火星任务。人们开始争论“更快、更好、更省”的思路是否该负责任，因为它导致太多的团队出现人手短缺的情况，测试也太少。也有人提出，承包商可能是罪魁祸首。还有人觉得，任务的设计从最开始就有毛病。归根结底，是多种因素导致了沟通不畅、监督不力，致使这两次任务告吹。

命运之手？

也有些人近乎玩笑地私下议论着另一个“罪魁祸首”，说它长期困扰着喷气推进实验室，也长期困扰着苏联的航天部门。他们觉得它就是传说中的“星际怪兽”，有人说这就是残酷的现实，当然更多的人说这只是黑色幽默。

这种看法来自统计结果——不管把一次“轨道器 - 着陆器”组合发射算作一部航天器还是两部航天器，人类最多也只有 50 余部航天器前往火星，其中只有一半成功抵达。虽然失败的记录明显集中于早期的不载人探测器，但“一半”仍是一个让人难过的低成功率。火星似乎有一种令人沮丧的特质，它爱“吃掉”航天器。火星是太阳系中迄今为止被人类探测最多的行星，仅次于地球本身；但如果计算一下人类失去的航天器，火星也是最“贪吃”的。早在 20 世纪 60 年代中期，那些为火星探测项目而辛勤工作的人就很想知道，是什么使得火星任务如此艰困。从很多方面都可以给出合理的解释，比如距离、轨迹、恶劣的太空环境等，但是探测器的损失率仍然有点超乎现实。当然，苏联的火星飞船尤其不顺。虽然发射了不少，但到今天为止，苏联以及后来的俄罗斯，还没有在火星探测器上取得过一次特别圆满的成功。

所以，工程师们更想知道，到底是什么让火星上的不载人探测如此危险？

还是在 20 世纪 60 年代中期，NASA 的一位工程师给出过一个奇怪的解释。他的解释虽然只是个异想天开的笑话，但却流传至今；航天任务的设计师每当失去一颗探测器时，都会在露出令

人不安的傻笑后提起这个被认为是罪魁祸首的家伙——“星际怪兽”。这个臆想出来的“怪兽”难道真的负有责任吗？

编出这个“怪兽”的人是约翰·卡萨尼（John Casani）。他当时还是一名青年工程师，正在参与“水手号”的计划，并接受了一名报道航天事业进展的记者的采访。当时，苏联已经在火星探测上失去了5部航天器，美国则正要派出自己的第一批火星探测器“水手3号”和“水手4号”，后来这两者也只幸存了一部。记者提到，成功的可能性看起来好像很低，这时卡萨尼笑了，并说那里有个妖怪，他叫它“星际怪兽”。从那以后，这个名字就流传下来了，还时不时出现在漫画中，新一代“火星探险家”说起它都会带着一种紧张的笑容。

说来也稀奇，许多志在火星的探测器真的总是遭遇这样那样的意外状况。NASA在每次仔细检查了航天器发往地球的信号、飞行前的组装和测试记录等证据后，总是可以找出一个失败的原因，或给出一个比较可信的解释；但不管原因是什么，在“火星气候轨道器”和“火星极地着陆器”接连失利之后，他们再也经不起一次新的故障了。2001年是火星任务的又一个发射时间窗口，随着这个时间的临近，如果再一次折戟，可能会导致火星探测计划暂停数年。所以接下来的这次任务只能成功、不准失败。

基于这种决心，“火星奥德赛”（Mars Odyssey，缩写跟“火星观察者”相同，均为MO）的准备工作得以完成。NASA重新找到“火星极地着陆器”的制造者洛克希德－马丁公司来制造这艘新的飞船。这次组装工作的要求比以往任何时候都要严格，而且已经用不着向承包公司的管理层强调重要性了（尽管这对双方的合作关系来说确实很重要）。

“火星奥德赛”的特色任务是，使用一套光谱仪和一台热成像仪在火星表面搜寻水冰和其他各种水的痕迹。它还带有一台辐射探测仪，用来研究人体暴露在高能辐射中受到的威胁，以服务于未来人类前往火星的旅行。另外它还要肩负一项使命，就是和“火星全球勘测者”一起为即将于2004年来到这里的“火星探测漫游者”提供通信中继服务。“火星奥德赛”的经费水平与此前最近的几次任务大致相当，约为2.97亿美元。就太空飞行的开销来说，这笔钱不算多，但当时的NASA只愿意出这么多钱来面对风险了。在宇航事务中，失败不是一种可以接受的结果。

火星奥德赛

“火星奥德赛”被搭载在已经成为标准配置的“德尔塔2号”火箭上发射，七个月后，也就是2001年10月，它进入了一条环绕火星两极的轨道。空气制动技术又一次被采用，帮助它减速并进入圆形轨道，以便执行它的任务。按计划它的任务为期两年，于2002年2月正式开始。

任务的进展一切顺利，直到2003年10月辐射实验停止了运行，原因可能是其电路板遭到了电磁损害。不过，此时主要任务已经接近尾声，任务组已经收获了大量数据。其余的部件也还能继续正常工作。

“火星奥德赛”任务带来的最具深远价值的结果之一（也是设计它的主要目的）就是大量绘制火星的水资源分布图，特别是火星两极附近的水冰的分布。所有这些水实际上全都存在于火星表面之下，它们包括火星地下的冰川，以及深埋

杰佛里·普劳特（Jeffrey Plaut）

“火星奥德赛”号任务科学家

杰弗里·普劳特回顾“火星奥德赛”任务的初期阶段时说，有一个发现凌驾于其他发现之上：“寻找并标绘火星土壤中的水冰是件大事。我们进行了准确的观测，绘制了火星表面以下 60 厘米之内的氢元素分布图。”

这种气体会被“火星奥德赛”的伽马射线能谱仪显现出来，该仪器用于测量因宇宙射线撞击火星表面而产生的粒子，其中包括氢的迹象。而土壤中有氢的地方，就可能有水。

“我们观测了火星南北纬 60 度以上的两极地区，你可以称之为火星的南极和北极。这些地区的土壤中应该富含由水结成的冰——这是有人预测的，但在‘火星奥德赛’到来之前，任何人都无法对此进行测量或绘图。”

在这些被调查的富含氢的地区内，似乎有 20% 到 50% 都是水冰。“我们最终给降落到火星北极圈的‘凤凰号’着陆器任务提供了勘探目标，它能够用机械臂刮擦那里的火星表面，让水冰暴露出来。另外，着陆器的下方也有水冰，因为那里的土壤已经被着陆器的反推火箭吹走了。对我来说，那是个巅峰时刻。”

在地下或极区内靠近地面处的沉积冰层。通过分析和阐释那些与水有关的矿藏，可以对水资源进行间接的勘探，由此修正火星水资源的估计储量。在这颗干渴的星球上，哪里隐藏着大量的水？这个问题的答案在很大程度上是与长期以来遍布其整个表面的、被侵蚀的地貌特征联系在一起的。该任务的科学家在对数据进行长期研究后得出了结论：如果火星上的水全部液态化并流出火星表面，那么整个火星上应该覆盖着深度约为 10 米的水。这些发现也为未来的火星极地着陆器“凤凰号”确定了着陆点。

“火星奥德赛”的主要任务在 2004 年结束，它的服役期被不止一次地延长。它继续绕着火星航行，继续发回有关火星表面物质组成的新数据。其次，它也为后续的火星车扮演着通信中继站的角色，会定期传输来自“火星探测漫游者”的火星车“机遇号”（Opportunity）的数据。“火星奥德赛”也是迄今服役时间最长的火星航天器，2016 年是它服役的第 15 年。尽管用于确定自身方向的一个飞轮于 2012 年出现故障，但由于有一个机载备用件，所以它仍然以最佳状态运行。

火星奥德赛作为“星际怪兽”永远无法染指的飞船，计划至少服役到 2016 年年底，且很有可能远远超出这个期限。

火星奥德赛

任务类型：火星轨道器

发射日期：2001年4月7日

发射工具："德尔塔2号"火箭

到达日期：2001年10月21日

终止日期：（任务尚在继续）

任务历时：已超过18年[1]

航天器质量：376千克

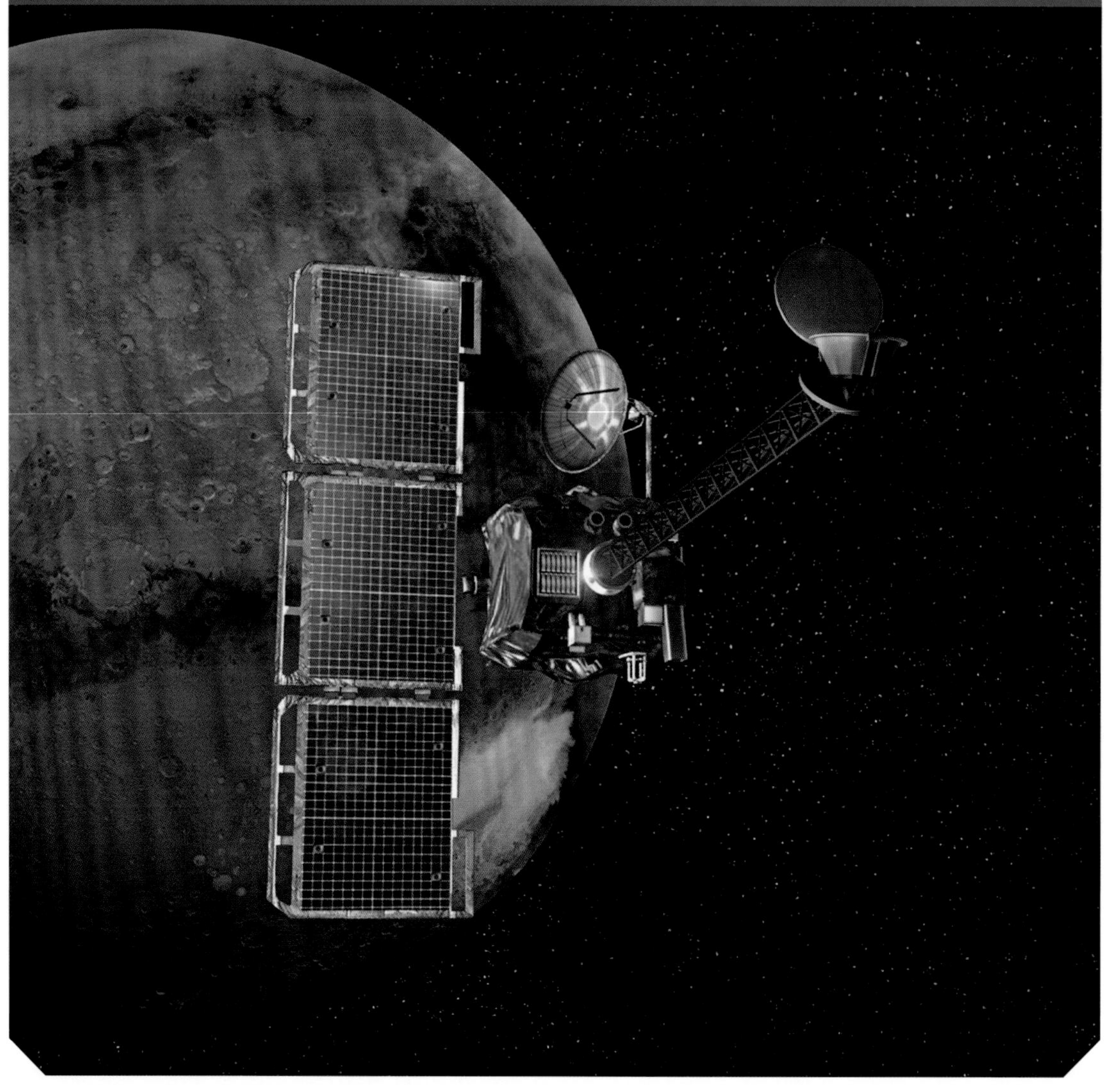

1　译者注：本书涉及火星探测最新进展的信息，包括时间节点、年份累计等，经译者核查后，按中文版出版时间计算。

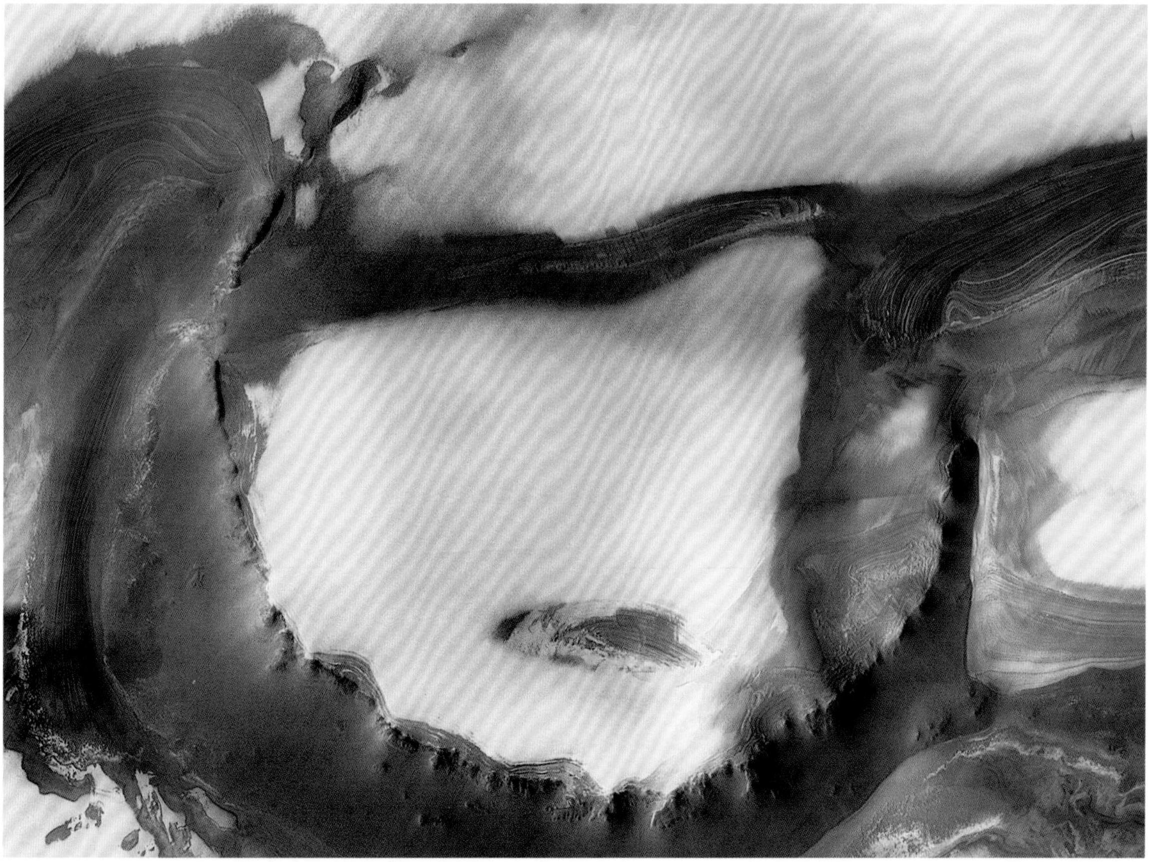

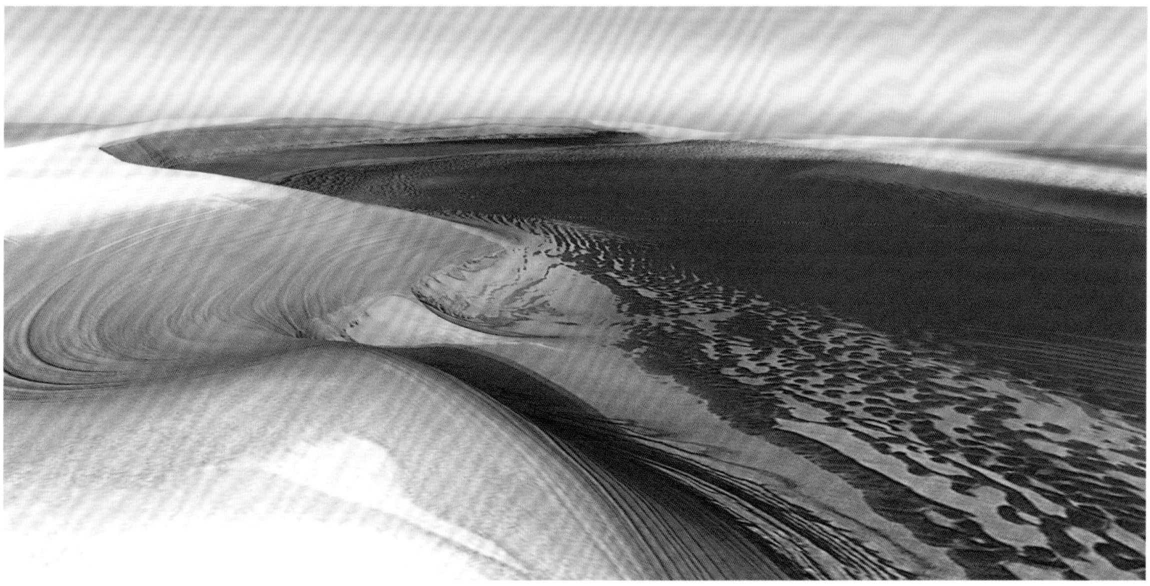

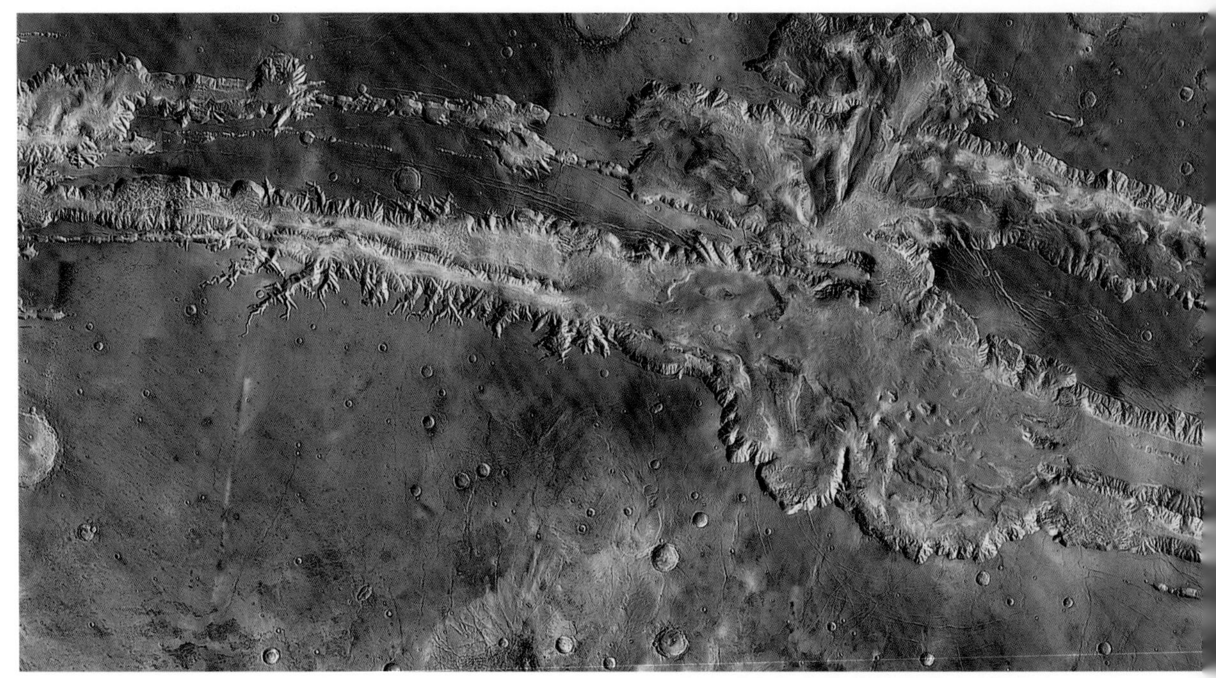

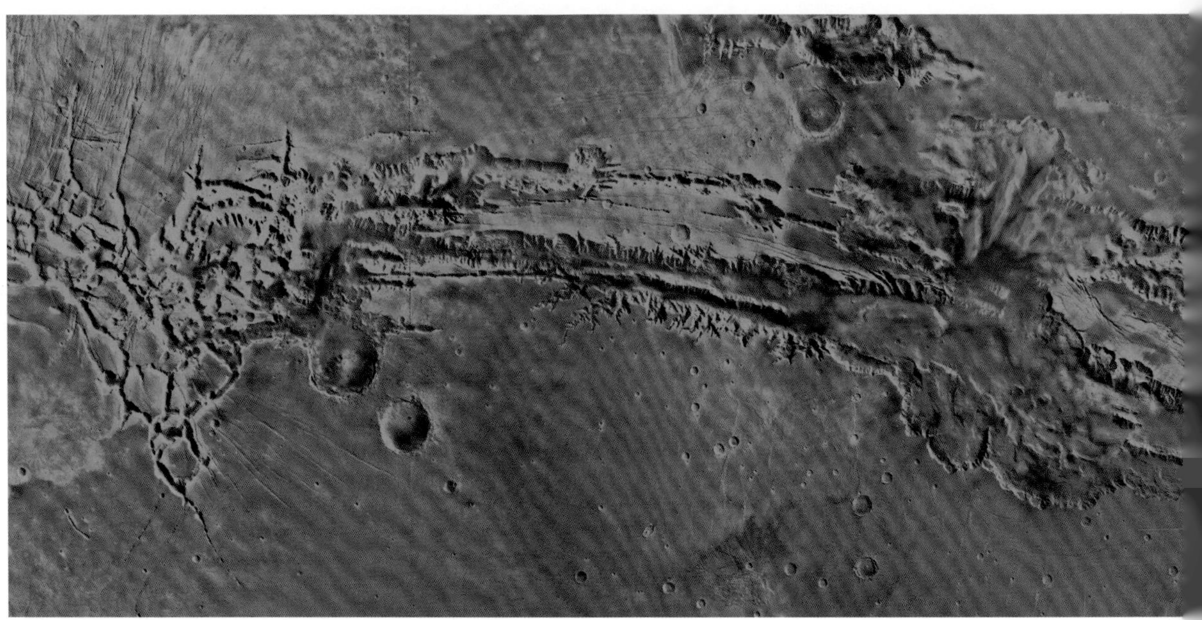

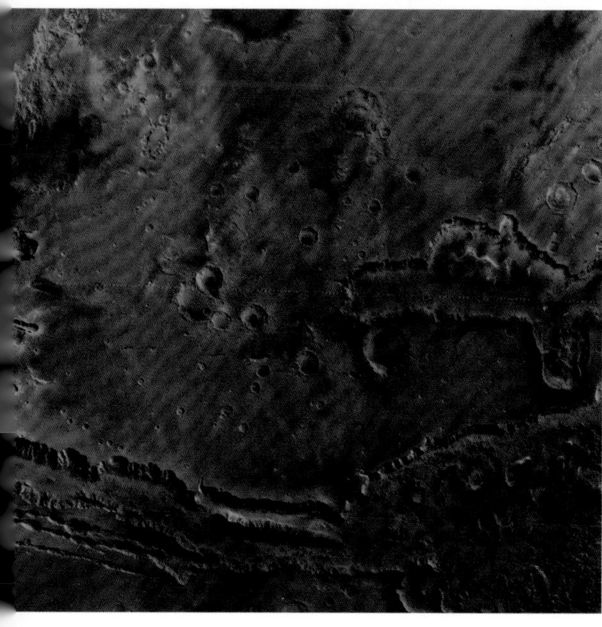

第111页上图：“火星奥德赛”于2010年拍摄的乌贾（Udzha）陨击坑，这个直径45千米、坐落在火星北极附近的陨击坑已经快被灰尘和冰给埋起来了。

第111页下图：“火星奥德赛”拍摄的深达1600米的北极深谷（Chasma Boreale），它的长度达到565千米，已经楔入火星北极的冰盖。

左图：“水手号峡谷群”是整个太阳系中已知最大的峡谷，这里展示的照片分别来自“火星奥德赛”（上）和“海盗系列”的轨道器（下）。请注意，“火星奥德赛”提供的高分辨率照片无论在颜色表现上还是细节丰富性上都远远超过它的前辈“海盗系列”。

特快专列：“火星快车号”

此后，又一个进入火星领域的探测器既非来自NASA，也不是俄罗斯的航天器。1975年成立的欧洲空间局（European Space Agency，ESA）几十年来发射的一直是绕地球飞行的航天器，并提供卫星发射服务和科学研究服务。它由22个国家组成，曾于1978年派出自己的宇航员与苏联的同行们一起升空，1983年又加入了由美国发起的国际空间站（International Space Station，ISS）计划。

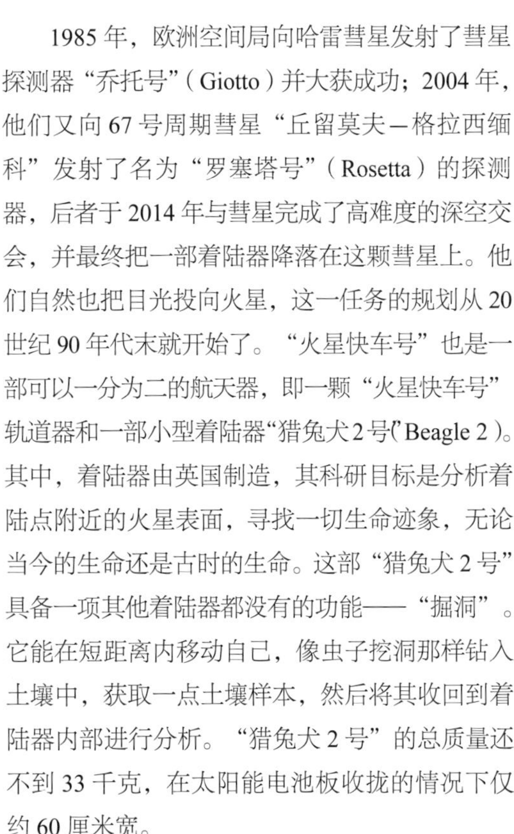

1985 年，欧洲空间局向哈雷彗星发射了彗星探测器“乔托号”（Giotto）并大获成功；2004 年，他们又向 67 号周期彗星“丘留莫夫–格拉西缅科”发射了名为“罗塞塔号”（Rosetta）的探测器，后者于 2014 年与彗星完成了高难度的深空交会，并最终把一部着陆器降落在这颗彗星上。他们自然也把目光投向火星，这一任务的规划从 20 世纪 90 年代末就开始了。“火星快车号”也是一部可以一分为二的航天器，即一颗“火星快车号”轨道器和一部小型着陆器“猎兔犬 2 号”（Beagle 2）。其中，着陆器由英国制造，其科研目标是分析着陆点附近的火星表面，寻找一切生命迹象，无论当今的生命还是古时的生命。这部“猎兔犬 2 号”具备一项其他着陆器都没有的功能——“掘洞”。它能在短距离内移动自己，像虫子挖洞那样钻入土壤中，获取一点土壤样本，然后将其收回到着陆器内部进行分析。“猎兔犬 2 号”的总质量还不到 33 千克，在太阳能电池板收拢的情况下仅约 60 厘米宽。

“猎兔犬 2 号”梦碎

“火星快车号”的轨道器是一部 680 千克的航天器，其中包括俄罗斯的“火星’96”任务（已失利）使用过的一些仪器。从某种意义上说，

上图：欧洲空间局“火星快车号”的任务徽章。

“火星快车号”也可以算是俄罗斯的一次火星任务——至少在飞行机械的某些方面如此。这部航天器的基本结构也被用于“金星快车”的轨道器和“罗塞塔”的彗星交会任务，而那两项任务都非常成功。

“火星快车号”的轨道器的工作包括使用超高分辨率立体相机对火星进行图像地质学研究；通过一套红外和紫外光谱仪完成矿物学绘图和大气分析；通过雷达绘制火星表面和土壤内层的地图，该雷达天线巨大且极其灵敏，形式为两根18米长的杆，在火星表面下深度不超过5千米的水冰和液态水都在其检测范围之内。另外，它的辐射传感器将研究火星高层大气和太阳风之间的相互作用（太阳风是由来自太阳的带电粒子组成的）。固然，这些仪器的名字听起来很熟悉，但“火星快车号”任务的用意正在于对火星科学中一些尚未经过如此详细探测的领域进行深入研究。“火星快车号”是一项欧洲多国共同发力的任务，其控制中心位于德国的达姆施塔特，并由NASA通过喷气推进实验室给予支持。

该任务于2003年6月使用俄罗斯的运载火箭发射。探测器先是成功到达绕飞地球的轨道，然后被推上一条用时半年即可到达火星的快速轨道，并于同年12月底飞临火星。在进入绕火星轨道前的几天，它把“猎兔犬2号”着陆器送上另一条航线。后者将以一个有利于着陆的角度进入火星大气，预计于12月24日实现着陆；轨道器则准备在25日进入绕火星的轨道。与此同时，地面工程师也在持续追踪“猎兔犬2号”的进展，它将落向一个叫作伊希斯平原（Isidis Planitia）的地区，那里地形平坦，与“火星高地”（一个带有密集陨击痕迹的地区）以及更年轻、更平坦的“北部平原”的边界相邻。

“猎兔犬2号”12月19日与轨道器分离，在25日早晨进入了大气层。它借助降落伞减慢了速度，接着，其气囊快速膨胀，用来缓冲撞击。可是，此后不久，它就失去了与地球的联系。地球方面多次试图重新联系它，但都未果，这部价值7500万美元的航天器在2月被正式宣布失事。后来，轨道器拍到的照片显示，“猎兔犬2号”已经落在了火星表面，而且并没有破碎。问题看起来在于它的太阳能电池板没有正确展开，这会挡住它的信号发射器，而且还导致无法提供着陆器运行所需的能量。

“火星快车号”担起责任

与“猎兔犬2号”形成鲜明对比的是，“火星快车号”的轨道器使用的是俄罗斯提供的末级火箭发动机，它在半个多小时的持续制动之后，成功进入绕火星轨道。在被火星的引力场捕获之后，发动机的火焰就会将飞行路线调整至预先设计的椭圆轨道上，该轨道长轴11426千米，短轴257千米。由于轨道器的设计是支持实施空气制动的，所以工程师们认为它需要的燃料不必超过589千克，其中只有362千克的燃料会用于主要任务，剩下的属于足量的备用燃料。

这些设备几乎立刻就开始工作了。2004年5月，第一根天线杆伸展开来，以便雷达读取火星表面之下的信息。这个伸展过程是缓慢的，而且也有自身的风险：当杆伸长后，出现了“鞭鞘效应”，引起了众人的关注。这根杆起初并没有锁定到位，但在阳光下暴露了一段时间后，锁定机构终于升温并接合了。第二根天线杆在接下来的一个月里十分顺利地伸展开了。在后续很长的任

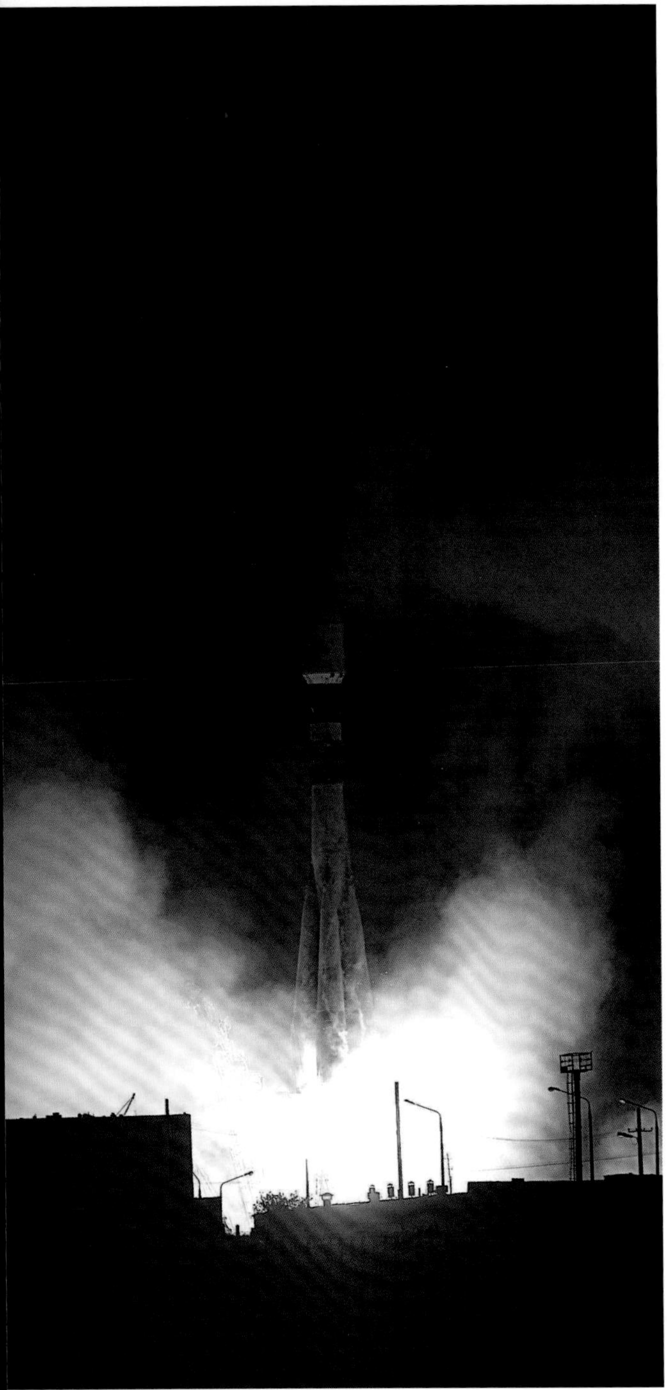

左图：2003年6月2日，“火星快车号”借助俄罗斯的“联盟号”火箭在拜科努尔发射基地升空。

上图：在火星上找水使用的雷达的工作过程示意图。火星表面以下深度不足5千米处的水冰和液态水都在它的检测范围之内。

务时间里，这架长基线雷达返回的数据都属于此次得到的最令人难忘的数据。

新的发现几乎立刻到来。首先是对火星南极是否存在水冰的检测，这一点长期以来一直被怀疑，现在得到了正面的答案。两个月后，也就是3月，火星大气中的甲烷检测结果也公布了。虽然这里的甲烷含量很低，但已经足够让人发问：这些气体的来源有没有可能是生物？毕竟，甲烷可能是微生物代谢的副产品。有意思的是，由于甲烷分子的构造在火星大气中会被很快破坏掉，所以这一检测结果表明有某种机制会定期向大气中补充新的甲烷。当然，问题在于，这种补充机制到底是生物的还是非生物的。不久之后，关于氨的一个类似的结果也被公布出来，其内容当然与甲烷的结果很相似：这有可能是生物迹象。诚然，这次探测提出的问题又一次比它解决的问题更多，但这就是行星科学研究的常态。

取得成功

在接下来的几年里，"火星快车号"的观测及其发现，可以编制成一份令人印象深刻的清单。它在火星地表发现了含水的矿物，再次确认了水在火星环境中扮演的角色。科学家拥有了详细绘制这些物质的浓度分布图的能力，也就能更好地了解那些在火星地貌的形成过程中活跃过的地质过程与水文过程。另外，这颗轨道器还完成了至今距离火卫一最近的一次飞掠。

"火星快车号"自从投入使用以来，一直在往地球发送数据。ESA 就此与 NASA 协同开展了多项调查工作，包括试图在"火星全球勘测者"的轨道器沉寂时对其进行视觉上的定位（尽管他们尽了最大努力，但依然没找到）。这项调查面临许多挑战，比如，在那么遥远的航天器上执行那么多的操作。此外，太空中的辐射也开始给"火星快车号"造成损害，限制了它的一部分计算能力。然而，随着任务的拓展，"火星快车号"将继续调查这颗神秘的红色行星，并准备以充足的燃料储备坚持服役到 21 世纪 20 年代。

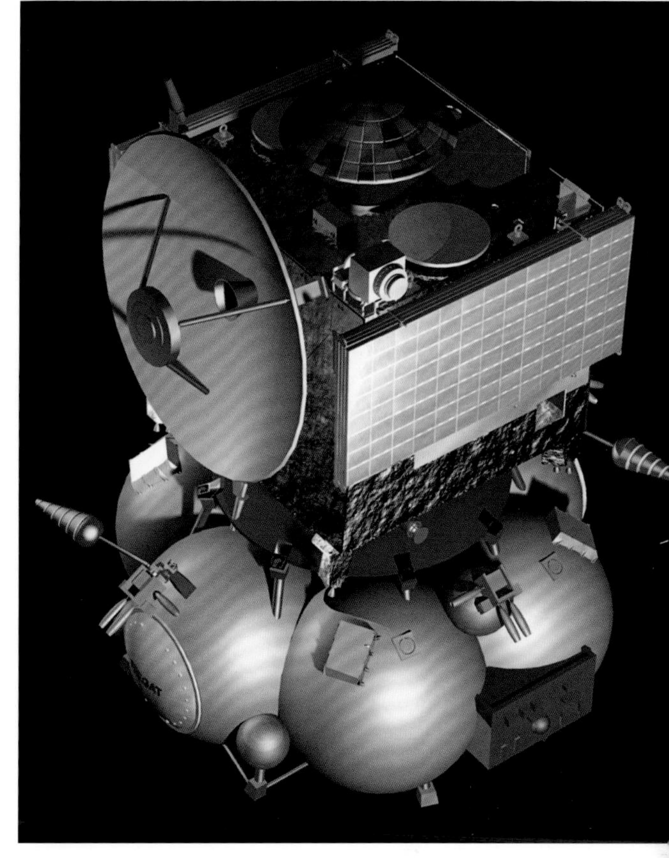

上图："火星快车号"轨道器载满飞行燃料后的质量约1130千克。由于它按照设计将具有利用大气制动的能力，它分配给制动火箭的燃料相当多，便于它顺利进入绕飞火星的轨道。

下页上图："火星快车号"拍摄的普罗米修斯高原（Promethei Planum）地区，这个区域距火星南极的纬度只有14度（译者注：南纬76度），其中部分地带的冰层厚度超过3千米。

下页下图："火星快车号"2012年拍摄的拉冬峡谷群（Ladon Valles）地区，图中靠上的陨击坑宽度有440千米，位于一个更大规模的盆地之中。许多有趣的地貌特征错杂地出现在这个盆地里。

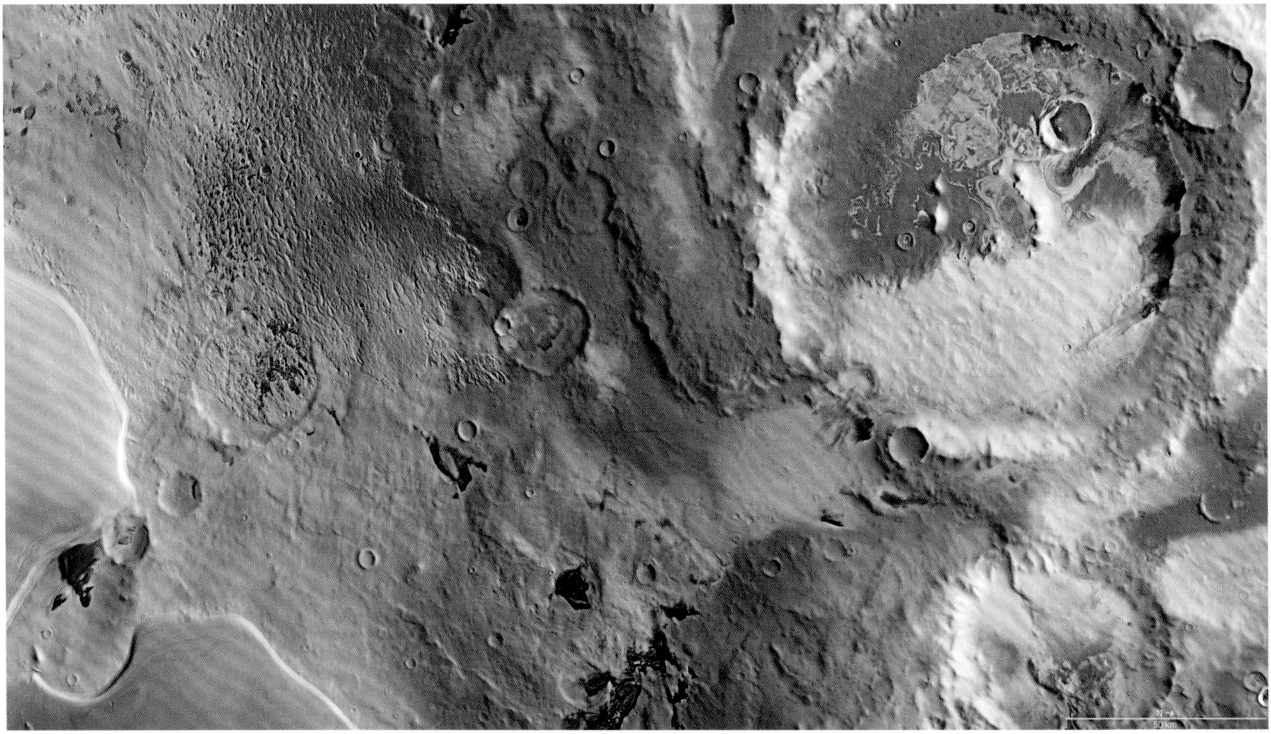

N →
50 km

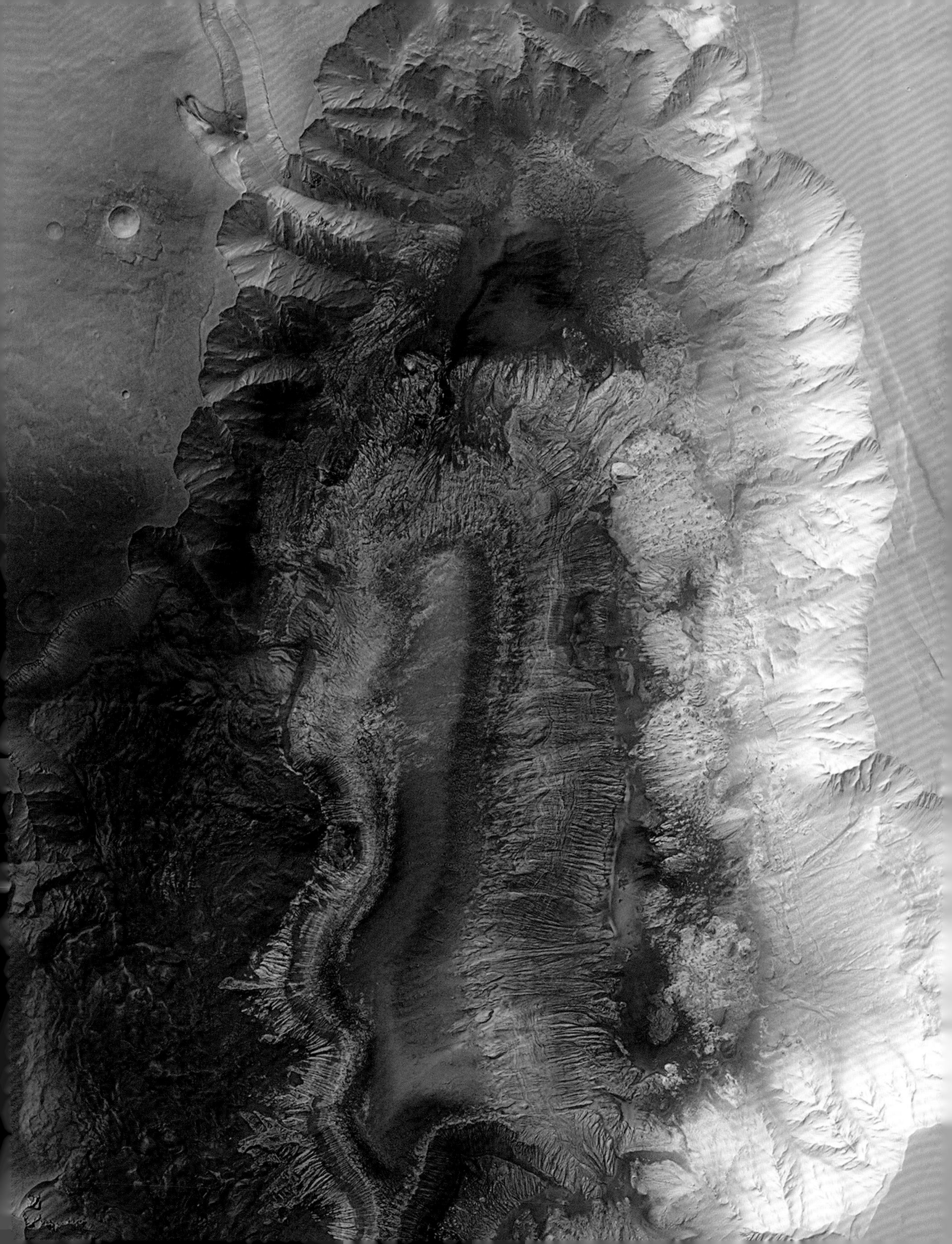

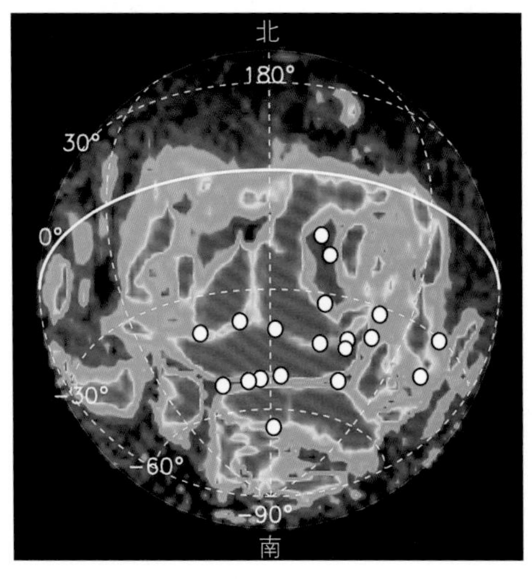

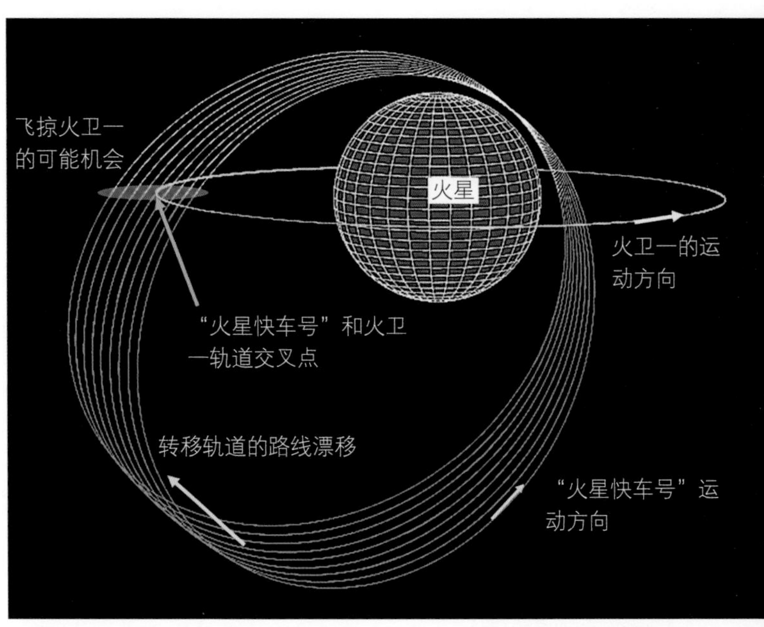

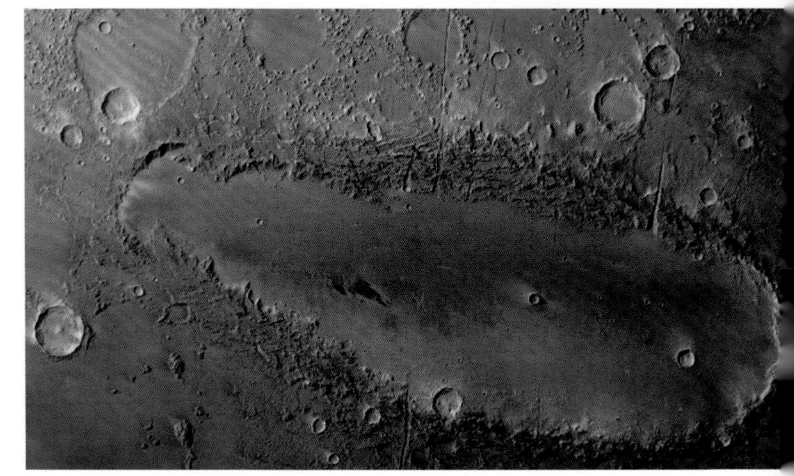

上页图：位于著名的“水手号峡谷群”北侧的“赫伯斯深谷”（Hebes Chasma），它中间的台地看上去似乎发生过局部的坍塌（下部近似方形的区域）。

左上图：“火星快车号”在紫外波段观测得到的火星极光分布图。这张积十年观测之功绘制而成的极光分布图有助于我们了解火星磁场的强度及其范围。

右上图：这张飞行轨迹图呈现了“火星快车号”以极近的距离观测火星和火卫一的时机，在引力的作用下，它离火卫一的表面最近时只有52千米，从而对这颗形状不规则的小星球进行了空前精度的拍摄。

右下图：俄尔枯斯山口从早期的火星任务开始就是一个有趣的观测对象，它就在奥林波斯山的西侧，长约38千米。这张照片是2005年拍摄的，它扁长的形状看上去很古怪，其形成机制至今没有定论。

火星快车号

任务类型：火星轨道器
发射日期：2003年6月2日
发射工具：联盟-FG运载火箭
到达日期：2003年12月25日
终止日期：（任务尚在继续）
任务历时：已超过16年
航天器质量：665千克

逐水而行

NASA的火星探测计划在21世纪的开头十年发展很快。如果说“火星探路者号”和“火星全球勘测者”在被忽视了20年后成为“导火索”，那此时就是它们的“爆发”。短短几年之内，就有三颗轨道器绕着火星旋转了，每几个小时就是一个周期。“火星全球勘测者”“火星奥德赛”和“火星快车号”都“火力全开”地运行着，为来自火星表面的工作数据和图像提供了充足的中继通信带宽，还能给着陆器提供比以往任何着陆时都更便利的详细地形参考信息。

雄心勃勃的“火星探测漫游者”计划是利用这套精心设计的通信基础设施实施的第一个项目。“火星探测漫游者”以从“火星探路者号”任务中得到的经验为基础，在进入火星大气、下降轨迹和气囊着陆方面采用了同样的方案。名为“勇气号”和“机遇号”的孪生火星车分别于2003年6月和7月离开地球，其飞行轨道都直接对准火星。它们像“火星探路者号”一样，没有绕火星飞行的打算，而是径直去往火星表面。

“勇气号”和“机遇号”的故事讲来颇为复杂。21世纪刚开头时，NASA的火星计划就遭遇了两个巨大的“黑洞”——失败的“火星气候轨道器”和“火星极地着陆器”任务。固然“火星奥德赛”很快就要发射，但在2000年的时候，它的可靠性还远没有得到保证。2003年还有一个非常有利的发射时间窗口，那时火星将特别接近地球。这种程度的接近机会如果错过了，就要等到2087年了，而且2087年的那次还没有这次近。火星接近地球，可以让喷气推进实验室在同等的火箭推力下向火星运送更多的机械设备，从而节省成本。NASA自然而然想要最大限度地用好这个机会。

上图：“火星探测漫游者”的任务徽章。

对页图：“勇气号”降落在此图中心附近的古谢夫陨击坑，“机遇号”降落在几乎与前者位置对跖的子午高原，在本图右边缘，两个着陆区周边的地形决定了它们之间的距离已经不宜更远了。

回顾了“火星探路者号”的成功后，“火星奥德赛”的设计师们提出了一种基于“火星极地着陆器”的着陆装置设计。虽然“火星极地着陆器”任务以失败收场，但这个设计是经过测试、现成可用的。然而，考虑到发射时间窗口的唯一性，只有一部静态的着陆器似乎不够保险。出于给前面一个任务的内容“让路”，以及预算限制的考虑，该设计又改成一颗巨大的轨道器，里面要装满各种已经设计好但尚未参加过实际航行的仪器。不过，把这一想法细化展开之后，又发现三年的时间显然不足以造好这样一台复杂的机器。因此，NASA 必须做出抉择，而且要尽快。

被改造的“雅典娜”

喷气推进实验室的一位工程师马克·阿德勒（Mark Adler）提出了一个计划，它以“火星探路者号”的成功为基础，增加了一个与康奈尔大学（Cornell University）经过多年合作开发出来的仪器包。这些实验合称为“雅典娜”（Athena），过去曾有为它们准备的着陆飞行任务，但从未实际执行。那么，何不把它们安装到一辆火星车上呢？这整个计划的巧妙之处在于，设计复杂的科学仪器套装所需的大量、长期、艰苦的工作早已完成，而“火星探路者号”的任务又已经证明喷气推进实验室有能力制造一辆成功的火星车。

这样的思路很快就得到了批准，“火星探测漫游者”任务开始落实。任务团队包括一些熟悉的面孔，既有“火星探路者号”的组员，也有喷气推进实验室的资深员工——他们是参加过“海盗系列”任务的“老兵”。当工程师们勾勒设计草图、计算相关数字时，一个问题很快显现出来：“火星探测漫游者”的火星车必须比“火星探路者号”更大、更重，因此它的降落伞、反推火箭和气囊系统也必须变得更大以应付这些额外的重量。这项任务将再一次超越已知的火星着陆技术的极限。随着“火星探测漫游者”设计工作的进展，

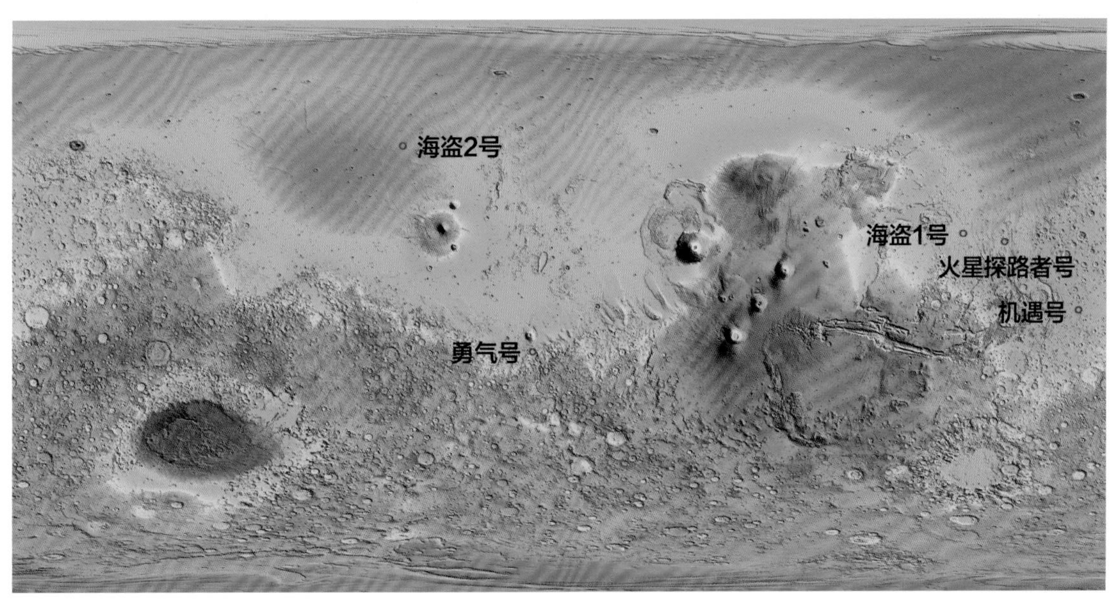

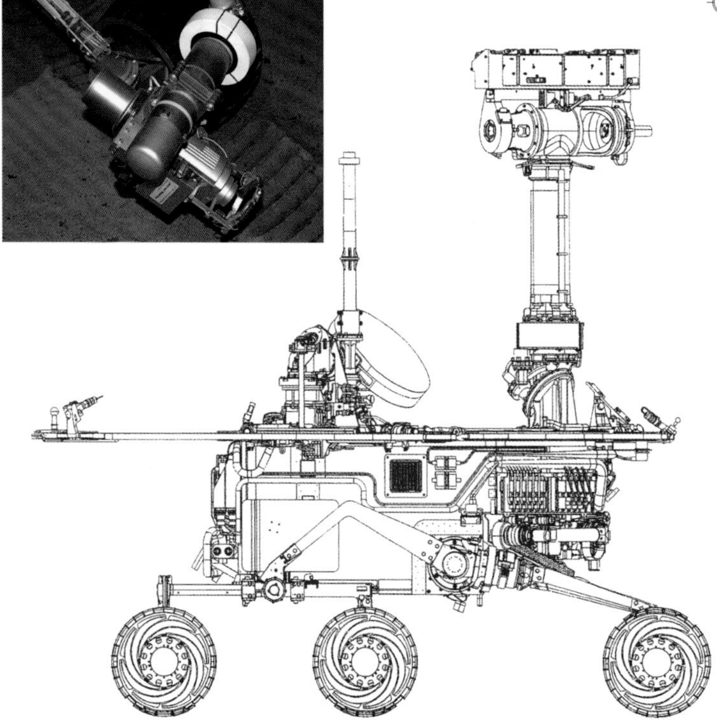

上图：在肯尼迪航天中心，技术人员正在对“勇气号”做最后的检查，此后它就要被装到火箭的顶端了。

左图：“火星探测漫游者”的外观图，“机遇号”和“勇气号”都按此图制造，属于孪生火星车。左上角的小照片是岩石磨削工具，它可以清理岩石表面的灰尘，甚至可以打磨岩石，为提高检测的精确度创造了条件。

这部航天器的重量在不断上升，不断增加挑战。这并没给工程师们带来太多惊讶——他们以前通过努力克服过这样的困难，只不过这次可用的时间太短。这次发射不能错失2003年的时间窗口，因此工作量很快变得特别巨大，负担沉重。

处于众人目光中心的，是着陆系统各部件的测试。鉴于需要一顶更大、更结实的降落伞，该任务必须向“海盗系列”的时代取经。但是，“火星探测漫游者”要直接进入火星大气，所以将遇到比“海盗系列”的着陆器速度更快的大气物质扑面而来，因此现有的设计肯定存疑，必须进行测试。随着测试流程的进行，“火星探测漫游者”的降落伞在风洞试验中经历了多次强风呼啸和撕扯，迫使工程团队将自身能力发挥到极限。

气囊的设计也同样对工程人员提出了挑战。“火星探路者号”的着陆系统表现得确实很出色，但只是简单地将其放大，并不足以保证它能顺利地为“火星探测漫游者”工作。“火星探路者号”的着陆器和火星车加起来，质量刚刚超过272千克，而“火星探测漫游者”的着陆器质量则接近540千克。这就要求后者的着陆系统的每个方面都必须经过严格测试，以适应新增的质量。

相比之下，这次的火星车设计过程几乎是一种享受。“火星探路者号”的火星车“旅居者号”为这次的火星车设计提供了一套模板。“旅居者号”仅约14千克；这次的火星车质量虽然是前者的10余倍，但基本配置的比例很好。它采用了和“旅居者号”一样的悬挂系统，即一种名叫“摇臂转向架”的装置，在独特的铰接式摆臂系统上安装有六个车轮，每侧三个。“旅居者号”已经证明，这种悬挂设计与传统的方案相比，可以让火星车在更陡峭、更复杂的地形中前进。而此次还纳入了一处新的设计，即前轮的方向是可控的了。“旅居者号”的转向机制跟推土机一样：转弯时，一侧的车轮被紧锁，另一侧的车轮转动并牵引车身转弯——这个转向模式会浪费很多能量。这次的改进虽然让转向轮结构变得更复杂了，但也能让它更为有效和精确地跨越地表的起伏，更利于在崎岖的火星表面行走。

在火星车的动力方面，设计师再次选择了太阳能电池板。他们曾考虑过一种核动力能源（“海盗系列”着陆器上使用的就是核能源），但太阳能电池板在“火星探路者号”上运行良好，因此成了一种既负担得起又具技术可行性的选择。为了能提供更大的火星车所需的额外动力，“火星探测漫游者”的火星车顶部装有“翅膀”，它会在着陆后展开，让火星车整体看上去有点像一只甲虫。“翅膀”将使太阳能电池板的面积增加一倍，

火星探测漫游者

任务类型：	火星车
发射日期：	勇气号，2003年6月10日； 机遇号，2003年7月8日
发射工具：	“德尔塔2号”火箭
到达日期：	勇气号，2003年1月4日； 机遇号，2004年1月25日
终止日期：	勇气号，2010年3月22日； 机遇号，2019年2月13日
任务历时：	勇气号，6年2个月10天； 机遇号，超过12年
航天器质量：	着陆器539千克，其中火星车176千克

为火星车输出更多的动力。任务组预判，火星车的顶部将会逐渐蒙上一层火星尘埃，如果确实如此，那么增加电池板的工作面积就特别重要了。

当然，这辆火星车仅是一种给科学仪器提供可移动性的工具，各项火星任务从根本上说都是关于科学的。“雅典娜”科学仪器套装也为搭乘这辆火星车而做了一些改进。比如，相机会安装在桅杆上——与安装在甲板上相比，这样可以更清楚地拍摄车身前方的地形。一套高分辨率的立体光学系统也被整合进来，其清晰度是“火星探路者号”的三倍，且可以在必要时提供 3D 形式的图像。在 1.2 米高的桅杆上，还增设了一组低分辨率的导航摄像头，提供了更宽阔的视野，让地球上的“驾驶员”们可以更全面地观察地形。这些导航摄像头对路径的智能规划来说也是必需的。火星车车身的四个角落还各安装了一个较小的摄像头，旨在帮助火星车避开危险。

“雅典娜”包含的其他科学仪器都安装在一个机械臂的末端，这个机械臂从火星车的前部伸展出来。其中，红外光谱仪可以对岩石和土壤进行近距离的矿物学研究，α 粒子 X 射线谱仪是“旅居者号”APXS 的改进版，用来评估火星表面目标的化学构成。机械臂上还装有一个显微摄像头，以及一组用于研究铁质尘埃样本的磁铁。此外，还有一套岩石磨削工具（RAT），它带有一个能旋转的钢丝刷子，能够清除灰尘并打磨岩石表面，制造一个干净的新断面以便进行评估。“旅居者号”的 APXS 在探测岩石时，必须透过岩石表面的火星尘埃来进行，于是就产生了可能具有误导性的混杂信号。所以，能够在 APXS 读数之前把目标岩石表面的尘土刷掉，甚至将其表面研磨一下，是一个重要的进步。

正如“海盗系列”的着陆任务那样，“火星探测漫游者”的任务设计者也在火星的两侧分别选择了一个着陆点。这一选址过程漫长、复杂，但其最重要的标准是很简单的，那就是追寻水源。利用“火星全球勘测者”所提供的最佳图像，着陆规划小组针对一个又一个地点进行了辩论。经过多次论证和评估，“勇气号”被决定要去往一个叫作古谢夫陨击坑（Gusev Crater）的地区。那个陨击坑的坑壁上有一个缺口，有人认为，水可能曾经从附近的某个区域经过那里流进陨击坑，并有可能将沉积物带到它中心的盆地里。“勇气号”的着陆瞄准的就是古谢夫陨击坑的中心。

“机遇号”的着陆点被定在“子午高原”（Meridiani Planum）区域，那个位置跟古谢夫陨击坑大致呈对跖关系。而且，这两个地点都处于火星赤道附近，有利于这两辆火星车采用的那款太阳能电池板发挥功效。此前，绕飞火星的探测器拍摄过子午高原，发现那里似乎有大量的赤铁矿——这是一种铁与水相互作用而形成的矿物。这一发现表明，在该地区寻觅关于古代火星上的水源的故事，是颇有希望的。

“勇气”和“机遇”的出发

“勇气号”于 2003 年 6 月 10 日出发，“机遇号”则在同年 7 月 8 日出发。它们都只用了六个多月就到达火星了。

2004 年 1 月 4 日，“勇气号”以不低于

对页图：2003年7月8日，“机遇号”乘坐“德尔塔2号”重型运载火箭（注意，它的助推器数量很多）升空。

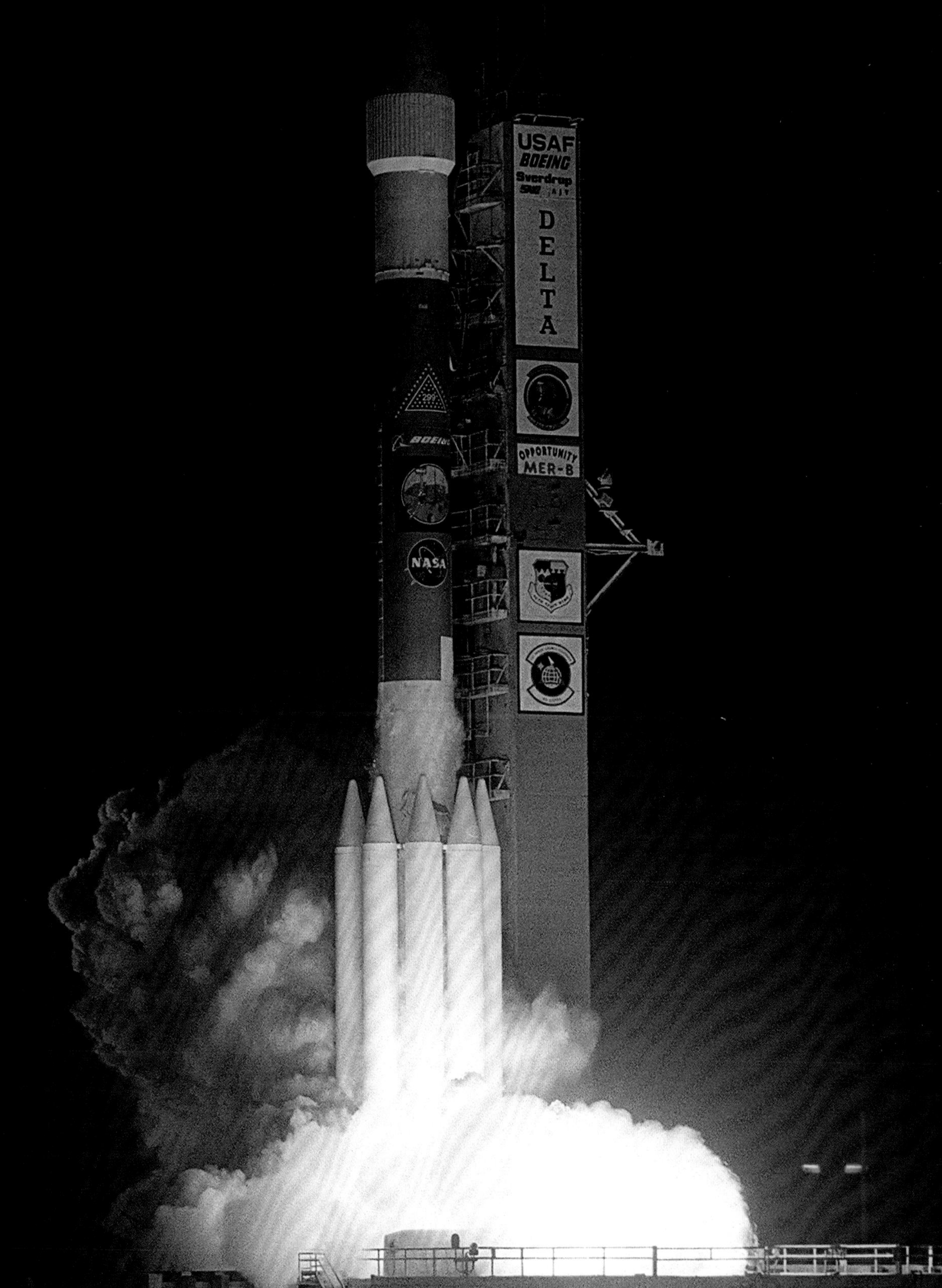
USAF
BOEING
Sverdrup
DELTA
OPPORTUNITY
MER-B
NASA

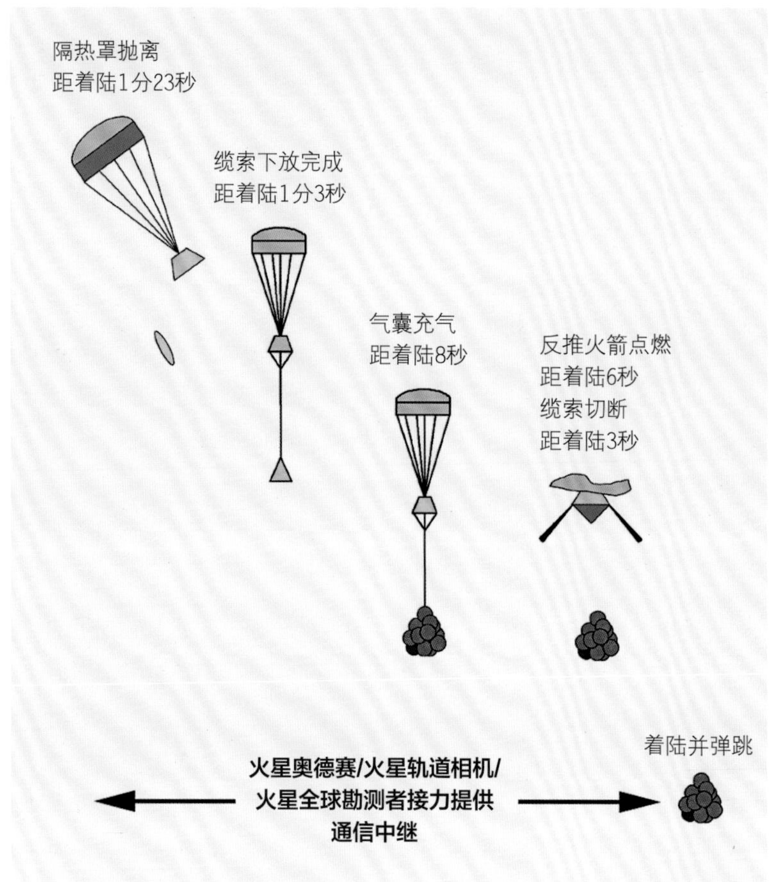

左图："进入、下降与着陆"阶段的最后几个环节的示意图，"机遇号"和"勇气号"都遵循这个程序。在该图左上角表示的那一步之前，它们会以约19300千米的时速冲进火星大气，然后在4分30秒之内减速到每小时1600千米以下，为隔热罩的抛离做好准备。

对页上图："勇气号"的椭圆形降落区域，长轴78千米，短轴10.4千米。最后实际的着陆点略微偏离了这个椭圆的中心，这是因为在下降过程中受到了强风的影响。

对页下图："火星探测漫游者"任务的首席工程师罗伯・曼宁听到着陆成功并传回照片的消息后高举拳头庆祝。

19312千米的时速，在"机遇号"之前冲进火星大气。和以前的各个火星着陆器一样，此时它是完全独立运作的。出于地球和火星之间无线电信号的长时间延迟，航天器必须有独立"决策"的能力。"勇气号"知道自己在空间中的位置，这多亏了它的惯性导航系统；同时，它也知道自己在火星上的首选着陆区的位置。在接下来的6分钟里，飞船将通过高热而狂暴的"进入、下降与着陆"阶段，杀出一条道路，去到火星表面。

喷气推进实验室的飞行工程师俯身在控制台前。他们除了看着，没有别的事可做，但人人都被正在几千万千米之外上演的大戏深深吸引。工程师虽然无法与"勇气号"对话，但能够监测到它的下降过程，这要归功于它会向地球发出类似于"心跳声"的信号，这种简单的信号可以穿透降入火星大气时产生的离子化的火球。特定的信号音调被用来代表各种状态的更新，比如降落伞释放和展开、速度降低率变化、机动调整等。

火星的空气稀薄、寒冷，但即便冲过这些空气，隔热板也会在转眼间被加热到1426摄氏度。

尽管火星的大气密度低得令人难以置信，但仍足以产生很多摩擦和热量。4 分钟后，“勇气号”的时速减到约1609千米，降落伞从“迫击炮”中射出，在离地面 9144 米处的超音速气流中打开。又过了 1 分钟，隔热板自由下落，着陆器被缆索吊下，远离了它先前所在的保护外壳。缆索长度为 19.8 米，着陆器在几秒钟之内就完成了垂降。

在离地 2438 米处，机载雷达开始工作，向计算机提供下降率和水平移动状况的数据；计算机立刻算出反推火箭需要多长时间来让着陆器把下降率减到适当的数值，并阻止任何水平方向的偏移。

此时，在火星高空，一幕复杂的“绕轨芭蕾舞”正在上演。任务设计师确定的着陆器着陆时间，与此次任务的轨道器的某次飞经时间一致，这样，轨道器就能将“勇气号”的信号及时传递给地球。历时十年精心培育的计划现在终于有了回报——这是首次实现具有在轨中继站的火星通信线路，它使地球与火星着陆器的联络更容易、更可靠了。

经过“火星探路者号”任务考验的“气囊”在瞬间充气，并点燃了反推火箭以使“勇气号”的速度降低，这种状态维持到它离地面仅剩 12 米的时候。随后，缆索被切断了，3 秒之内，着陆器就经历了在火星表面上的首次弹跳。科学家们希望“勇气号”降落在一片长轴为 87 千米的椭圆形区域内，这个区域称为“着陆椭圆”；而工程师们只希望它安全降落就好。事实同时满足了这两类人的愿望。

着陆器所在的气囊包就像“火星探路者号”那时一样，弹跳了许多次，最后停在距离“着陆椭圆”中心点 10 千米的地方。考虑到它的旅途不短于 4.83 亿千米，这几乎等于“命中靶心”。

在接下来的 3 个小时里，保护性的侧板展开，使着陆器的姿态到位，众多气囊则通过绞盘和绳索收回。“勇气号”平安地降落在古谢夫陨击坑之内，几天之后，NASA 在火星上长达 10 年的“车轮式探测”就开始了。

“蓝莓”、尘暴和“火星人”的乐趣

“勇气号”在到达古谢夫陨击坑后，又花了将近11天时间才真正开始探测。尽管探测器在登陆火星的过程中移动速度快到令人恐惧，但一旦在火星上顺利着陆，“谨慎”就成了它的口号。如果不载人探测器在遥远的星球上出现故障，是无法维修的，所以“小心行事”绝对是句忠言。

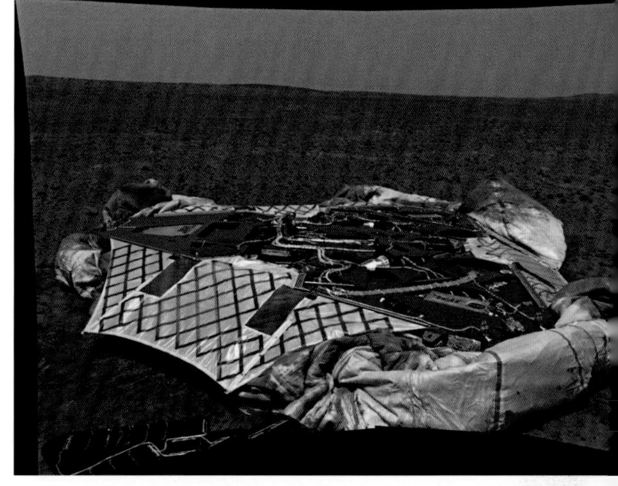

“勇气号”沿着着陆器上展开的几片金属“花瓣”中的一片，以很慢的速度滑上火星表面。它在地面上停了一会儿后，就用摄像头从自己的地面视角观察了周围的环境。这个着陆点看上去跟“海盗系列”着陆器和“火星探路者号”遇到的各种情况全都不同：古谢夫陨击坑的底部平坦、宽阔，岩石的密集程度也不如其他地方。那里看起来非常适合火星车行走，也有很多富于调查价值的小目标。“勇气号”对周围做了全景成像，从而确定了最佳的前进方向。它的着陆点也被命名为“哥伦比亚纪念站”，以纪念在此之前一年失事的“哥伦比亚号”航天飞机的机组人员，那架航天飞机在重返大气层时不幸解体。

视觉图像处理、小故障和一次成功着陆

在最初的几周里，“勇气号”缓慢地行进，从周围环境中收集数据，并测试自身的驾驶技术和机动性。它传入任务控制中心的视觉图像相当美妙。与“火星探路者号”相比，“勇气号”提供的图像代表着一次巨大的进步。庞大的全景图送到了地质学家们的案头，让他们津津有味地研

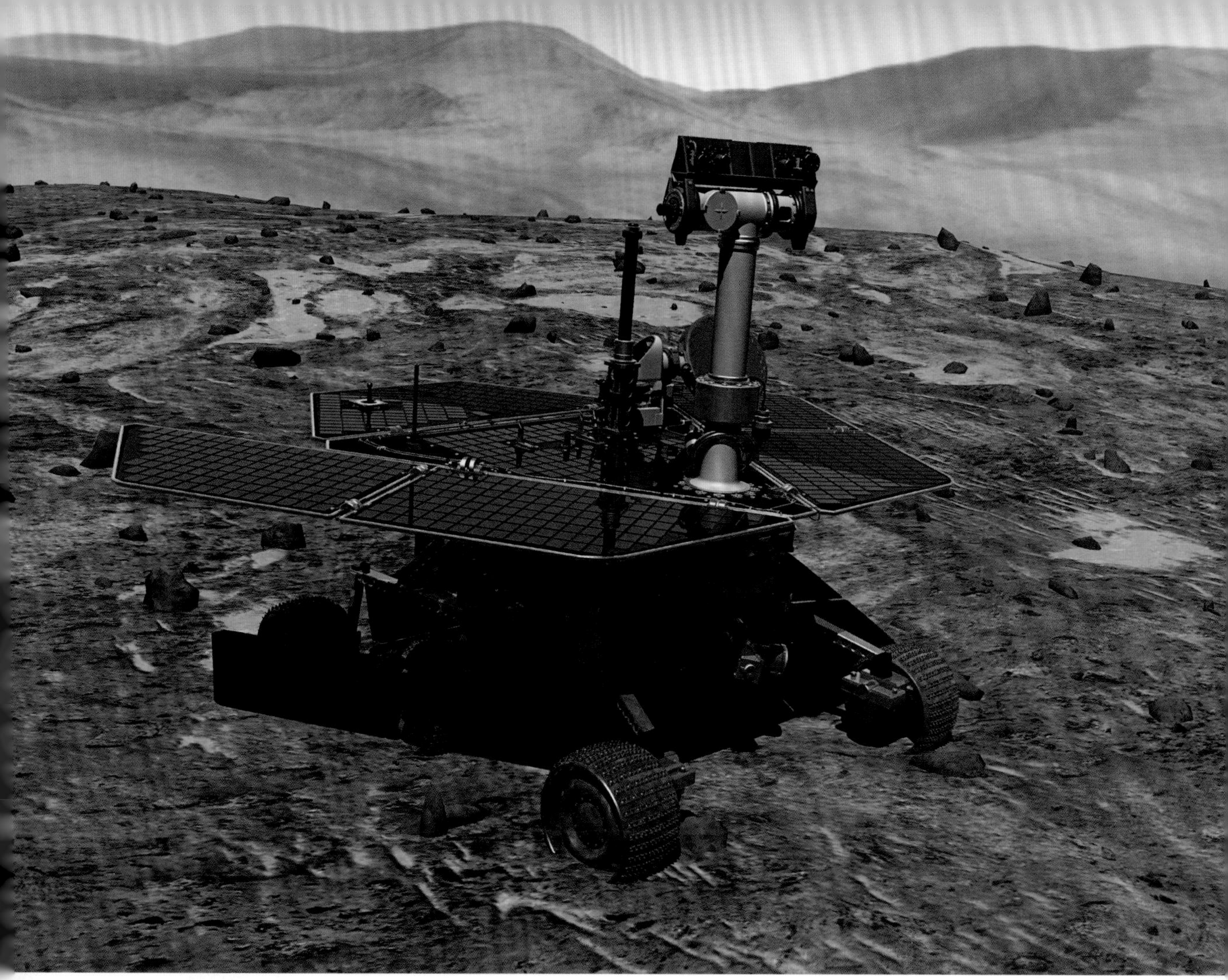

对页上图：“勇气号”在驶离着陆器之后很快就以回头的姿势拍了一张照片，已经放气的气囊贴附在着陆器主体的周围。它们是被绞盘和线缆拉回来的，以免在火星车下滑到火星表面行走时形成障碍。

对页下图：“勇气号”所拍摄的第一张完整照片是古谢夫陨击坑的荒凉景色。人们本来指望这里可以找到一些成因与水有关的地貌特征，但后来发现这里只是一片相对无趣的玄武岩平原。

上图：“勇气号”在古谢夫陨击坑的平地上工作。此图中的火星表面是用它拍摄的照片拼接而成的，它自己的形象是后期添加上去的数码图像。

究着每一张照片。随后，“勇气号”上的仪器选择了陨击坑底部的位置来探测，而正是在这个点上，任务第一次带来了让人失望的结果：前期读数显示，古谢夫陨击坑被古老的熔岩流所覆盖，那里的物质属于玄武岩或火山岩。轨道器在高处俯拍的图片似乎表明，这个陨击坑从高空看起来曾经是一个巨大的湖，其水源来自其坑壁上的裂口；但它即便曾经被水浸泡过，相关的证据也已经被后来的火山活动埋葬了。此时，需要学习的东西尚有很多，不过“寻找一个古老水环境的遗迹”这件事只能继续等待了。

到了执行任务的第 17 个火星日，“勇气号”出现了偶然的、不明原因的故障，突然停止了与地球的通信。任务控制中心向火星上的它发出了一些指令，试图诊断这个问题。第二天，火星车发回了一条简短的信息——“哔哔”，这表示它确认收到了一条信息，但已经切换至故障模式。（这与您家的计算机在启动时自动切入“安全模式”是同一回事：计算机重新启动时如果意识到自身有问题，就会自己重设到基本配置。）但工程师们并不知道这到底属于一个简单的软件错误，还是一个严重得多的硬件故障。

当这个问题在火星表面有待解决时，“机遇号”正继续朝着自己的着陆点进行势不可挡的“冲刺”。但哪怕是在第二部着陆器即将降落的节骨眼上，飞行工程师们也不得不忙着照料一辆已经出了毛病的火星车。对他们来说，这可真是一段痛苦的时间。

在“机遇号”着陆前两天，“勇气号”通过“火星奥德赛”轨道器给喷气推进实验室发回一条信息，表明它在火星上的夜晚期间没有进入本应进入的“睡眠”模式，而它的太阳能电池板又不可能在夜间发电，于是它整夜都在消耗电量，甚至使自带的电子设备过热了，却什么实际工作都没做。喷气推进实验室的程序员们全面研究了火星车发回来的工程数据，然后重写了应该存储在火星车的闪存驱动器上的软件指令。

大戏还在上演，1 月 25 日，“机遇号”在火星的另一边，按照一个已经相当熟悉的套路，成功降落于子午高原的目标椭圆之内。“机遇号”的相机刚一启动，任务组的科学家们就意识到一件非比寻常的事情：如果说“勇气号”落在了一个类似高尔夫球场里的沙坑的地方，那么“机遇号”的运气好得就像挥出了一杆进洞。“机遇号”在一个叫“伊格尔陨击坑”（Eagle Crater）的洼地内停了下来，它在这里的第一张照片就显示了山壁上可能有沉积活动留下的痕迹。虽然还不能马上确定，但这些地层确有可能曾在遥远过去的某个时段拥有积水。而古谢夫陨击坑那块平淡的原野也很快起了波澜：有一些地质资源被发现了。

伊格尔陨击坑属于火星古老地形中的一个大坑，成因是陨石的猛烈冲撞，所以它能将数百万年来的地质证据呈现为一种“叠加视图”，如同一个巨大的岩芯钻孔样本。正如这次任务的首席科学家斯蒂文 • 斯奎尔斯（Steven Squyres）热情地讲到的那样：“我们交好运了……我们发现火星车身处一个巨大的陨击坑里，那里有我们想找

上图："机遇号"在离开位于伊格尔陨击坑的着陆点之后，到达它的第二站——耐力陨击坑（129米）。这是它为期十几年的长途跋涉里第一个重要的中途站。

的一切，而且都暴露在坑壁上。在两个月的时间里，许多重要的科学发现纷纷来到我们面前。"

即便如此，这也仅是伊格尔陨击坑带来的诸多发现中的第一批。"机遇号"从着陆器上驶下来没几天，就在陨击坑内的地面上发现了一些蓝灰色的小球，它们看起来像气枪的球形子弹，这让所有人都惊讶不已。这些玻璃质的小球是在形成这个陨击坑的那次冲击中诞生的吗？或者，它们只是地球上被称为"拉皮莱"（lapillae）的那种火山玻璃珠，也就是火山爆发时生成的"玻璃冰雹"？而进一步的仔细观测又提供了一个更有意思的解释：这数以千计的球状物体的成分都是赤铁矿，而赤铁矿是一种需要与水相互作用才能形成的矿物。这简直是"正中红心"。

随着"机遇号"越来越接近这个陨击坑的坑壁，令人惊叹的图像也纷至沓来。在这些图像中，除了显而易见的沉积层理变得越来越清晰，镶嵌在岩石表面的球状物也越来越多了。而当这些小球周围相对较软的物质被充分侵蚀掉后，小球就会跌落出来，聚集在周围的地面上。这强化了一个假设，即这些球体当初是在水里形成的。这个假设现在也被戏称为"蓝莓"（blueberries）。

伊格尔陨击坑的坑壁被仔细地审视，我们发现它被一种名叫"黄钾铁矾"（jarosite）的硫酸盐矿物包裹着，而这种矿物是由富含盐分的水体蒸发形成的。

随后，团队中一位目光锐利的沉积地质学家约翰•格罗辛格（John Grotzinger，他后来是"好奇号"探测器团队的任务科学家）发现了一些东西——这一地层中存在一种令人兴奋的现象，地质学家们称为"交错层理"（cross-bedding），这种模式意味着这里在古代的某个时候存在流水。火星在历史上曾经是"水汪汪"的，其原因何在？这个问题诱人已久，现在被近距离的观测解答了。

"机遇号"的火星巡游

"机遇号"在对自己的着陆点进行了两个月的调查后，开始了第一次长途旅行。"火星探测漫游者"计划中的这辆火星车，移动速度通常低于每分钟 60 厘米，所以有足够的时间对身边的地形进行"视觉"探测。在着陆四个月后，

也就是 2004 年 5 月，“机遇号”到达了它的第一个主要目的地——“耐力陨击坑”（Endurance Crater）。它先对高度为 20 米的边棱做了仔细的侦测，然后于 6 月中旬通过一条最被看好的路径下坡，驶入到陨击坑内，并停留了六个月。

就在它驶入边棱的位置上，这个陨击坑已经呈现出另外的一套岩石层理：就跟在地球上一样，这里的岩石层理遵循沉积的基本规则，年轻的岩石层覆盖在更古老的岩石层上方。这个陨击坑底部堆满了沙子，但任务工程师决定让火星车暂时避开可能导致陷车的沙坑，在安全的距离上对其进行考察。他们测试了在那里发现的岩石，结果表明，这些岩石是从外部滚入陨击坑的，且滚进来之后在水的作用下发生了改变。很显然，耐力陨击坑曾经在很长的历史时期内是一个充满液态水的湖泊。对一颗长期以来被认为严重缺水的星

左上图：“火星全球勘测者”轨道器拍摄的这张照片显示，火星表面散布着赤铁矿。图中加了彩色的部分表示赤铁矿的富集度，蓝色为5%，红色为25%。这一发现使得子午高原成了一处富有吸引力的着陆备选区。

左下图：在伊格尔陨击坑以及遍布子午高原的许多地点，都发现了赤铁矿的球粒。这些由水造成的岩石内嵌物，会在质地相对较软的沙石被剥蚀后凸显出来。

对页右上图：岩石磨削工具在“阿迪朗达克”岩石上磨削出的圆形凹坑。这一更加洁净的岩石表面有助于“α粒子X射线谱仪”更加精确地读取数据。

对页下图：“机遇号”的两张“自拍照”，分别摄于2014年1月（左）和3月（右）。在这个间歇期，大风清洁了它的太阳能电池板，使后者的能量输出增加了70%。

球来说，这可是个重要发现。

在半年的考察之后，“机遇号”告别了耐力陨击坑。在前往下一个目标的途中，它还观察了自己的隔热板，检验了在火星上降落时的冲撞对这个金属圆盘的影响——对一个已知质量的物体的撞击点进行分析，可以提供有关当地的火星表面硬度的重要数据。接着，它驶向距离更远的“维多利亚陨击坑”（Victoria Crater），这个外形优美的陨击坑宽达 732 米，从轨道器的视角看去相当有趣：它的边棱上布满了“手指”状的腐蚀痕迹，在周围的地表呈现为一道道长沟。在路上，“机遇号”还发现了一颗陨石，这是历史上首次在火星表面发现陨石，这颗石头被命名为“隔热板石”（Heat Shield Rock）。“机遇号”也对这颗陨石做了研究，发现这块有篮球那么大的“飞来的星星”的成分与地球上发现的陨石基本相同。在短暂的停留后，“机遇号”继续前进。

与此同时，“勇气号”基本上排除了它“大脑”里的故障，恢复了自己的巡视。在着陆一个月后，

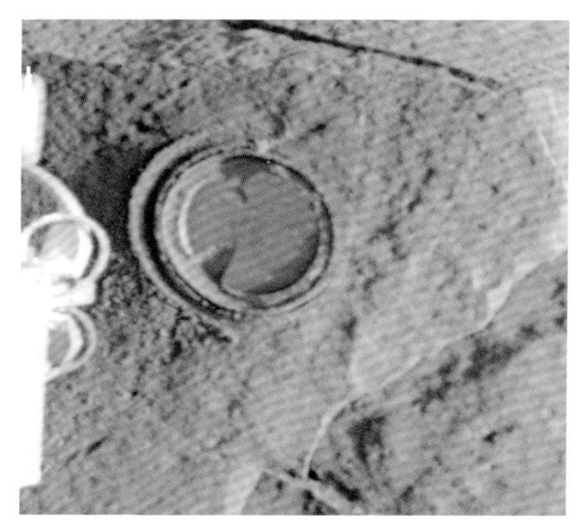

它首次使用岩石磨削工具进行了科考活动。被它打磨的是一块名为“阿迪朗达克”（Adirondack）的岩石，通过在其表面磨出的 5 厘米宽的凹痕，我们得以窥见它内部的情况。地质学家们很愉快地借助显微成像仪确认了它的晶体结构，尽管那只是另一种类型的火山玄武岩，但这套岩石磨削工具表现得实在让人满意。

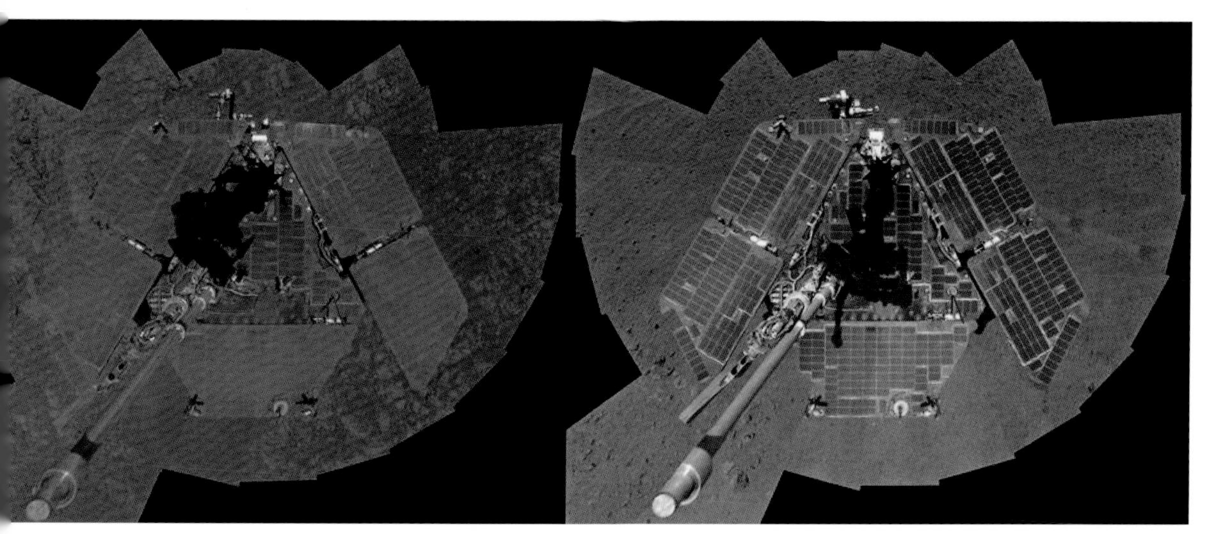

“勇气号”要前往一个叫作“哥伦比亚山”（Columbia Hills）的地区，这个命名也是为了纪念不久前失事的那架航天飞机。工程师们注意到，这一路上，它的电量补给开始不太充足了，这是因为它的太阳能电池板上已经有灰尘积累起来。由于计划中它最主要的任务会在90天之内完成，所以当初在决定它和“机遇号”到底使用核能还是太阳能时，选择太阳能被认定为“风险可以接受”。少数工程师此时可能已经在重新考虑核动力的选项了，但那也不得不等待下一次探测任务才能实现了。

不过，他们最终遇到了一个突然来临的“灰尘克星”，它为太阳能电池板做了彻底的清洁，使得两辆火星车无惧日积月累的“粉尘涂层”而继续执行自己的任务。这个“克星”就是火星上的微型龙卷风。这种现象此前已经被观测到过，但没人能保证它们来得足够频繁或者足够强劲（毕竟火星上的空气极为稀薄），因此不知道它是否成为火星车的“合格保洁员”。不过实践证明，微型龙卷风顺利保障了火星车的持续运行。这些定期光顾的“空气刷”能够帮助电池板从遥远的太阳那里多收集近50%的能量。

2005年年中，“勇气号”开始第一次火星登山活动，它慢慢地攀爬“赫斯本德山”[1]。在这个地区，火星车主要依靠自主驾驶，地面工程师在任务的初期测试过自主驾驶功能后，就开启了它。每天，只要火星车在前一天有过行驶动作，路线规划团队就会评估前一天的行驶情况，并查看前方的地形，识别出任何潜在的障碍或危险，并向火星车发送通用参数，指导它如何前进。然后，火星车会在限定范围内做出自己的一系列选择，万一碰到意想不到的困难，它就会停车，然后“给家里打电话”。计算机程序里这一丁点儿的人工智能成分，在很大程度上避免了无线电信号往返地球任务控制中心所需的长达半小时的等待，也标志着火星车告别了传统的“游戏手柄”式的指挥方法。

当“勇气号”登上山顶后，人们开始给它寻找一个适合在火星的冬季里驻扎的地点。随着太阳在火星的天空中越来越低，阳光已经越发微弱，剩下的电量必须节省着用。即便在此前，每当火星上的寒冷夜晚到来时，任务科学家们也会关闭探测器以节约能源。除了季节变换带来的挑战，火星的天空偶尔也会因为沙尘暴而在白天暗下来，电源在那里还是很宝贵的。这时，机械问题又开始添乱：“勇气号”的右前轮遇到了困难，导致供电系统的某个地方短路，正在消耗电力。这辆火星车虽然在工作上卓有成效，但似乎常被一些小小的设备异常所困扰。

为了减轻已经故障的右前轮的压力，“勇气号”选择以倒车的方式行进。喷气推进实验室在其火星试验台上使用“勇气号”的复制件对此问题进行了诊断，但没能得到定论，所以只能在这项任务的全部剩余时间里继续监视这个有毛病的车轮。

解决问题

与火星车保持联系，离不开对绕飞火星的一些可用设备进行适当的工作编排。但是，当“火星奥德赛”轨道器遇到间歇性的困难之后，这

1　译者注：这个名字用于纪念因“哥伦比亚号”失事而殉职的宇航员里克·赫斯本德。

左图：2007年，“勇气号”的一个车轮不转了，只能拖着行走，结果在地面上刮出了富含硅质的白色土壤，这成了火星在过去曾经有很多水的另一项佐证。

件事就变得更复杂了。好在 NASA 又给探测火星的机器团队加入了一位新成员，那就是“火星勘测轨道器”（Mars Reconnaissance Orbiter，MRO），它于 2006 年 3 月抵达绕飞火星的轨道，这可以说是“及时雨”。“火星勘测轨道器”算是一次技术飞跃，它能提供宽带数据传输，其带宽之强大，使得当初的“火星全球勘测者”像个拨号上网用的调制解调器。“火星探测漫游者”的两辆火星车由此将得到很好的支持，可以把自己在后续的调查中收集到的全部数据都传回地球。

“勇气号”继续缓慢地向它的越冬地点前进，途中要经过容易滑动的斜坡，偶尔会遇到沙坑，车轮前面还有岩石阻挡。

它和“机遇号”在冬季驻留期间的计划包括研究火星大气、检测附近的岩石，还有对自身行走路线上的天气进行扩展观测。须知，抓住各种机会观测火星上的气象对其土壤的最新扰动结果，有助于了解火星土壤的组成及其与火星天气的相互作用。在火星车驻留一段时期之后，地质学家就可以实际描绘出这些扰动结果随时间的变化状况。

到了2006年年中，火星进入了冬天，“勇气号”从太阳能电池板收集到的电量已降至最佳水平的三分之一左右。此时，它在每个火星日内产生的电量大概只够一个 100 瓦灯泡点亮 3 小时，所以可用的能量十分紧缺。再加上遇到恶劣的天气，它周围的气温也骤降到 -97 摄氏度。尽管面对这些挑战，但“勇气号”仍继续开展研究，在自己的工作清单里增加了一项庞大的任务：高分辨率全景照片巡查。

随着严冬逐渐退去，“勇气号”重新开始行走，而那个出了毛病的前轮此时也带来了一个据推测或许令人意想不到的科学发现：当这个前轮被拖在车后行走时（因为火星车依然以倒车方式行进），由于不能转而擦掉了地面上的红土，结果居然让一些白色的物质暴露出来。谁都没预料到这个发现，所以都想仔细看看。详细的检测表明，这些白色尘埃物质富含二氧化硅，这似乎可以作为水环境存在的历史证据，而水环境又是微生物活动的理想场所。在地球上，这类特征通常能在温泉附近找到，它也被认为是滋养微生物群落的绝佳条件。

在“勇气号”号进入新地区的同时，强烈的沙尘暴又来了，也又开始阻碍任务的实施。到 2007 年年中，这两辆火星车都受到了沙尘的影响，而且大气中的灰尘太浓密，让电力供应减少到维持正常工作水平的一小半甚至更少。此时，至少其中一辆火星车面临着因电池故障而停摆的风险，甚至两辆都可能如此。这些机器根本不可能在如此匮乏的电量配给下坚持太久，其能量储备仅够普通人家的电冰箱里的灯泡亮一个下午。尘土飞扬的天气一直持续到 2008 年；在那一年的大部分时间里，“勇气号”都只能在最低水平上工作。临近 2008 年年底，它再次进行了短距离的移动，这一动作在部分意义上是为了增大太阳能电池板的倾斜角，以改善能源的供应。

它正朝着一个名叫“本垒板”（Home Plate）的地方上坡行驶，但是拖着不转的那个轮子导致它偏离了方向。更糟的是，这个斜坡是沙质的，这是任务团队从来没遇到过的、最困难的一种地形。随着行驶条件的恶化，任务团队决定让火星车反向行驶，从坡上退下来，以免遭遇不测。在离它大约 300 米外，有一些引人注目的岩石出露于地表，对于正在进行的科学考察来说，它们似乎是相对安全的研究对象。

但后来事实证明并非如此。随着 2009 年的来临，“勇气号”遇到的艰难险阻越来越多。虽然它在某个时间段曾行驶了 30 米，后来又行驶了几十倍于此的路程，但太阳能电池板上的积灰再次威胁到它的能源供应。车上的计算机性能正在衰退，开始越来越频繁地重新启动，并出现了更多无法解释的异常。确实，又有几次大风替它做了清洁，增加了一点可用的太阳能，但杯水车薪。即使电力输出水平又上升了，任务团队也越来越清楚地意识到，“勇气号”已经被卡住了：在前往那些出露的岩石的路上，它陷进了沙地里，动弹不得。

2010 年年初，在花了几个月把厚重的“火星车操作手册”中的每一个技巧都尝试了一遍之后，NASA 被迫宣布“勇气号”已变为一个固定式的研究平台，也就是说，它现在仅相当于一部静态着陆器了。它仍然可以在它目前的位置进行有价值的科学研究，探测附近的土壤和岩石，记录天气，并给周围的地形照相。

“勇气号”长眠了

2010 年 3 月 22 日，“勇气号”向地球发回它的最后一条信息。信息的内容没有什么特别，只是些常规数据的汇报。数据显示，虽然功率水平

左图：喷气推进实验室的工程师乔·梅尔科（Joe Melko）（左）和埃里克·阿圭拉尔（Eric Aguilar）给“火星探测漫游者”的孪生火星车的一个测试用模块做牵引力测试，以便寻找让“勇气号”从陷于沙地的状态解脱出来的办法，但是效果不佳。

亲历者之声

斯蒂文·斯奎尔斯（Steven Squyres）

“火星探测漫游者”任务首席科学家

斯蒂文·斯奎尔斯从“火星探测漫游者”项目启动伊始就参加了这项工作。当时，很少有人想到它会成为执行超过10年的长期任务。

他回忆说：“‘机遇号’在它降落后最初的60个火星日内就做出了最重大的发现，所以说我们运气很好。我们在两个月内发现了一个巨大的陨击坑，这个大坑里面有我们想找的各种目标，而且就暴露在坑壁上。在那之后，非常光滑、平坦、适合行车的‘子午高原’帮助我们继续取得进展。我们已经观察了很多平地，所以制定了从一个陨击坑到另一个陨击坑的考察策略。我们让火星车在水平分层的沉积岩层上行驶。这些岩石结构清楚，所以基本上可以一次又一次地看到相同种类的岩石。因此，我们需要深入地表之下的岩石的能力。这次任务没有配备钻机，幸好大自然在火星上为我们准备了许多陨击坑，所以我们就让火星车去了那些陨击坑，最后还去了一个大型陨击坑，在那里可以一探火星地表之下的东西。”

“机遇号”对“因代沃陨击坑”（Endeavour Crater）的探访还在继续。

已经很低，但它仍可以勉强工作，在又一个火星冬天逐渐来临的同时，它的各项基本功能将继续施展。但是，从此之后，它却再也没有传回消息。工程师们推测，它已经进入了深度的“冬眠”模式，在严苛的环境中关闭了自己的电源，等待更好的电池充电条件重新出现的那一天。

2010年年中，大家使用一种名叫“扫射蜂鸣”（sweep and beep）的操作去唤醒这辆火星车。这些从地球上发送的信息是按一定的时间间隔出现的，“勇气号”可以在这个时间间隔内读取和回应这些信息——如果它还有实力这样做的话。到2011年5月，这样的信息已经发送了超过1300次，但“勇气号”始终没有回答。它遭受的打击是无法知晓的，但很有可能是能源不足、气温骤降、机械磨损共同造成的后果。

无论有何遗憾，这次任务不能算是失败的。事实上，尽管人们认为“勇气号”的科学回报不像“机遇号”那样令人震惊，但“勇气号”不幸的故事或许还有最后一个惊喜。通过对“勇气号”2008年拍摄的照片的最新研究，我们提出了一系列诱人的问题，并且找到了让人兴奋的线索。2015年年底公布的研究成果显示，科学家们再次观测了一些形状奇怪的地质结构，它们位于“勇气号”在“本垒板”地区的最后一个休息处附近。这些形状怪异的硅质地层，因其不寻常的叶状外观特征而被称为“菜花”（cauliflowers）。初次观测时，研究者认为它们属于可以在热泉或地热喷口附近发现的典型构造，这些构造放在火星上可以说是相当令人欣喜的东西了。但在对八年前的照片做了进一步检查后，研究人员得出了另一种可能的结论。

南美洲的阿塔卡马沙漠（Atacama Desert）、新西兰的陶波（Taupo）火山区和美国的黄石（Yellowstone）国家公园都发现过与之十分相似的构造。这些地区的共同点在于地热活动和与之相关的硅酸盐结构，后者被认为是微生物活动的结果。这种结构与“勇气号”照片中拍到的结构如出一辙，而这些照片正是美国历史上工作时间第二长的行星考察车送来的最后一幕。

“勇气号”在六年的时间里，共行驶了7.7千米，这个距离数倍于它最初90天的任务中的最乐观预测值。它也是第一辆带有复杂装置的火星车，在火星古代环境的性质方面有了深邃的发现，并向地球传回12.4万张照片，运行的总时间也是计划时间的20倍。

当“勇气号”的活力几乎丧失殆尽，在自己的迎风面被动地等待沙子堆积起来时，“机遇号”正在离它的孪生兄弟大约3380千米远的地方继续穿越子午高原。“勇气号”耗竭自己所换来的知识，帮助“机遇号”更加势不可当地行进。

右图：2008年，“勇气号”在“本垒板”附近拍到了这张照片，其中显示出乳白色的、像菜花一样的精细结构。2015年，观察这张照片的研究者发现这些东西很像地球上的微生物化石，由此掀起了这张照片是否暗示着古代火星生命现象的争论。

下图：2005年5月，“勇气号”在它工作的第487个火星日的下午6点7分抓拍了这张火星上的日落风景照。

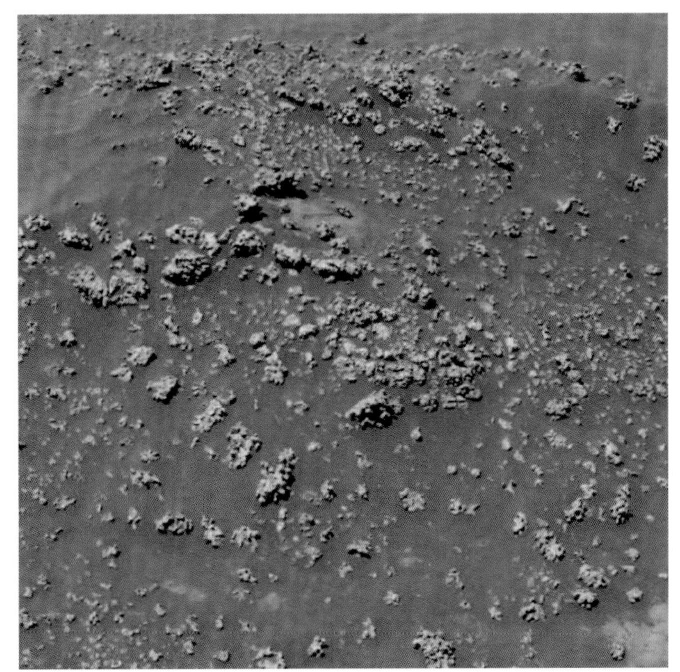

“机遇号”的远征

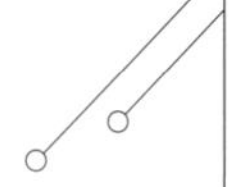

要讨论“机遇号”火星车，就很难不援引很早以前一则关于“恒久活力兔”（Eveready Energizer Bunny）的电视广告[1]。时隔四分之一个世纪，这个广告可能已经逐渐淡出公众的视线，但它能够恰如其分地用来描述“机遇号”令人难以置信的旅行。“机遇号”就像广告里的那只小兔，一直活动、不知停止。它是工作寿命最长的外星球表面探测器。

维多利亚陨击坑

“机遇号”跋涉的路程是“勇气号”的五倍，而且漫长、艰辛、惊心动魄。从2006年年中到2008年年中，“机遇号”一直在探访800米宽的维多利亚陨击坑，它的中心坑有70米深，周围有起伏不平的磨损图案，整体外观宛如一只巨大版的原生动物。这些微微倾斜的、通向陨击坑内部地面的手指状磨蚀特征，暴露出一些“亚表层”，后者将提供一个关于火星历史的独特观点。“机遇号”在2006年的大部分时间里都在探测这个陨击坑的边缘，并谨小慎微地凝视着远处的一片荒蛮。到了2007年9月，它在入山的位置进行了一系列的牵引力测试，然后终于朝着

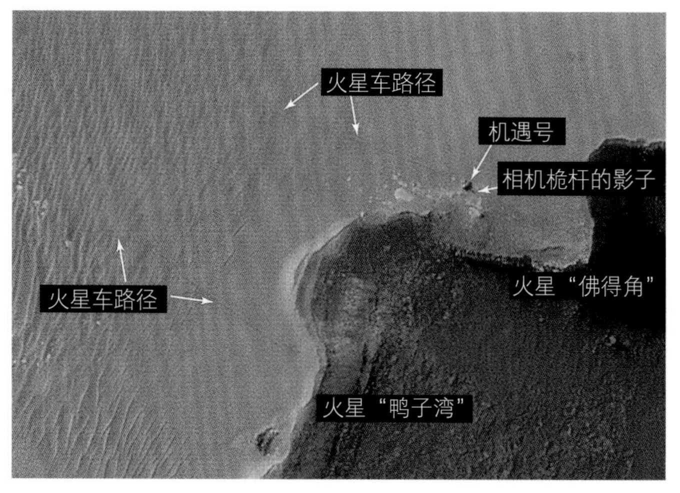

上图：“火星勘测轨道器”拍摄的这张照片可以展示“机遇号”沿着维多利亚损击坑的棱脉巡视的路线。

对页图：维多利亚损击坑的壮丽外观，其中心平地上有一些支离破碎的沙丘，边棱上则布满了高度侵蚀的手指状地貌。后者为我们提供了火星表面沉积层理的展示区。

1 译者注：这是某个著名电池品牌的广告，一只粉色小兔在装上这个牌子的电池后似乎活力无穷。

覆满沙子的陨击坑底部驶去。

在驶入坑底之前，它的太阳能电池板又偶然赶上了一次阵风，得以除尘，另外，它的软件此时也经过了升级，其中导航软件也更新了。新版软件已经沿着这个陨击坑的边棱进行过短距离的自动驾驶测试，现在将帮助火星车成功下行到陨击坑的内部。

“机遇号”在进入山口时，出现一些打滑的情况，这是一件棘手的事情。这辆火星车在自主下坡的时候，如果车身倾斜角达到30度，其“大脑”就会发出“暂停”的命令，然后对地形做出评估，并尝试进行短距离的侧向驱动，以寻找一个更好的牵引力状态和一个不那么陡的下降角度。经过多次试错后，它会继续朝下走，顺便停下来对身边的各种目标进行观察和检测。

几个星期以来，地球方面一直担心“机遇号”的机械臂因为使用的电流超过了应有的强度，负载着设备的“肢体”偶尔会冲到预设能力的极限并且“失速”。不过，通过程序方面的小修改，它仍然可以实现自己的大部分目标。然而，工程师们发现，面对火星车在这个陨击坑里探测时的倾斜问题，他们必须提出一些针对性解决思路。尽管火星上测出的重力只有地球的0.38倍，但机械臂的“上扬”毕竟耗费了更多的扭矩，因此更要多加小心。

“机遇号”在继续探测陨击坑内部的同时，还与即将在2008年5月抵达火星的“凤凰号”着陆器进行了通信测试。火星探测器的“编队”又要增加一位“定居者”了。

这时，又一个突发问题来了：岩石磨削工具的运行遇到了困难。喷气推进实验室的工程师们利用留在地球上的火星车模拟器（复制件），花了几天的时间，快速设计出一个替代方案来完成这项艰巨的任务。在处理数千万千米之外的机器问题时，如果不做细致认真的事先评估，很容易让微小的故障变成天大的麻烦。例如，如果研磨马达失速或出现不利的反馈，导致研磨流程变慢或中断，并且无法在当天完成的话，那么火星车必须足够聪明，在火星的夜晚到来之前远离这块岩石。火星冬季即将到来，其间一夜的寒冷足以使机械臂上的金属发生收缩，而次日早上的升温又会引起膨胀，这就可能造成足够大的偏移量，让金属刷子戳进岩石表面，导致刷毛弯曲。正是诸如此类的众多问题，需要一大群工程师、程序员和设计师每天工作（有时是昼夜不停地工作），以保证火星车安全、健康。这是一项需要对所作所为充满激情，从而全身心投入的工作。

4月，“机遇号”开始了一次长途跋涉，目的

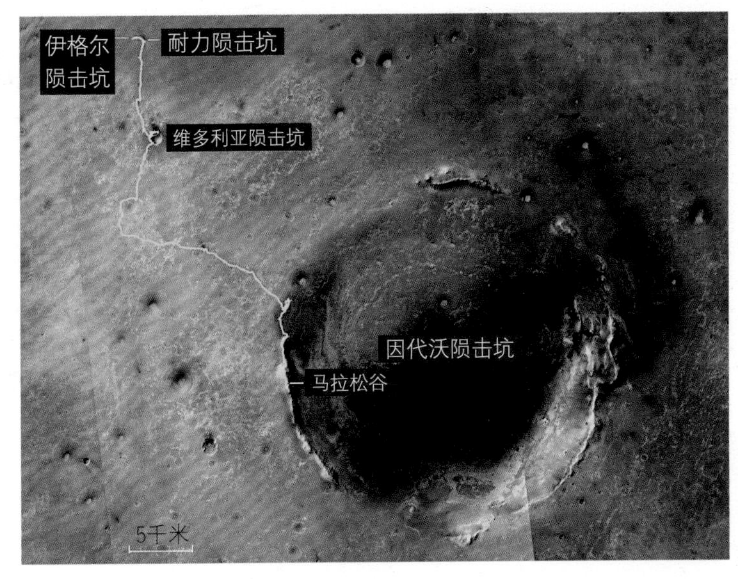

上图：“机遇号”自2011年就开始在火星上考察。它在因代沃陨击坑的时间在其所有考察目标中居于首位。

下图：2006年11月，“机遇号”拍摄完成的维多利亚陨击坑全貌照片。

地是维多利亚陨击坑最宏伟的景点“佛得角”（Cape Verde），它是一处被风剥蚀过的峭壁，基岩裸露在外。“机遇号”沿途必须穿过几片沙地，每过一片都必须测试自身的操控性能，且都必须以很慢的速度行驶。如果轮子打滑的程度明显高于预期，它就可能永远陷在那里。尽管“机遇号”在这次旅途中步步留心，但它还是发生了几次打滑。虽然每次滑动的距离只有几寸，且这也不断给它增加行驶经验， 但这些事件足以让所有人的心提到嗓子眼。随着这次跋涉成功抵达，6月下旬，火星车开始发回“佛得角”的影像。在对这个目标进行了为期一个月的高分辨率详细探测后，火星车于8月驶离维多利亚山。它的行走路线并未深入这个陨击坑的腹地，但它离开时，几乎没有人觉得遗憾，毕竟这段旅程令人心有余悸，而在子午高原上还有更多的区域值得探索。

因代沃陨击坑

在“机遇号”准备前往火星考察的下一站“因代沃陨击坑”时，工程团队对它的“健康状况”做了一次评估，他们仍在与机械臂上一个关节的间歇性故障较劲。此外，“机遇号”像它的孪生兄弟“勇气号”一样，也有一个前轮开始出状况。

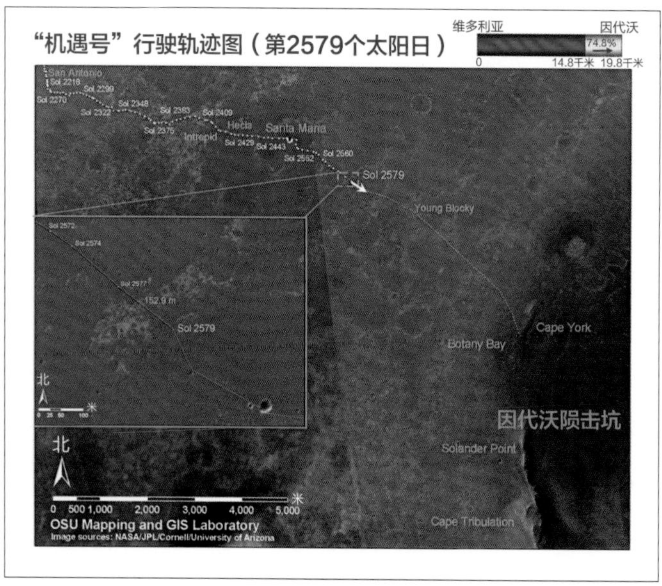

上图：凡迪·汤普金斯（Vandi Tompkins）在喷气推进实验室的火星环境模拟实验场与"火星探测漫游者"的一辆火星车合影。她任职于这里，是机器人工程师和火星车设计者。

左图：这幅图展示了"机遇号"直到2010年的行走路线。到这个时候为止，它都在考察因代沃陨击坑的周围地带。

如果这两个问题都解决不了，此次任务就会遭到重创。从“机遇号”向因代沃陨击坑进发开始，这两个问题就处于持续的监测之中，而这趟旅程也很长，仅直线距离就有11千米，这一距离与“机遇号”从四年前到达火星以来行驶过的总里程大致相等。而且，它为了绕开障碍物并寻找目标，实际走过的路程只会更远。无疑，是让它加速行动的时候了。

而在这一趟长距离巡视即将开始时，它不得不先自行停运两个星期，因为这段时间正好赶上“火星合日”（solar conjunction），也就是地球、火星正好运行到太阳的两侧，其间的通信会变得不可靠。最安全的应对方案也很简单，就是在无线电通信环境改善之前停下来不动。设计师们在露出火星表面的岩石中挑选了一块无害而且有趣的，让机械臂可以在无线电难以通信的日子里自主研究，并为可通信时机的到来做好准备。

到了12月，当地球再次能够与它联络时，科学家们发现“机遇号”的计算机内存里已经充满数据，达到需要清理的程度了。经过这短暂的耽搁，它又朝着因代沃陨击坑驶去了。它面前的道路允许它每天都有机会打破行驶距离的纪录，同时，它也像“勇气号”所做的那样，将车尾朝前，以倒车的方式前进，尽可能地把右前轮受到的压力降低并令其保持在低水平上。

正当良好的进展开始呈现出来时，地球方面却冒出一个意想不到的问题。喷气推进实验室所在的加州南部发生山火，导致工作人员全部离岗疏散。在他们返回自己的岗位之前，火星车只能自生自灭。“机遇号”耐心地等待着……

经过为期两年半史诗般的努力行进，“机遇号”终于在2011年8月抵达因代沃陨击坑。它在沿途拐了不少小弯，以便观测一些有趣的岩石。它还在沿途又发现几块陨石，证实了“勇气号”和它自己通过调查获得的许多知识。“机遇号”在七年的时间里行驶了近34千米。

随着2012年8月的临近，它的活动水平被调到下限；在喷气推进实验室这边，人们为酝酿已久的“火星科学实验室”（Mars Science Laboratory，MSL）火星车——“好奇号”的到位而行动起来。“好奇号”8月5日的着陆行动相当复杂，但还是成功了，现在，NASA有两辆无人考察车在火星上工作了，这又为火星探测史写下了新的一页。而此前几个月，“机遇号”进入了它在火星表面作业的第八个年头。此时，喷气推进实验室的任务控制中心要指挥两台各自独立在火星表面运行的机器，还有绕火星飞行的轨道器，以及他们负责控制的其他所有航天器。在这些航天器中，近的有绕飞地球进行监测的轨道器，远的有已经飞到太阳系边缘、正准备在那里进入星际空间的两部“旅行者系列”（Voyager）探测器。他们从未同时应对过如此之多的任务和数据。

当火星车的“驾驶员们”与科学家团队合作选定探测目标时，因代沃陨击坑上有一个目标充分显示出其重要性。火星轨道器发现，那里有一组呈层状的硅酸盐岩石。那些矿物看上去可能是滑石和黏土，它们在形成过程中是与水发生过相互作用的。虽然两辆火星车都研究过大量的曾与潮湿环境有关的岩石，但增加一处新的发现仍然有助于绘制火星的新版地图，特别是标绘火星上古老的水环境。绘制这些水域在火星岩石层中的位置分布，兼用“火星车近距离观察”这种唯一的验证方式，有助于地质学家厘清火星古代环境演化的时间表。目前的火星既没有积水也没有流水，因此，推测火星的大气条件历史，追溯其温度和密度变化情况，并研究何种情况会支持积水，都是非常重要的。如果火星上曾有生命存在的话，也许可以推断出这个时期的大概起止时间。

因代沃陨击坑仅从边棱来看，就显得壮观而气派。它的直径有23千米，是“火星探测漫游者”迄今访问过的最大规模的地貌景观。同时，它也是在火星上发现的最有趣的区域之一，让火星车花了五年时间探索它的边棱。任务科学家把因代沃陨击坑称为“第二着陆区”，还把它定义为“一项全新的任务”，这不仅是因为它的周边区域含有轨道器观测到的层状硅酸盐，还因为它拥有其他的含水岩石。火星车在这个地区检测的样本，比以前检测的那些要古老得多。这些样本还显示，火星过去的含水量比依据先前的样本估计的还要多。因代沃陨击坑已经有35亿年的历史了，那里的岩石不但说明当地的环境曾经更加潮湿，而且暗示着它曾经被浸泡在成分更加柔和的水里，这种水不像该任务早期推断的水那样有明显的酸性或碱性。

这辆火星车在2013年至2014年的那个冬天，探索过一处名为“索兰德点”（Solander Point）的悬崖，随后还停留在那里，把电池板朝着太阳倾斜，以便收集任何可以用于发电的光线。从那时起，它就开始给天空中的火星卫星以及彗星拍照，当然还照了许多岩石和土壤。总数近30万张的照片，连同不计其数的科学数据一起，都传回了地球。

至今，“机遇号”仍在因代沃陨击坑的边棱地带考察，其间还穿越了一个名为“马拉松谷”（Marathon Valley）的地区。它也像一个退役的职业拳手那样，以满身因冒险而留下的伤痕展示着时间的印记。它的机械臂已经不能在水平方向上移动了，所以科学家们想让它研究任何东西都得小心地调整车辆姿态，以便机械臂对准目标。它搭载的穆斯堡尔光谱仪于2016年之前停摆了，另外还有一个前轮稍微向内扭曲了，也就是说它患了“足内翻”。更要命的是，自2013年起，它的计算机内存的毛病日益严重。总之，此时的任务工程师很难再方便地使用这辆火星车……但他们依然能够使用。

在到达火星12年后，“机遇号”还能战斗。

对页上图：2010年10月，“机遇号”发回这张因代沃陨击坑的照片，为突出细节，这张照片经过色彩处理。其中，远处的“山脉”就是这个陨击坑的边棱，距离镜头30千米。

对页下图：这张2004年的照片是用子午高原的现场照片加上计算机生成的“机遇号”外观构成的。喷气推进实验室开发的这种“虚拟空间技术”以真实的比例再现了火星表面的火星车。

太空中的高清摄影师：火星勘测轨道器

"火星全球勘测者"的轨道器取得了出众的成功，它以空前的精细程度发回了到当时为止最佳的火星图像。随后，"火星奥德赛"任务又提供了大为改善的遥感数据和视觉数据，改写了我们关于火星地形的观念，也帮助任务设计师确定了"火星探测漫游者"的两辆火星车的着陆点。然而，到了2005年，"火星全球勘测者"和"火星奥德赛"都显出老态，所以，同年8月的"火星勘测轨道器"的成功发射，无疑是一个颇受瞩目的消息。

"火星勘测轨道器"作为火星轨道器整体规划的一部分，在设计上显然要合乎整个系列的需要，但它也不乏卓然超越"前辈们"的大胆之处。它的思路继承了先前的轨道器，其搭载的仪器基本未变，但相机有所改进，当然也带上了一些独特的新实验。与已经在火星上工作的"伙伴"们相比，它最明显的变化是硕大的通信天线，直径达 3 米。"火星勘测轨道器"送回的数据将远远多于以往的任何火星轨道器，数据将包括高分辨率照片、科学遥测结果，还将给更多的其他数据提供连续的中继服务，这些数据来自"火星探测漫游者"的火星车"机遇号"和"勇气号"、预定于 2008 年到达火星极地的"凤凰号"着陆器、预定于 2012 年到达的"火星科学实验室"的火星车。毕竟，"火星全球勘测者"（它在"火星勘测轨道器"到达之后的七个月、自身完成火星大气制动后的两个月就失效了）和"火星奥德赛"此时已经是在各自的极限水平上勉强运行了——它们的数据负载不仅来自它们自带的仪器，还来自正在火星表面游走的"勇气号"和"机遇号"。"凤凰号"和"火星科学实验室"的加入，将让火星周围的轨道网变得热闹非凡，这还没有算上欧洲空间局的"火星快车号"的参与。硕大的天线及其超强的数据传输能力，对正在进行的火星考察活动是至关重要的。

新的技术

即便如上所述，我们也不能把"火星勘测轨道器"当成一个单纯的通信中继站。这颗轨道器携带了一套很先进的新型科学探测工具，毕竟它的预算相对"阔绰"，达到约 7.2 亿美元。不用想也知道，它必然配备一部光谱仪来完成对火星表面的矿物学研究。这部光谱仪的名字是“火星紧凑型勘探成像光谱仪”（CRISM），它将提供迄今最详细的关于火星表面物质构成的信息。

它还带有第二部光谱仪，即“火星气候探测仪”（Mars Climate Sounder，MCS），其设计专门用来探测 5 千米范围内的火星大气，而非火星表面。它还携带了一部强大的雷达装置，即“浅层亚表面雷达”（SHARAD），负责探测火星表面以下深度不足 800 米的区域，毕竟火星两极地区的深层沉积冰是特别让人感兴趣的。但是，这些很亮眼的仪器还算不上真正的“明星”，而这个头衔要归于这颗轨道器的照相装置。

这颗轨道器上安装了三部彼此独立的相机。第一部是“火星彩色相机”（Mars Color Imager，MARCI），它是一台广角相机，能根据每天拍摄的火星全球图像数据，提供常规的火星天气预报。第二部是“高分辨率成像科学实验”（High Resolution Imaging Science Experiment，HiRISE），它堪称美国光学设计的一个高峰：它是一台真正的“望远镜相机”，也是有史以来飞向火星的相机中身量最大的，其主镜直径达到 51 厘米。它的威力是“火星全球勘测者”上的相机的 5 倍，能够分辨出（火星表面）最小宽度为 1 米的物体。拿常见的物体来举个例子：以前的轨道器差不多是一辆市区双门公交车的大小，而“高分辨率成像科学实验”则差不多是豪华长途大巴的大小。别的不提，仅凭这一个实验项目的数据负载，加上超高清晰度的图像，在“火星勘测轨道器”上使用大型的通信天线就是值得的。

上图：“火星勘测轨道器”任务徽章。

此外的第三部相机被称为“环境相机”（Context Camera 或称 CTX），是一台独有的附加设备。它采用广角设计，分辨率介于前两部相机之间，可以输出稳定的图像流，与“高分辨率成像科学实验”摄得的图像和“火星紧凑型勘探成像光谱仪”的读数相匹配，为研读这些仪器的探测结果提供一个视觉环境。给同一地区同时拍摄特写照片和广角照片，这种做法特别富有价值：对于在“高分辨率成像科学实验”的特写中看到的有趣事物，以及“火星紧凑型勘探成像光谱仪”数据中的特殊之处来说，如果同时拥有其广角视图，则极有可能带来许多新的科学发现。

“火星勘测轨道器”于 2006 年到达火星，并利用其自带的火箭发动机进行减速，进入了一条高倾角的轨道。它携带的推进剂质量不小于 136 千克，足以供它在火星附近变换轨道，并维持至少十年的机动所需。在利用火星大气阻力进行了为期六个月的被动制动之后，这个质量达 1031 千克的科学平台开始执行它的主要任务。“火

火星勘测轨道器

任务类型：火星轨道器

发射日期：2005年8月12日

发射工具："宇宙神5号"火箭

到达日期：2006年3月10日

终止日期：（任务尚在继续）

任务历时：已超过13年

航天器质量：2180千克

星勘测轨道器”绕飞火星的周期略短于2小时，与火星表面的平均距离为282千米。总体而言，这次任务的设计是“火星探测漫游者”和“火星奥德赛”轨道器的一种延伸：它要继续搜索火星地下的冰层和曾经有积水的区域。研究者最感兴趣的是由水创造的矿物、古代的海岸线、湖床和沉积矿床。这些科学目标是根据以前的轨道任务的观测结果来选择的，选择过程特别侧重于已被充分研究过的“海盗系列”和“火星全球勘测者”的图像成果，也兼顾了少量的火星车数据成果。当然，鉴于“火星勘测轨道器”三部相机的配备和强大的数据传输能力，此次被调查区域的总数迅速达到了以往所有同类调查的10倍以上。

除了对火星表面进行研究，未来可用的着陆区域也趁这次机会被仔细地标绘出来。此时，任务设计师可以确凿地看到中等大小的巨石，不必再通过周围的地形加以直觉上判断了。有了这样的条件，就可以更好地推断大小约为30厘米的岩石是多还是少，毕竟这种大小的岩石虽然不足以“杀死”大型的着陆器，但也足以危害其功能。火星表面那些地质宝藏丰富的区域，本来就有许多唾手可得的发现，而正是“火星勘测轨道器”让我们得以更加轻松地把这些发现收入囊中，以便今后进行更深入的调查。

2008年，在“凤凰号”准备按计划完成在火星上的最终着陆时，“高分辨率成像科学实验”拍摄了它首选的着陆点，结果发现那里到处都是巨石。利用这些高分辨率相机，轨道器还能执行一些搜寻任务，它也确实发现了2003年失败的“火星快车号”着陆器“猎兔犬2号”，以及1999年“火星极地着陆器”的残骸。它还多次拍摄过“火星探测漫游者”的两辆火星车，在它们去往每个主要研究目标时协助它们选择安全的驾驶方案。

突破性发现

2006年年底，“火星气候探测器”的大气光谱仪开始出现故障。对此，地球方面研究出一些解决办法，也取得了一定的成效。其实，太空轨道上的环境对航天器和电子设备而言都是相当险恶的，尤其是辐射，特别容易让它们出现“残障”问题。随着时间的推移，“高分辨率成像科学实验”的相机CCD中会有一些像素失真，这是在预期之内的。只要这样的故障点别太多，就足以让测绘继续进行，科学团队就会感激不尽。但到2009年，又出现了一个让人心惊胆战的情况，那就是它搭载的计算机开始了一连串的自动重启。喷气推进实验室的工程师只能将整部航天器切换到安全模式，导致考察任务在四个月的时间里处于暂停状态。故障的可能原因达100余个，而且在对它们进行全面评估之后，也未能最终确定故障原因。不过，故障很可能是由火星周边环境中的辐射引起的——以前的航天器遇到过这种事，其电路中二进制的1和0可以被杂散的高能粒子“涂改”，从而导致软件出错。还好到了2010年，一切又都恢复了正常。当然，地球方面对航天器上的计算机一直保持高度关注。

“火星勘测轨道器”的发现可以写出一整本书。在此，我们用一个简短的列表来梳理。

- 对最新的小行星撞击形成的痕迹进行了多次观测，其中一些陨击坑的周围有水冰出现的迹象。这些水冰很快就消失了，但这足以使科学家们把这些区域列入已知有水沉积地区的清单。
- 在许多地区发现了氯化物矿物或盐类的沉积。

据推测，它们是由富含矿物质的水体留下的，这些水体已经在遥远的过去蒸发掉了，这种地貌很像地球上咸水湖或池塘周围布满结晶的盐滩。

- “火星紧凑型勘探成像光谱仪”在火星的广大区域内发现了曾经与水有关的许多其他类型的矿物，包括黏土。到此时为止，这对任何人来说都已算不上震惊了，毕竟我们已经认识到火星在过去曾拥有不少的水。但是，古代火星水资源的分布如此之广、体量如此之巨，还是让人感到意外的。

甚至还有一些正在发生的、关于水的事件被“火星勘测轨道器”拍到。

- 它拍到一些雪崩事件，现场出现了巨大的、红色的羽状尘埃物。另外，经过精心的谋划，它还拍到“凤凰号”着陆器和“好奇号”火星车降落到火星表面的时刻。
- “高分辨率成像科学实验”的相机以前所未有的清晰度拍摄了火卫一、火卫二的照片，其效果令人屏息。这些资料都有助于科学家们研究这两个天体，引发对它们的地质情况的好奇心，并作用于未来的任务规划——说不准，人类宇航员在亲临火星之前，会选择首先降落在火星的卫星上。
- 拍摄到火星表面小尺度上的天气变化，包括沙尘暴扫过地面的痕迹。这些由风驱动的气体漩涡可以高达 19 千米，它们有时会在火星的沙地上画下奇幻的图案。而它们的发生频率、大小和方向，可以带给科学家许多关于火星大气结构和风的模式的认识。
- 2011 年，“火星勘测轨道器”还在火星的一些山坡上拍摄到暗色的条纹，这也许是它的发现中最为著名的。相关的研究已经进行了多年，到 2015 年，NASA 宣布在火星上发现了液态的水：在某些天气条件下，含有盐类的水似乎会从火星的悬崖和谷壁中渗出来，它们数量不多，几乎没能湿润附近的土壤。但是，对于像当今的火星这样干燥的行星来说，出现任何的液态水都是让人高兴的观测结果。

到 2015 年年初，“火星勘测轨道器”已经发回了不少于 31 太字节（TB）的数据，远超以往所有行星探测任务所获数据的总和。这些数据如果打印出来，将多达 140 亿页。这颗轨道器在调查火星表面的同时，还将记录由火星着陆器和火星车上传的数据，并把它们保存起来，以便在通信条件最佳时将其传回地球。

“火星勘测轨道器”在为期十年的运作中，通过其第四次任务扩展（这符合喷气推进实验室对火星探测器的期望）重写了火星演化史的一部分，并填补了其他一部分空白。它的光学测量和光谱测量，揭示出火星历史的三个主要时期。其

对页上图：这张富有冲击力的照片来自“火星勘测轨道器”携带的“高分辨率成像科学实验”，拍摄于2013年11月。这个陨击坑很新，直径约30米，它周围放射状的暗线是在撞击时从火星表面之下被抛射出来的物质。

对页下图：“高分辨率成像科学实验”送来的这张图片展现了一个叫“阿拉姆混杂地”（Aram Chaos）的地方，它富含黏土和矿物硫酸铁，这些都是因水而生成的。

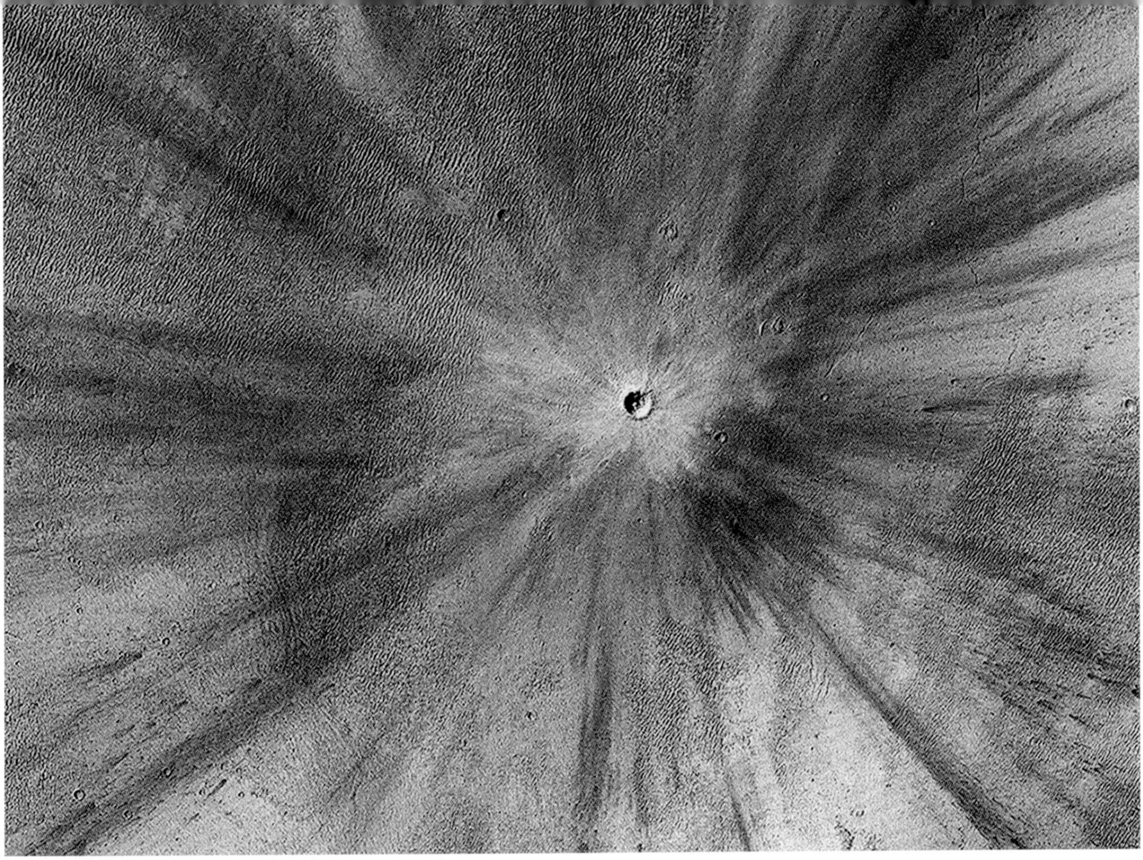

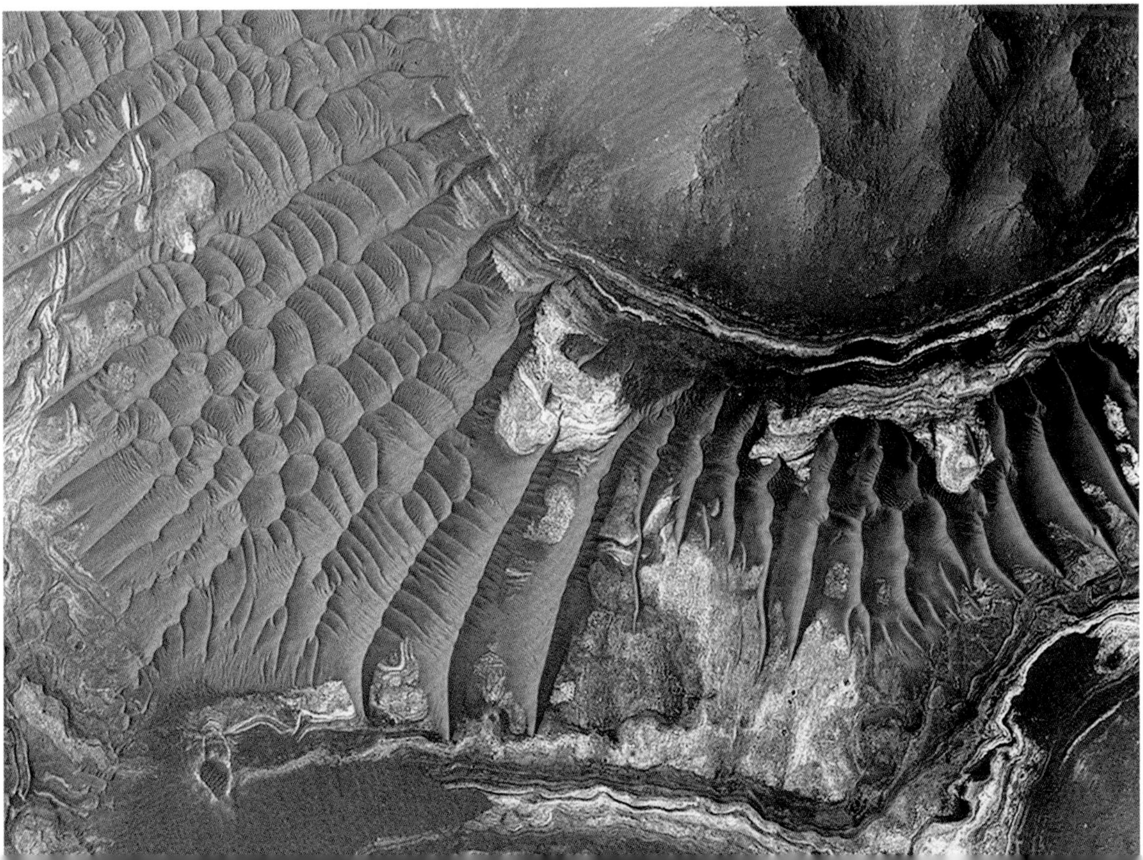

上图：谜团重重的火卫一有着巨大的陨击伤痕，这个陨击坑名叫“斯迪克尼”（Stickney）。“火星勘测轨道器”在大约6800千米的距离上拍到了这张照片。

对页右上图：2007年，从绕火星飞行的轨道上拍摄的地球和月球，镜头距离地球1.42亿千米。

对页左下图：这张2009年的照片展现了火星沙地上的多条龙卷风痕迹，这些被气旋翻动出来的新鲜线条用不了太久就会消失。

对页左中图：“高分辨率成像科学实验”在2012年8月5日“好奇号”火星车降向火星的恐怖七分钟内拍到了它的降落伞。对“火星勘测轨道器”来说，拍摄这一幕只有一次机会。

对页右下图：科学家从这张2014年的照片和与之类似的其他一系列照片中，兴奋地看到了火星上最近的水流现象，这些水是从帕利克尔（Palikir）陨击坑的坑壁上渗流出来的。在发现了几处同类现象后，相关成果于2015年公布，引起了轰动。

中最古老的一个时期，可以在陨击坑密布的高地上反映出来，那里有许多证据指向一个广域的水环境，这一点后来被火星车任务部分地验证了。在接下来的一个时代，水分在大气中活动，循环于极地的冰层和低纬度的冰层之间，产生过降雪。再接着就是当前的这个时代，特征是干燥的大气、大量的二氧化碳，以及小规模的水循环。这颗轨道器的考察任务仍在继续，它带来的发现和大量科学数据也将在今后的研究中发挥作用。它最终会变轨，进入一条更高、更稳定的轨道，并至少运行到2020年。

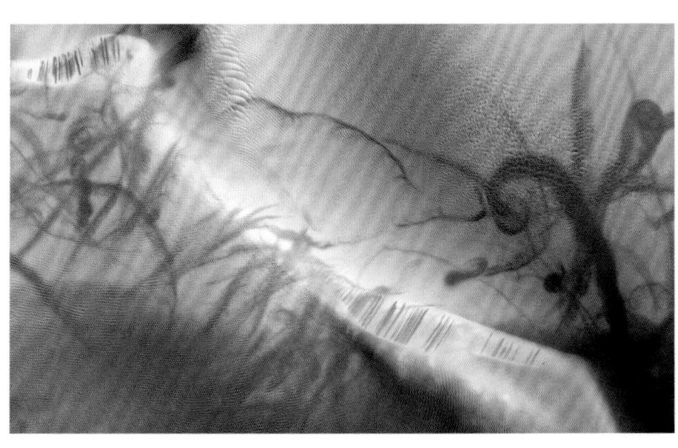

亲历者之声

理查德·祖莱克

(Richard Zurek)

"火星勘测轨道器"首席科学家

"当我看到像'火星勘测轨道器'这样的任务时，它已经建立在'水手9号'、'海盗号'的轨道器和着陆器做出的重大发现的基础上了。它自己的发现虽然是慢慢积累起来的，但依然深刻。真正让我留下难以磨灭的印象的一点是，火星表面上的图案非常古怪。我们能看到多边形，看到破碎状的花纹，它看起来就是一个曾经有许多处湿润，但最终干涸了的表面。这种画面很像地球上的泥滩，当然尺度上已经成比例地放大了。我认为这能告诉我们几件事。首先，火星表面已经干燥了。其次，火星表面之下仍然藏着水冰。最后，通过成分测定，可以知道当前那里仍有一些区域存在着特定种类的矿物。当你把全部照片放在一起，就会推断出一个曾经布满水的古老表面，在那里，许多物质与水发生过相互作用，这就改变了火星地表的成分……有趣的是，有多种不同的矿物代表着各不相同的水环境，其中的一些环境要比其他的更具酸性。对我来说，'火星在过去某个时期拥有适宜生命的环境'这一观点，已经在这些发现的支持下更具潜力了，这令我很兴奋。"

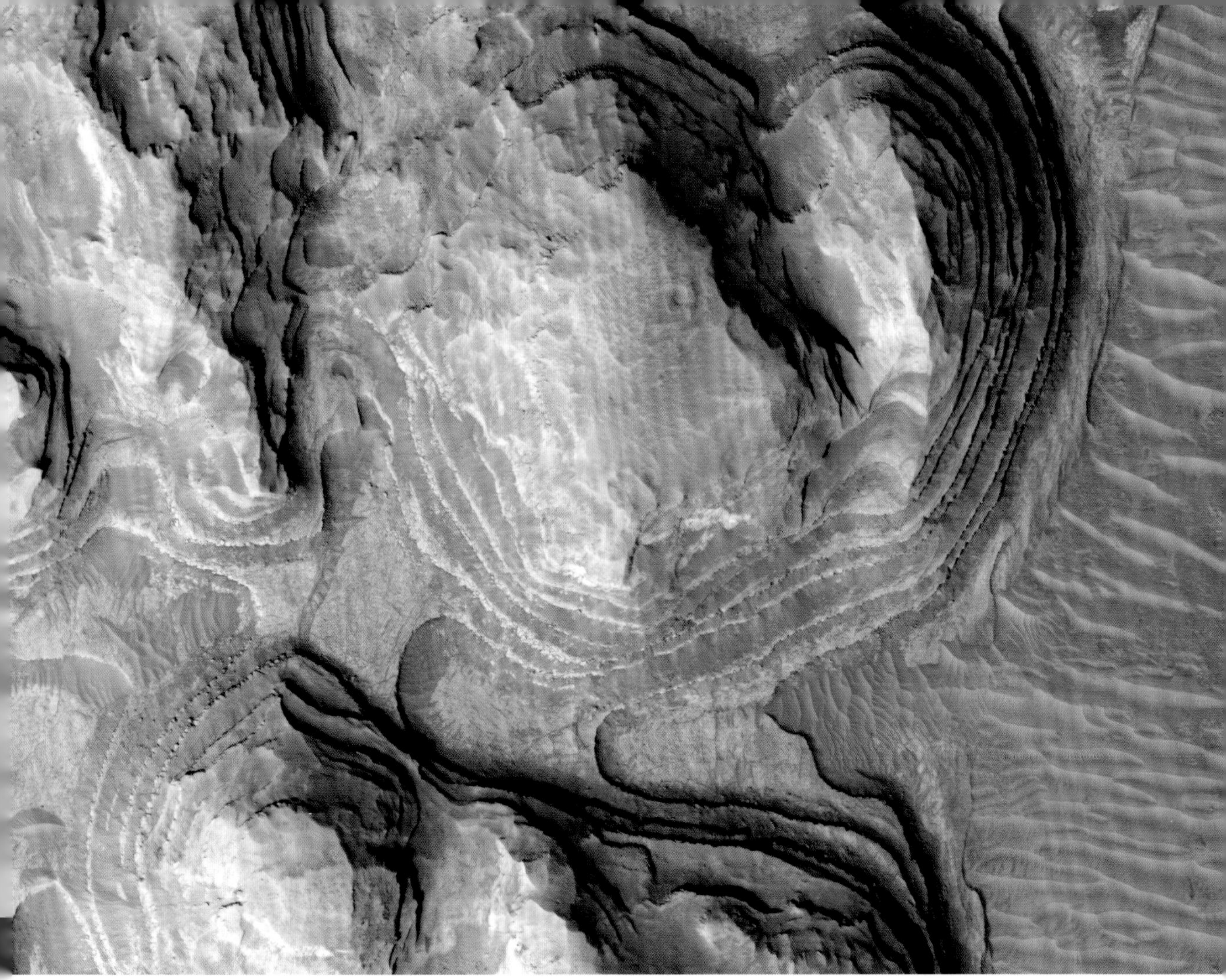

对页图：在这张摄于火星暮春时节的照片中，由二氧化碳构成的极细的霜粒（其间杂有水冰）正在从一个陨击坑附近逐渐退去。

上图：火星上“阿拉伯台地”（Arabia Terra）区域有一个“回旋层理”的案例。孤峰的周围是陡崖，这种崖壁可能缘于硬度不同的岩层以各自不同的速度风化剥蚀。

冰原："凤凰号"火星着陆器

"凤凰号"着陆器任务拥有火星探测史上的众多"第一次"头衔，比如第一次在火星极地着陆，第一次由高校负责控制火星探测任务，但其中最引人注目的或许是——第一次由探测器直接接触火星上的水。"凤凰号"属于"火星侦察计划"的一部分，后者是NASA的另一套低成本外星科考计划。不过，它并不属于戈尔丁提出的"更快、更好、更省"的路数；它的预算上限为4.85亿美元，可以通过一些巧妙的设计来完成。

可以说，"凤凰号"着陆器是一次重新实施1999年的"火星极地着陆器"的尝试，所以它被列入"火星侦察计划"的旗下是合情合理的。后来的事实证明，"凤凰号"的花销远远低于预算上限。这在很大程度上要归功于它采用了不同以往的控制结构和运行结构。

一项非比寻常的任务

有些火星任务似乎是由一两个有着鲜明性格的人驱动的。例如"水手4号"是罗伯特·莱顿（见第24页），"火星探测漫游者"是斯蒂文·斯奎尔斯（见第139页）。"凤凰号"的方案则是由亚利桑那大学的皮特·史密斯（Peter Smith）提出后获选的。史密斯曾于20世纪70年代末参与了NASA的金星探测任务，此外他的成果还包括给"火星探路者号"和"火星极地着陆器"制造主力相机，以及为"火星勘测轨道器"制造"高分辨率成像科学实验"的相机。所以，他提出的"凤凰号"着陆器方案很自然地在NASA的项目招标中胜出。他成为这部着陆器背后的主要科研人员之一，这不仅代表着巨大的机会，也可以算是以某种方式挽回几年前因"火星极地着陆器"任务坠毁而造成的科研上的损失。

"凤凰号"选定的着陆区位于"绿谷"（Green Valley），除了火星两极的冰盖，那里拥有已知最多的火星水冰沉积。这些沉积地点都属于一个名叫"北方荒原"（Northern Waste，拉丁文 Vastitas Borealis）的地区。它同时又属于火星北半球平原（或说低地）地貌的一部分，这一地貌让火星的"上半部"呈现广阔、平坦的景观。"凤凰号"选择的这个降落区离火星北极不远，人们怀疑那里古时曾是一片巨大的极地海洋。这个地点的选定，依据的是"火星奥德赛"的数据——从其伽马能谱仪对土壤中的氢的读数推断，巨大的冰层沉积区已经延伸到火星北极区的边界之外。

着陆器的制造合同签署给洛克希德－马丁公司，该公司已经负责制造了多颗火星探测器。然而，为了控制成本，史密斯把仪器的设计和制作留在了自己的控制范围之内：他在亚利桑那大学制造了“凤凰号”的相机，并将其他的仪器承包给世界各地的多所高校。然而，要论这次任务的最不寻常之处，或许应该是控制中心的选址——亚利桑那大学的校园里。在一座为这项任务准备的小楼里，笔记本电脑和数不清的电线摆放在工作台上；为了着陆器降落后能够执行任务，这样的控制中心是必需的。喷气推进实验室将实施“凤凰号”的飞行和着陆，但这颗探测器的管理权属于亚利桑那大学，而且主要是由一群研究生负责的——这也是美国的公立大学第一次在这种级别的太空任务中获得控制权。就控制成本并追求最大的投资回报而言，这是一种聪明、有效的方法。

任务的另一项参数也保证了成本不超出控制。着陆器的预期寿命虽然跟当代许多火星任务一样设定在“90 天”，但喷气推进实验室操作过的许多任务的寿命都远超这个数字（同时费用也超过了预期），而“凤凰号”则不会。“凤凰号”的着陆点在火星的北极附近，随着当地冬季的到来，这次任务几乎必然会结束于严寒之中。它的服役期最后还是超过了 90 天，但超出的幅度只有 60 余天。正如大家意料的那样，它工作的头三个月，每一天的成果都像一份礼物。

它的设计基于以前的任务方案，那就是飞行失败了的“火星极地着陆器”和从未起飞的“火

下图：“凤凰号”火星着陆器降落在火星北极附近的“绿谷”（Green Valley），这里的纬度约60度。

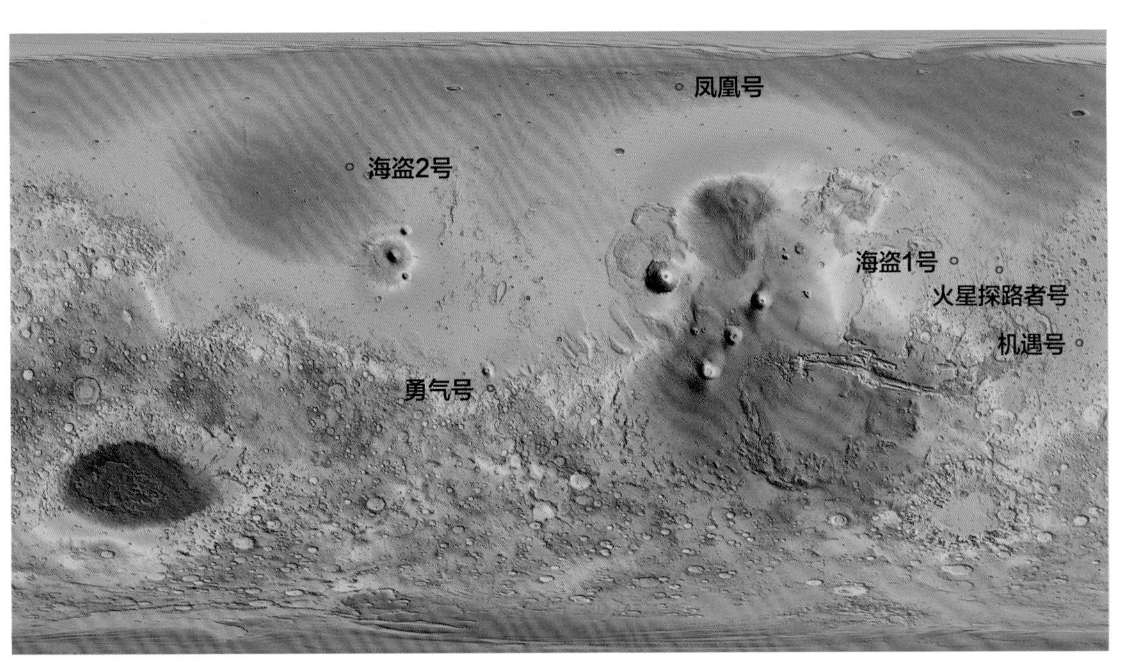

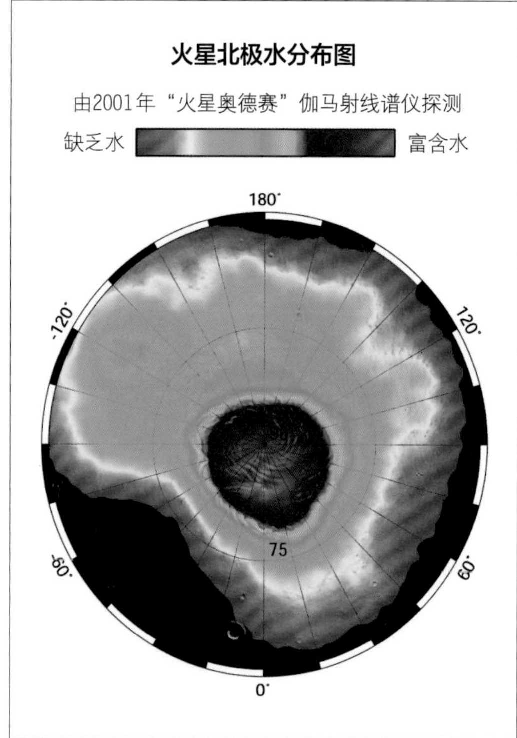

左上图：制造“凤凰号”着陆器的工程师们在洛克希德-马丁公司里忙碌，着陆器已经安置在气密保护壳中。

左下图：“火星奥德赛”轨道器带来的这张图片解释了科学家们为何钟情于研究火星极地的任务：因为那里显现出大量的水冰。

星勘探者 2001”计划。它有一个平台，带有三条着陆腿，两侧各有一块圆形的、可折叠的太阳能电池板，还有一个负责为着陆器内部的科学仪器提供样本的机械臂。这个机械臂能伸展约 2.1 米，预计可以挖掘到土壤中大约 40 厘米深处。一部旋转研磨机（有点像“火星探测漫游者”任务中的岩石磨削工具，但比它更坚硬）会钻入冰层，以便接触到冰层下面的东西。

它的科学仪器包括“表面立体相机”（Surface Stereo Imager），这是一套双摄像头系统，与“火星探路者号”和“火星探测漫游者”的火星车上安装的没有什么差别。另外还有两台显微镜，一台属于光学显微镜，另一台属于原子力显微镜（Atomic Force Microscope），能够单独对一粒尘埃进行分析。此外还有一台相机，即“火星降落相机”（Mars Descent Imager，MARDI），负责在航天器底部拍摄着陆的实况。

“热释气体分析仪”（Thermal and Evolved Gas Analyzer，TEGA）配备了一个带有质谱仪的高温炉，当它缓慢加热到 982 摄氏度时，即可分析土壤样本的成分。一套“湿化学实验室”则是

2001 年那次火星探测任务时未采用的富余设计，它的学名是“显微、电化学和电导率分析仪”（Microscopy， Electrochemistry, and Conductivity Analyzer，MECA），这部分析仪含有四个腔室，在其内可将水与土壤样本混合，并测量火星泥土与生物的相容性。

机械臂末端安装了“热导及电导探针”（Thermal and Electrical Conductivity Probe，TECP），它插入地面后可以测量土壤的温度和湿度，不在地面之下时还可以测量大气中的水蒸气的压力。最后，还有一部气象站，提供每日的环境和天气报告，其中包括冷空气里灰尘的含量水平。

“凤凰”展翅

“凤凰号”身材小巧轻便，质量只有353千克。它于 2007 年 8 月发射升空，并于次年的 5 月底成功登陆火星。当时正在绕飞火星的所有轨道器，包括“火星奥德赛”“火星勘测轨道器”和欧洲的“火星快车号”，以及其他火星航天器，都在定位和跟踪这部着陆器，并在必要时帮它进行数据的中继传输。这不仅改善了它与地球的联系状况，也提供给它最终着陆位置的准确坐标。“火星勘测轨道器”任务工程师为了捕捉到“凤凰号”降落的场景，事先花费了很多时间——考虑到地球和火星之间无线电信号的长时间延迟，这并不是一件简单的工作。最后，他们成功拍到了一张着陆器带着降落伞奔向火星表面的现场照片。要形容这一成就的难度，可以打个比方：只告诉你有一辆汽车在高速公路上疾驰，以及它从哪里出发、要去哪里、平均速度是多少，然后要求你选某个时刻来到途中某一点，无须等待就正好抓拍下它的照片。所以，这次抓拍的成功引起了轰动。

“凤凰号”的着陆过程也有几个令人冒汗的紧张时刻。“凤凰号”的降落轨道本身就是有难度的：以前所有的着陆器都选择了更接近火星赤道的地方降落，由于“凤凰号”要在火星北极附近着陆，所以它进入火星大气就需要更多技巧。此外，它也是自“海盗系列”（按实际购买力计算的话，其成本要高得多）以来，首部在降落过

下图：“凤凰号”的设计紧凑而轻便，它是“火星极地着陆器”的后代，同时也是计划于2018年发射的“洞察号”着陆器的前身。

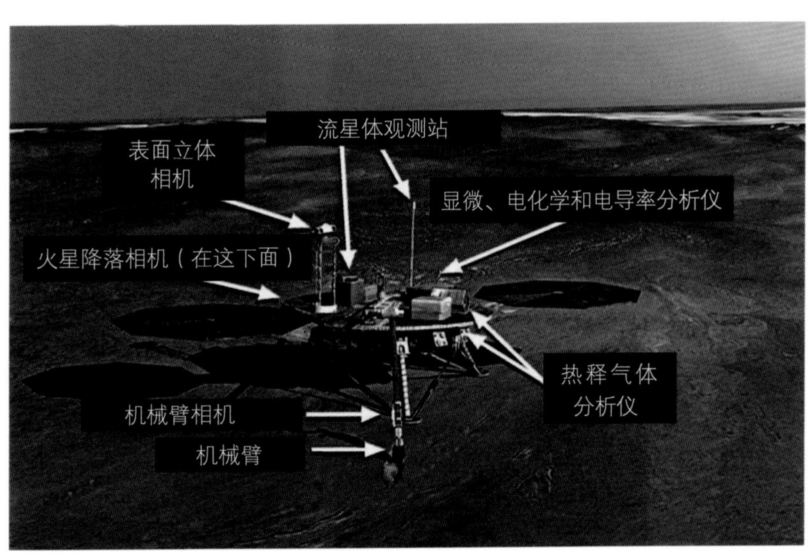

上图：着陆区的地面上满是多边形结构，这明显是由于热量变化导致地面热胀冷缩而形成的。地球上的永冻土地带也有类似的特征。

程中全程使用反推火箭进行减速的着陆器。“火星探路者号”“机遇号”和“勇气号”是配备安全气囊进行弹跳，直到停下来为止的；依靠火箭的动力进行软着陆的尝试除“海盗系列”，还有“火星极地着陆器”，但每个人都明白那次的结果如何（见第 105 页）。当造价低廉的着陆器在火星稀薄的空气中疾驰而过时，任务参与者们的心理压力就增高了。

为了让“凤凰号”的速度减到合理的水平，它需要在设定好的时刻展开降落伞，然而当这一刻来了又去了，地球方面并没有收到降落伞张开的信号。这个信号在 7 秒钟之后终于发出——虽然 7 秒钟听起来并不长，但几千万千米之外，坐在控制台上的人却度秒如年。而且，开伞动作迟到的这 7 秒，已经导致“凤凰号”飞掠了着陆椭圆的中心点，这意味着它差不多会到达这个椭圆区域的边缘。这个结果还是完全可以接受的，但并不是喷气推进实验室习惯的那种。看来“星际怪兽”（见第 36 页）曾试图“吞”掉“凤凰号”，但后者侥幸逃脱了“魔爪”。无论如何，它安全着陆了，这是最重要的。它把消息发回地球后，控制室响起了欢呼和掌声。

它只用很短的时间就正确地展开了太阳能电池板，其气象仪器也开始运转了，相机则开始拍摄周围的地形。这里的景观不同于以往任何的着陆点，地形几乎完全平坦，岩石较小，而最引人注目的或许是地面上那些彼此交错的图形——整个地区看上去像是由各种多边形拼接起来的。这些多边形的直径在 1.8 米到 4.2 米，其边缘处有由季节性的温度波动引起的许多小凹陷。这里的土壤会横向膨胀和收缩，留下形状古怪的缝隙，这跟地球上的永久冻土区见到的缝隙没有太多不同。这些缝隙形成的时间也很近，其边缘锋利，没有被风化。

由于“火星勘测轨道器”的无线电设备故障，拒绝把相关命令传给着陆器，着陆器开始使用机

凤凰号

任务类型：火星着陆器
发射日期：2007年8月4日
发射工具："德尔塔2号"火箭

到达日期：2008年5月25日
终止日期：2008年11月2日

任务历时：在火星表面5个月7天
航天器质量：350千克

上图：装设于机械臂上的相机，在着陆器下方发现了更多的多边形物体，它们是水冰。着陆器反推火箭的发动机燃烧，吹掉了覆盖在它们上面的物质，让它们显现。

械臂的时间推迟了一天。当然，“凤凰号”拥有备用程序，如果收不到来自地球的命令，它将自动执行备用程序。只不过，这次在调用备用程序之前，与“火星勘测轨道器”有关的通信问题得到了解决，指令得以重新发送。第二天，机械臂就干活了。

令人兴奋的照片几乎立刻就传回来了：装在机械臂末端的相机拍下了着陆器周围的地面。在着陆器的反推火箭正下方，可以看到宽宽的白色斑块，就像那种多边形的白色路标。这些斑块并不算小，其宽度约30厘米。科学家对此的结论是，这些都是平板状的冰，它们露出来是因为反推火箭扰动了地面，清除了其上松散的土壤和灰尘。在着陆器周围，这样的冰板可能还有数百块。

在为期几天的测试（包括土壤按压测试和其他一些硬度测试）之后，机械臂开始在结冰的地面上挖沟。机械臂上的铲子挖出的第一批沟槽中，有一条被命名为“渡渡鸟”（Dodo），而一条与它平行的沟很快也得到了名字，叫“金凤花姑娘”（Goldilocks）（译者注：童话“三只熊”中的人物，这个童话的情节常被用于比喻宇宙学理论中的一个命题，即宇宙膨胀率“不多不少刚刚好”）。科学家们看到这些沟槽的照片之后，不出几分钟就意识到，有一些又硬又白的东西在松软的土壤被刮掉后碰到了铲子。说到这里，可能我们大多数人都会兴奋地大叫“啊，这是冰”，但这可不是执行火星科学探测任务的正确方式。研究小组虽然很兴奋，但依然声称不能确定这一物质到底是什么，它仅仅“可能是”水冰。他们持续关注着这些沟槽。几天后，这些白色的硬块消失了——它们毕竟是冰，由于大气压力太低而“蒸发”了，更准确地说，是“升华”了。相对缓慢的升华速度表明它的成分是水，因为如果是固态二氧化碳（干冰），会升华得更快。

土壤的样本则被送到探测仪上的化学实验室做分析，但这里遇到了棘手的情况：土壤相当粗糙，无法穿过盖在收集漏斗上的幕布。经过必要的多次尝试，任务科学家们最终找到了一种特定的震动铲子的方式，能让泥土淋过幕布进入实验室。

对附近土壤的分析表明，当地的样本呈中度的碱性，并确定含有高氯酸盐，这符合从“海盗系列”任务以来的推测。然而，问题很快又来了：热释气体分析仪发生了一处短路。这并没有使仪器立刻瘫痪，但工程师们确定，如果当时热释气体分析仪的保护门是开着的，就不会有这么幸运了。

因此，NASA 决定把考察计划紧缩一下。鉴于热释气体分析仪可能会“早逝”，最好优先进行关于水的测试，此后如果情况允许，再进行更加深入的样本分析。做出这一决策不需要纠结——根据对即将到来的冬季封冻期的最佳预测看，任务可能已经完成了一半。可是，采集冰的样本进行分析是更具挑战性的。这个采集过程的难度超过了预期：作为目标的冰层竟然和岩石一样坚硬。不过，科学家们还是在几个星期之内拿到了冰的样本。经过了在漏斗处的一点儿戏剧性的波折后，样本被送入热释气体分析仪。

分析结果出来得相当快：这些冰的成分是水，火星的土壤里有水。NASA 在这次重要任务开始后的两个多月宣布：“凤凰号”首次对火星上的水进行了验证性的观测，这不是过去的成就，这

亲历者之声

皮特·史密斯

（Peter Smith）

“凤凰号”首席科学家

“我花了很多时间去思考关于寻找火星生命的事：我会在哪里找、在什么样的岩石下，以及我们如何到达那里、我们会对其做什么。大约在同一时间，我们系的一位教授发表了一篇论文，主题是用‘火星奥德赛’轨道器在火星的北方平原下面寻找冰。他有条件使用伽马射线和中子探测大约 1 米之内的深度，结果发现那里的地表下有一个固体冰层。

“如果我们能派探测器去那里了解冰层的历史，了解与之相关的矿物和其他化学物质，那将是一项妙不可言的任务。这个地区能不能成为一个可以像地球上的类似地点那样去实际考察的地方，比如南极洲和永久冻土区？永久冻土是地球的‘低温冰柜’，是长期保存东西的地方。在北极或南极的永久冻土区的冰层里，你可以找到数百万年前的生命存在的证据。

“这让我想到，类似的事在火星上或许也有，那将会是一个很值得一看的目标。所以，我们围绕着火星北部平原的永久冻土来拟定自己的任务目标。”

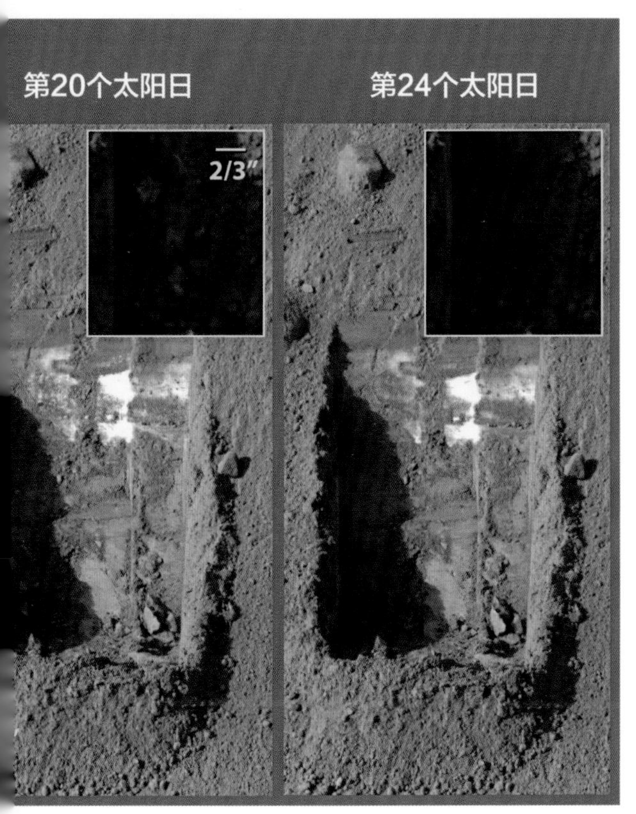

对页图：这张面朝东北方向的照片尽显火星北极附近的荒凉，与其他着陆器拍到的那种岩石漫布的场景形成了鲜明的对比。

左上图：一次挖掘暴露出一些白色斑块，怀疑为水冰或固态的二氧化碳。随后，科学家们目睹其慢慢升华而消失。通过升华的速率，可明确判定这就是水而非二氧化碳。

右上图：这张照片拍摄于着陆后第79天的当地时间早上6点。虽然此时任务的期限刚过一半，但天气已经转冷，一夜之后地面上已经有霜。

是刚刚实现的事。

除了冰层中的发现，在土壤样本中还发现了碳酸钙和其他能证明早期曾有流动水的化学物质，这样，火星上的古代液态水体的已证实范围就扩展到了更高的纬度。

随着任务进入冬季，环境的变化基本不出预期，气温迅速地下降。然而，9 月下旬的一天，一个奇妙的惊喜出现了：探测器头顶的天空中，检测到成分为水的雪。这是火星冬天来临的第一个确切迹象。当时，平均风速约为每小时 35 千米，最高风速约为每小时 64 千米，最高气温为 -18 摄氏度，最低气温为 -97 摄氏度。

再见，“凤凰号”

“凤凰号”剩下的研究项目在匆忙地尽可能实施着，但寒冷的天气使它的电池消耗极快，超过了太阳能电池板在冬季的微弱阳光下能提供的充电速度。在执行考察任务的第155天，它终于陷入了沉寂。地球方面用了几个星期试图重新与它取得联系，但大多数工程师对此并不乐观。这部着陆器从设计上也没有指望要持续工作整个冬天，尤其是它还工作在靠近北极的地方。最终，“火星勘测轨道器”在第二年春天拍到了“凤凰号”的照片，它的一块太阳能电池板已经明显坍塌了，这可能是积冰的重量造成的。因此，地球方面不必再指望恢复与“凤凰号”的联系了。

这部着陆器在火星表面的作业时间尽管很短，但还是取得了很多的成果。它是第一部降落在火星极地冰盖附近的探测器，也是自“海盗系列”以来的第一颗依靠自身动力降落的着陆器。它第一次在火星上接触到了真正的水（尽管是冰冻状态的水），而这次任务也是第一次由公立大学负责指挥火星任务。就像以前的“火星探路者号”一样，“凤凰号”的成就毋庸置疑，它的预算是值得的。

“凤凰号”“牺牲”之后，冰层在它的太阳能面板上越结越厚，此时，科研团队正在日夜不停地继续检查它收集来的数据。但在喷气推进实验室这边，注意力已经转移到了一些新的地方，那是一些特殊的领域。“火星科学实验室”的制造已经接近完成，它也将是一颗能写进航天史的探测器。

右图：“凤凰号”准备使用机械臂获取一份样本。左下角像太阳伞那样展开的是它的太阳能电池板。

恐怖七分钟：火星科学实验室

自从20世纪70年代的“海盗系列”之后，还没有人策划过如此大规模的火星任务。“火星科学实验室”最终命名为“好奇号”，它在各个方面都更大、更复杂。它是迄今为止对这颗红色行星进行的最为大胆的任务，融合了从先前的各辆火星车和各颗轨道器学到的一切，优化了探测所用的硬件。它在一辆普通家用轿车那么大的空间里，按距今仅20年前的技术条件，装满了足有两间实验室那么多的科学仪器。

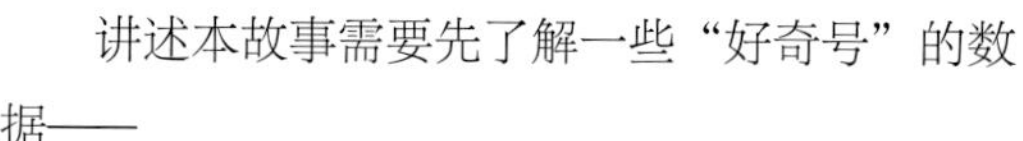

讲述本故事需要先了解一些“好奇号”的数据——

质量：907千克（“机遇号”和“勇气号”均为176千克）；

设备包质量：125千克（“机遇号”和“勇气号”的设备均为7千克）；

长度：3米（“机遇号”和“勇气号”均长1.5米）；

越障能力：可爬过0.9米高的障碍（“机遇号”和“勇气号”可爬过0.45米高）；

供能模式：核能，使用钚-238持续供应（“机遇号”和“勇气号”使用太阳能电池板，仅能在火星白昼中且沙尘天气不严重时产生电能）；

隔热板：直径接近4.5米（这已大于“阿波罗”登月飞船指令舱接近3.9米的隔热板直径）；

成本：至首要任务完成时花费25亿美元（“机遇号”和“勇气号”大约8.2亿美元）。

火星迎来高科技

但是，这艘新飞船的意义远不止于更大的质量和更多的设备数量。“好奇号”粗看上去像是“火星探测漫游者”的放大版，但它其实是一部复杂度远高于之的机器，可以说是一个安在车轮上的化学兼地质实验室。“好奇号”上的仪器也能像“海盗系列”和“凤凰号”的着陆器那样就地提取样本，然后通过一系列的分析去确认它们的化学组成，一直细化到每种元素有几种同位素。其主要目的是寻找火星岩石和土壤中的有机化合物，这些有机物可能指向历史上存在过的生命，甚至当前存在的生命，最少也能指示出有利于生命存活的环境。然而，它并不具备寻找和识别生物本身的能力，它仅能识别出那些可能暗示生命活动存在的有机化合物。火星上过去和现在的环境条件是这一任务的首要研究方向，“好奇号”光荣地承担了这一使命，去确认这种条件在当前和历史上的存在。

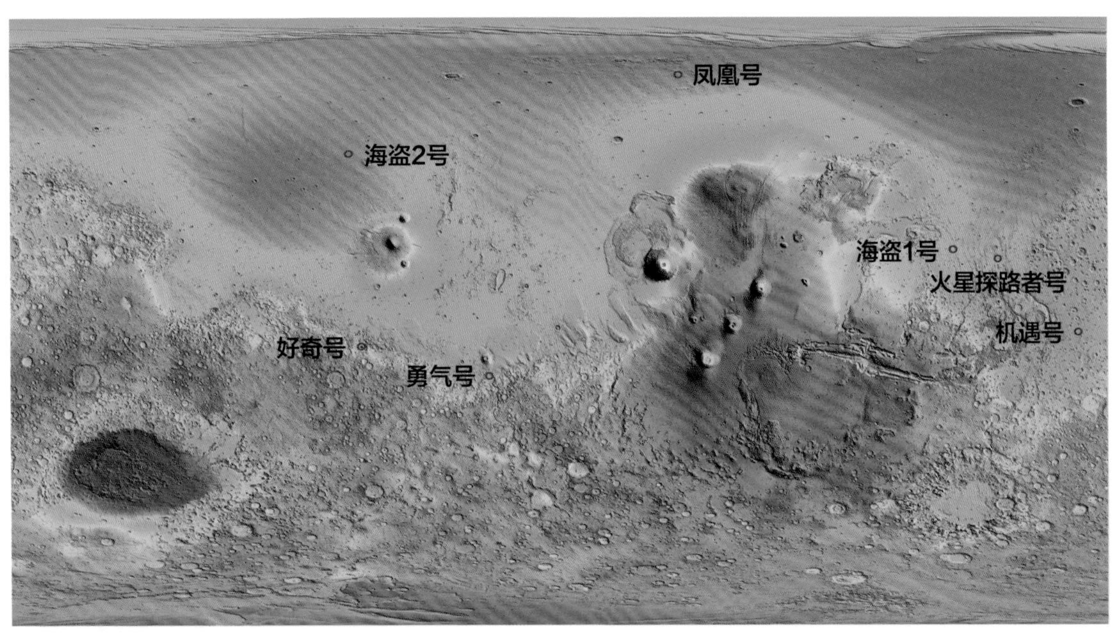

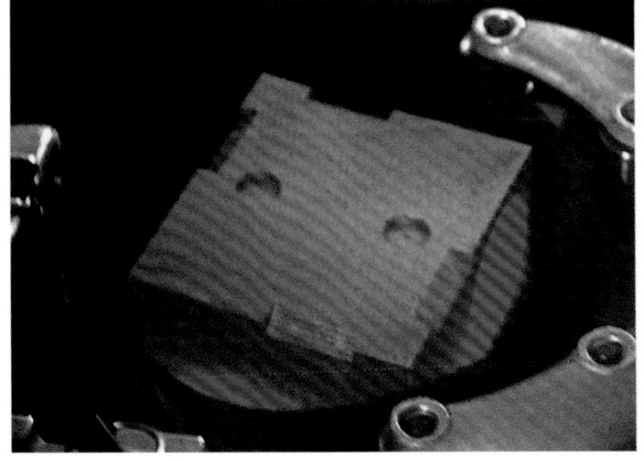

最上图：“好奇号”以垂直方式直接降入一个陨击坑，从而着陆。这个陨击坑位于火星高地和玄武岩平原之间，距离二者的分界线很近。

左上图：红热状态的钚-238是“好奇号”的能量来源。这种材料的半衰期是88年，但这些钚块在其他因素的作用下，通常会在短短的14年之后就逐渐失去能力。

右上图：“好奇号”桅杆上的这部相机包含“化学与成像组合体”（顶部的激光光谱仪）和“桅杆相机”（白色机箱下面稍小的那套光学系统）。

“好奇号”还配备了一些大家熟悉的仪器，当然这些仪器也做过很多的改进。它在前桅杆上安装了“桅杆相机”（Mast Cam），这是一组新开发的高清相机，能够以3D模式拍摄视频和静止画面。它备有两套光学系统，一套是广角镜，一套是望远镜。同样安装在桅杆上的还有“化学与成像组合体”（Chemistry and Camera Complex，Chem Cam），这是一种长焦成像光谱仪，对于那些探测仪够不着的岩石碎片，它可以用强烈的激光将其短暂加热，最远作用距离可达约6米。岩石在热量作用下会产生一个挥发薄层，它将读取这个薄层里的短暂闪光，再从观测到的光谱中提取有关该岩石的组成的信息。最后，桅杆上还安装了两架小一些的导航用黑白相机，称为“导航相机”（NavCam），便于“好奇号”在火星上行驶。另外它还带一个气象站，称为“探测车环境监测系统”（Rover Environmental Monitoring System，REMS）。

“好奇号”的前部还伸出一个机械臂，这个设计与“火星探测漫游者”相似。机械臂的末端带有一组调查工具，它们包括：

- “机械臂”光学透镜相机（Mars Hand Lens Imager，MAHLI），能提供微米级的放大照片，帮地质学家看到火星岩石和土壤的颗粒组成；
- 还有一部改进版的阿尔法质子X射线谱仪（APXS）装置，以前所有的火星车也都携带APXS；
- 一把岩石清洁刷、一台设计独特的新款冲击钻，以及一套铲/筛系统，用于采集火星土壤和岩石样本并输送到火星车上的实验室。

“好奇号”的车身上安装着“动态中子反照率”（Dynamic Albeldo of Neutrons，DAN）实验，可以测量火星车下方表面附近的水；此外还安装有“辐射评估探测仪”（Radiation Assessment Detector，RAD），旨在连续地提供周围的环境辐射读数。但是，真正有“奇迹”发生的地方还要数火星车的内部，那里装备有带翻盖的漏斗，可将机械臂采集来的样本直接导入以下两种仪器中的某一种：

- “化学和矿物学”（Chemistry and Mineralogy，Che Min）实验，使用X射线创建土壤和岩石样本的衍射图像。通过该图像，可以确定样本中的矿物；
- “四极杆质谱仪”（Sample Analysis at Mars instrument，SAM），包括一台质谱仪、一台气相色谱仪和一台可调谐激光光谱仪。这些仪器可以发现一些能代表生命的或代表前生物（pre-biotic）物质的有机化合物。

“好奇号”的周边还安装了更多的黑白成像的小摄像头。这些用于避免危险的摄像头（或称避障相机，即Hazcam）有助于“好奇号”在自行驾驶时不碰到任何障碍物。这辆火星车还安装有一个朝下的摄像头，其设计用途是在下降过程中连续拍摄照片，协助精准定位着陆点；着陆后则在附近的地形中甄别出地质学家们可能感兴趣的目标。

“好奇”的力量

我们称为“好奇号”的这辆火星车，经历过一个漫长而痛苦的孕育期。当时它的所有事情似

乎都比预想的难做，为了分担一些成本，项目增加了国际合作伙伴，而这又导致了进度延误和沟通方面的挑战。拖累日程安排和预算的还有一个更大的技术挑战，那就是着陆。

上图：“四极杆质谱仪”具有革命性的设计，它把原本要占一个房间的各种分析设备挤进一个只有微波炉那么大的空间里，形成一个设备单元。

新一代的火星着陆器到达火星时，都不会先进入绕飞轨道并在那里找准着陆点后等一切就绪再下降。这一方面是因为将航天器送入轨道所需的燃料在发射时实在太重了，特别是像“好奇号”这样本身很重的着陆器；另一方面，现在每天都有一组令人激动的“火星观察之眼”绕着火星转（指“火星勘测轨道器”），所以已经知道下面都有些什么了。因此，首选的技术就变成发射一颗路径更“简单”的探测器，在六七个月后直接降落到火星上的预定地点。它必须在接近火星的时候就精确对准一个切入位置，穿过薄薄的大气层，直接前往那里，所以不难理解为何有“恐怖七分钟”这个提法。“好奇号”面临的挑战是寻找一种方法，使探测器很快把速度降下来，并以近乎步行的慢速接触到火星表面。火星的重力比地球弱，只有地球的 0.38 倍，这确实有助于减速，但“硬币是有另一面的”：出于同样原因，火星大气对减速的帮助不大，它的密度不足以使

左上图："好奇号"的降落伞在NASA的阿梅斯（Ames）研究中心的风洞里经过了充分测试。它会成为火星上使用过的最大的降落伞，并将在超音速的情况下张开。

右上图："好奇号"的着陆系统设计新颖，被称为"空中吊车"。由于这辆火星车太重，所以各种传统的着陆策略都不能使用，只能设计一个包括降落伞、反推火箭和缆绳的新式组合来帮助它平安落至火星表面。

对页上图：在经过掌心冒汗的"恐怖七分钟"之后，飞行工程师欢庆"好奇号"着陆成功。

对页下图：2011年11月26日，"火星科学实验室"借助"宇宙神5号"运载火箭升空，这个升空时间已比计划晚了两年。

航天器的减速速度达到工程师们需要的水平，同时它的厚度又足以在与航天器摩擦后引起航天器发热，并有将其吹离轨道的趋势。

考虑到"火星探路者号"和"火星探测漫游者"的成功，使用气囊法弹跳着陆是一个自然而然的思路。但是新的探测器太重了，同时还特别精密，气囊法在此不能成功。那么，喷气推进实验室的历史资源中还有哪些着陆机制呢？"好奇号"甚至比"海盗系列"的着陆器质量还大，前者 907 千克，而后者约 600 千克。但是，这并不排除着陆腿和反推火箭可以发挥作用。然而，若采用这种思路，就必须再在设计中增设一个"着陆平台"，而这就意味着增加额外的分量。而这

种思路还要求火星车必须先驶离着陆器才能登上火星表面，面对这种设备尺寸和质量，这无疑是一项复杂的任务，有许多潜在的风险点。

工程师们提供了许多聪明的设计方案，比如一个可被压碎的着陆平台，它像一个巨大的啤酒罐一样，落下时会塌缩。这个方案被正式讨论过，其他不少方案也是如此。然而，一辆巨大、沉重的火星车还会在着陆阶段面对另一个问题——头重脚轻。当大部分的质量集中在上端而非下端时，系统就很容易失去平衡并倾斜。在此，要避免可能的灾难，就好比要在扫帚杆上让一颗保龄球保持平衡一样。

况且，这对火星表面的着陆场地本身也有要求。由于火星表面覆盖着岩石，着陆器也必须有能力应付落在岩石顶部的情况，而且我们也确实无法保证着陆器不会落在一块小型的巨岩顶上。此外，还有那台会一直陪伴着陆器降到火星表面的反推火箭发动机，大家也不希望它对火星土壤造成影响，其破坏后果应该被控制在绝对必要的程度之内。

最后，还要确保火星车可以在落地后及时发动，不要为脱离这个巨大的着陆平台和坡道花费太多的宝贵时间。归根结底，科学家们几乎要从一张白纸开始设计这次任务。可以搬用过去思路的是一个大型隔热板和一台节流火箭发动机，是“海盗系列”着陆器使用的，还有一个巨大的单体降落伞，是所有着陆器都使用的。但是，没有人建造过这么大的隔热板，“海盗系列”发动机的制造窍门也早就“失传”了，而要制造出能在超音速下支撑“好奇号”的质量且不被撕裂的大型降落伞无疑是一次重大挑战。概言之，这是一项噩梦般的设计任务。

当大家被各种各样的部件纠缠之时，有人突然想到，或许根本用不到着陆平台——为什么不干脆用火星车的轮子当“着陆腿”呢？这些车轮很结实，有必要的间隙以容纳碎石，而且本来就垂在火星车的底部。而且，既然火星车太重，为什么不把火箭安排在上面，让火星车挂在火箭下方？这样，难办的质量平衡问题就解决了。而且，这还可以消除火箭烧焦并污染地面的问题。这种“空中吊车”简直是个完美的思路。

最终的设计是这样的：“好奇号”被包裹在一个保护性的外壳中（这一点跟其他所有着陆器一样）进入火星大气，然后在滑翔中逐渐降低速度，并在特定时间弹出小而重的“压舱物”，以便调整重心并保持正确的行进方向。

随后，巨大的超音速降落伞展开，使航天器进一步减速。降落伞一旦完成使命就会松开，隔热板也会掉下来，更多的反推火箭会点火，以制动“好奇号”，使它进入近乎悬浮的状态。然后，绞盘会放出四根尼龙绳，将“好奇号”从火箭平台的位置吊放下来。当火星车发出信号表示自己已经到达地面时，绳索就会被切断，仍在燃烧的火箭包会飞走并在远处坠毁。此时火星车会停放在地面上，车轮伸展且直立，原则上应该可以随时出发探险了。

起飞……并着陆？

正如“火星探路者号”的超常规着陆计划并不容易那样，这个“空中吊车”的思路要实现也非易事。可是，它毕竟是工程师们能想出让重型火星车安全着陆的最直接的办法了。他们设计、

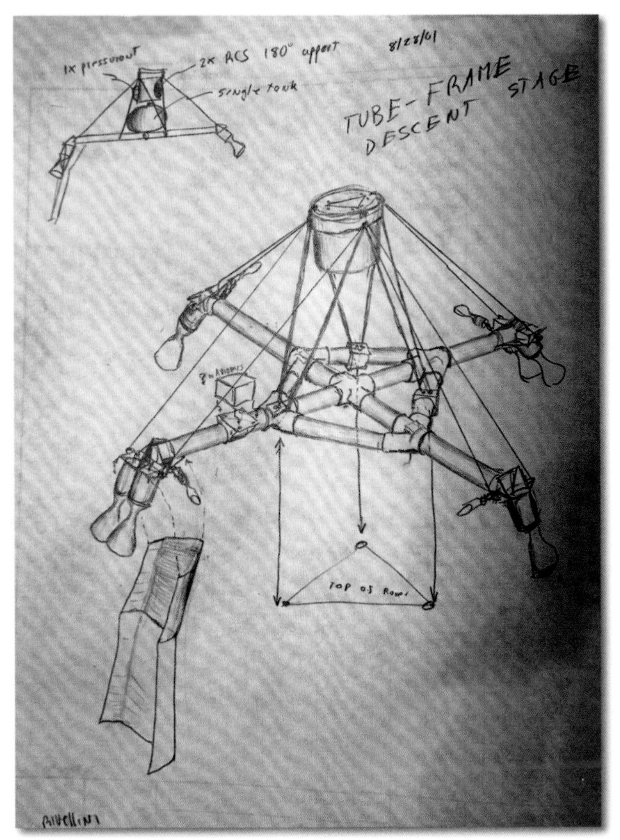

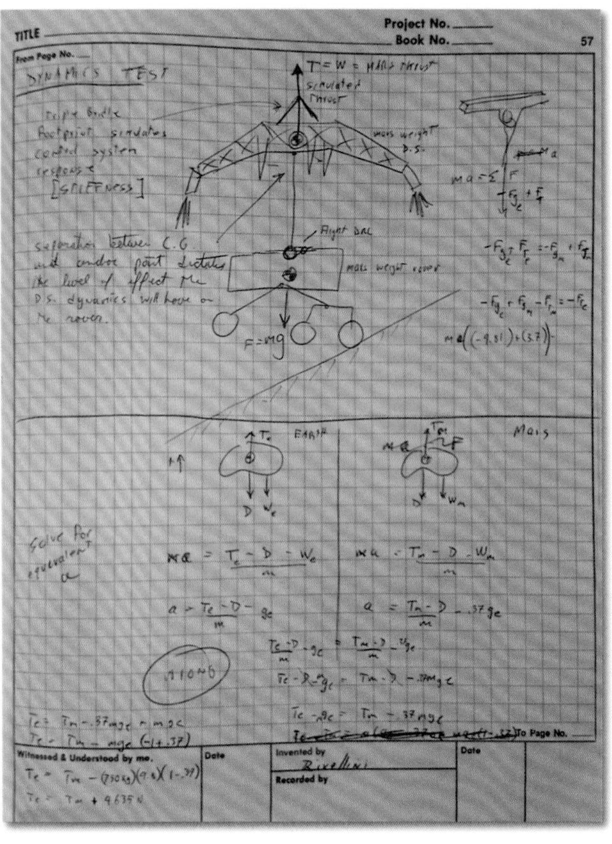

左上图：工程师们在否定了以往使用过的所有着陆系统方案之后，提出了“空中吊车”这个方式，并最终被采用。这里展示的是这个新方案最初期的一系列设计草图之一，由工程师汤姆·利弗里尼绘制。

右上图：这幅“空中吊车”的手绘草图表示的是火星车如何通过尼龙缆索从装有反推火箭的部件里垂吊出来，并在整套着陆器离火星表面足够近时着陆。这套方案最后的实际表现简直是完美的，令众人意想不到。

制造并测试了反推火箭和降落伞，并开始在4.5米宽的巨大隔热板上工作。几乎每个组件都出了自己的问题，但问题也被一个个地解决了，“好奇号”几乎准备完毕。

此时还差一步。任何能够降落至火星表面的东西，在出发之前必须接受消毒，以免地球上的细菌污染火星表面或探测器内的灵敏仪器。“海盗系列”的预算有1/10用于其充分、全面的净化过程，此项花销在行星探测任务中排在第一位。“好奇号”虽然没有执行如此高的标准，但它的这次任务仍然有一个复杂的消毒过程。它载有很多十分灵敏的电子设备，任务设计师既要认真清洁它们，又不能清洁过度，以防弄坏任何东西。

经过处于节俭状态下的多年测试、修改设计和推迟，“好奇号”终于准备发射了。2011年11月26日，NASA库存中最大的一枚运载火箭“宇宙神5号”载着它从卡纳维拉尔角点火起飞。

乘坐这枚火箭前往火星的“好奇号”在八个多月后的次年8月5日抵达。一如既往，由于无线电通信延迟时间太长，着陆器是自主操作的。在火星上的所有着陆都是高风险任务，但考虑到“好奇号”的体积和复杂性，以及它奇特的着陆系统和成本限制，加上没有备用复制品的事实，这次着陆的氛围尤其紧张。美国各地和其他许多国家都有大量的人聚集在巨型电视屏幕前，观看长达7分钟的惊险过程。在喷气推进实验室的媒体中心，更有几百名媒体人士被大屏幕施加了“定身法”。还有较少的一批人，主要是参与着陆任务的人和一些重要人物，待在喷气推进实验室的任务控制中心。

这部航天器在大约125千米的高度进入了火星的高层大气层，而其目标区域即着陆区只有19千米长，位于一个陨击坑的腹地，周围是峡谷和坑壁边棱（相比之下，“火星探测漫游者”的椭圆形着陆区长轴为154千米）。隔热板为它吸收了2093摄氏度环境下的热量；在一个漫长的滑行下降过程中，飞船的时速从20921千米降至1609千米，其间，机动点火帮助飞船保持着瞄准目标的状态。在降落阶段，飞船壳内的温度始终保持在10摄氏度的温和水平。

很快，一系列钨质的配重物体按照一个精心安排的时间顺序弹射出来，这会使飞船的重心变化，船身倾斜，便于在火星稀薄的空气中滑行，从而进一步降低速度。在11千米高处，隔热板脱落，同时，降落伞展开了。降落伞帮助“好奇号”把时速从1600千米降到274千米，然后在约1600米的高度与它分离。此时，机载雷达开始向计算机提供与火星表面的距离数据。

在一个很短的自由落体阶段后，反推火箭在不到1600米的高度点燃，帮助着陆器远离仍在下降的降落伞和保护壳。在离火星表面244米处，着陆器仍以每小时48千米的速度下落，车轮组此时可以随重力自由放出，并自然锁定到位。

在18米高处，着陆器的速度几乎减慢到悬停的状态。此时，“好奇号”被绞盘送到地面上。然后，缆绳被切断，让“着陆平台”飞走。

大约15分钟后，喷气推进实验室收到了着陆器发来的无线电信号。随着着陆任务的通信员艾尔·陈（Al-Chen）略显气喘地说“着陆已确认，我们安全到达火星”，房间里爆发出欢呼，各地的观众们或鼓掌、大笑，或难以置信地摇头、哭泣。至此，迄今最“顶级”的火星探险活动正式开始。

亲历者之声

汤姆·利弗里尼（Tom Rivellini）

“进入、下降与着陆”设备机械工程组组长

在“好奇号”的着陆系统设计最终决定之前的最后几天里，举行了最后一次“头脑风暴”会议。在这种会议上，不论谁提出多么离谱的想法，大家都会讨论。对此，利弗里尼回忆道：

“我们花了整整三天来评估让重型探测器在火星上降落的每一种可能的方法。米盖尔·圣马丁（Miguell Sanmartin）希望将他的团队学到的经验用进来，后者曾负责控制处于 20 米长的缆绳下的‘火星探测漫游者’的着陆器。在‘头脑风暴’会议期间，我们的思考一直围绕着如何简化着陆器的脱离方式。谈着谈着，我们又回到了一个疯狂的想法，那就是在使用米盖尔的‘缆绳悬挂’的同时，让火星车的轮子直接触地。我还记得当我们在白板上画出这个方案的草图时，我笑着说这做法太疯狂了。不过，一旦能忍住不笑话它，我们就开始从实际意义上喜欢这个想法了。如果它真能管用，那么我们一直试图解决的各种问题几乎都消失了。纸上得来终觉浅，我们准备突破概念层面，进行尝试，看看这个想法在白板之外是否行得通。令人难以置信的是，每一项分析都显示，这个‘空中吊车’的思路不仅没有疯，而且效果比想象的还好。我们都被它迷住了。”

如愿以偿

“好奇号”于太平洋时间2012年8月5日晚上10点32分安全抵达火星。它返回的第一张图片是一个“避障相机”提供的，这是通过透明的塑料保护罩拍摄的一张黑白照片，分辨率很低，但仍是盖尔陨击坑（Gale Crater）内部地面上的一幅令人惊叹的景象。

盖尔陨击坑这个着陆点也是经过一个艰苦的过程才挑出来的：许多科学家聚在一起，讨论他们最中意的着陆点，然后相互争论利弊，排除了好几个地点。几个月后，他们再次会面，又进行一轮辩论。最后，有一些着陆区在地质学上足够有趣，它们拥有足够多种的岩石和地形，且这些地区彼此相邻，处于容易驶往的范围内，因此入围。另外还有个同样十分重要的筛选标准，那就是拥有水曾经活动的迹象。地质学家们希望找一个能为他们收集大量有价值样本的区域来进行调查，该区域最好能有曾经与水相互作用的岩石，类似“冲积扇”，即在火星潮湿的那个历史阶段的一个水流出口处。在那里，会有许多类型的卵石和土壤被冲过来并沉积。这就是他们理想的选择。

然而，在这个问题上，工程师们也有发言权。最终选定的着陆点必须足够平坦，保证着陆器的安全以便其开展工作，而且这样也利于火星车较为畅通无阻地穿越周围的区域。凡是带有巨大裂缝的区域、地形复杂破碎的区域，以及有沙丘的区域都不予考虑。同时，着陆区域还必须有足够大的面积，以便放得下一个可供实际操作的、大小合理的着陆椭圆。另外，这个区域的地势最好比较低，因为低洼的地区大气密度更高，有助于着陆。这些因素和其他许多因素一起，都参与了决策过程。

盖尔陨击坑

这次着陆点之争的最终胜出者是盖尔陨击坑。这个陨击坑直径近 160 千米，因此提供了足够安全的着陆面积。来自“火星奥德赛”和“火星勘测轨道器”的图像显示出陨击坑内有一块相对平坦的地面，它提供了足够大的着陆椭圆，可以让着陆器相对安全地进入。那里也有足够繁多且复杂的地质条件，附近还有一处巨大的冲积扇，确保能有大量的岩石样本，其中许多岩石可能来自陨击坑的坑壁，甚至陨击坑的顶部。陨击坑的中心有一座估计高度 4267 米的山，这似乎是数千年来沉积作用的结果。研究这座中心山峰的各个地层，如同乘坐时间机器穿梭历史，能让我们看到这个地区几十亿年来的地质史。而且，多个地质类型汇聚在离可能着陆点不远的地方，为“好奇号”提供了很多机会。它可以使用激光光谱仪分析岩石，并使用钻机对其取样，把样本送到它自带的、精密的实验室中。因此，盖尔陨击坑赢得了着陆点的竞争。

埃俄利斯山（Aeolis Mons，又名 Mount Sharp）是个特别有趣的地点。它作为一座中心峰，看起来与月球上第谷环形山的中心峰相似，形成过程方面也没有太多的不同。第谷陨击坑和太阳系中的许多陨击痕迹一样，来自小行星或流星体对星球表面的撞击，其中心峰就是在撞击时出现的。这种冲撞所产生的巨大震荡往往会让一堆物质在撞击区中心“反弹”堆积起来，它们随后就可能固化成一座山峰。不过，盖尔陨击坑并不属于这种情况。

火星在历史上“饱经风霜”。在其中某个时刻，或许是38亿年前的某天，埃律西昂平原（Elysium Planitia）遭受了一次巨大的撞击，形成了盖尔陨击坑。这座直径154千米的陨击坑在诞生时并没有产生中心峰，即便有过，应该也是被彻底埋起来了。取而代之的是数百万年来的沙子、泥土和岩石，他们是大风从附近的平原上刮来或者流水带来的。然后，经过很长的时间，这些沉积物又被持续的强风“吹出”了这座埃俄利斯山。它是一座由一堆尘埃固结成的山，地质学家称它为“干草垛”。它剩下的山体中具有地质分层，几乎完美地记录了几十亿年的火星演化史，其中最古老的地层在最下方。

“好奇号”降落的位置在埃俄利斯山底部和陨击坑的坑壁之间。着陆区被命名为“布拉德伯里平地”（Bradbury Landing），以向著名作家雷·布拉德伯里（Ray Bradbury）致敬，他著有《火星纪事》（*The Martian Chronicles*）和其他许多虚构作品。

“好奇号”着陆后，在原地等了一个多星期，待工程师检测其系统。它在7分钟的着陆过程中似乎是“活”了下来，但有一个气象传感器失灵了，原因明显：落地时有一块乱飞的卵石击中了那个传感器。幸好，这样的传感器有两个，所以损坏一个还算是可以承受的。着陆基本上是完美的，现在是出发“寻宝”的时候了。

科学家们决定不直接去往山峰，而是先朝相反的方向走。附近有一个叫格莱内尔戈（Glenelg）的地区，它包括三个“地质单元”，或者说那里有三种不同的岩石类型。人们认为，在那里取样可以学到很多东西。关于这些地名，这里要说明

下图：“好奇号”在着陆一个半月之后来到了这个名叫“霍塔”的地方，这是一处古代的河床，充满卵石和层理结构。

下页图：“好奇号”在考察进行了两个月后到达“岩巢”，这里展示的是它的桅杆相机拍下的此处的风景。照片经过白平衡调节，以便使其中的岩石呈现出它们在地球环境中会呈现的颜色。

一下：以前的着陆器和火星车的任务组曾为探测器附近的地区和岩石起过许多异想天开的绰号，但这次，地质学家们使用了地球上著名的（至少对地质学家来说著名的）富有地质意义的地区名。地球上的格莱内尔戈位于加拿大的黄刀（Yellowknife）地区，是岩石搜集爱好者们很感兴趣的地方（这个名字很快也会与盖尔陨击坑坑体的一部分联系在一起），因此这个命名还是挺合适的。火星上的格莱内尔戈似乎具有层状的岩床，可以帮我们很好地了解火星早期的历史。因此，火星车开始以每个火星日 6 米的速度，“赶往”400 米外的这个地区。

轨道器的图像显示，格莱内尔戈地区的“热惯性”（thermal inertia）很高，这说明它能比沙子或砾石更好地保存自身的热量，也表明它可能由胶结的沉积物组成，许多沉积物在那里按时间顺序形成了精细分层，若在那里钻探将可以得到许多有价值的数据。在火星车自带的实验室里，化学和矿物学实验、四级杆质谱仪等也趁着途中的时间，进行了无人情况下的测试。这些测试提供了基准读数，并将识别出任何可能存在的污染物：如有必要，这些污染物的数据将来可以从样本的分析结果中减掉。

半路上，火星车来到一个地表已被破坏的区域，科学家给它取名为“霍塔”（Hottah）（这里再次以地球上一个有类似特征的地方命名）。这里的景象令人兴奋，正如负责这项任务的地质学家约翰·格罗辛格所说，它“看起来像是有人用重锤敲破了一小片城市人行道的路面”。它在周围相对平坦的谷底中明显以一个角度倾斜着，看

起来确实像一块在暴击下翘曲起来的混凝土板。团队经过仔细检查认为，在此可能会看到分层排布的各式卵石与淤泥。这里的卵石圆润光滑，与泥和沙子固结在一起。这清楚地表明，此处曾有长期的流水输送和沉积过程，跟地球上的古老河流非常相似。“好奇号”在几周之内就遇到了一处古老的河床。这也是表明火星过去存在过大量的、快速流动的水的第一个明确迹象。这些岩石通过一个较长的历史阶段，被移动了一段距离，然后沉积在陨击坑底部并胶结在一起。我们心目中的古代火星，此刻变得更加湿润。

兴奋归兴奋，但这里并不是寻找宜居环境的最佳场所，也不是寻找有机化合物的最佳场所，而后两者才是这次任务的主要目标。在接下来的几周里，火星车走到一个名叫“岩巢”（Rocknest）的区域，它在那里要使用机械臂收集一些样本，并将其放入化学和矿物学实验的仪器中。这次分析的结果并未震惊地球（也未震惊火星）：样本中发现的尘埃来自玄武岩或火山岩，这与你在地球上的一些地方（比如夏威夷群岛）找到的东西可能没有太多的不同，它只是古代熔岩流的结果。另外，古谢夫陨击坑的物质也有着类似的组成，那是“勇气号”在那里工作时发现的。尽管没有惊人的发现，但这毕竟是机载实验室的首次运行，它表现不错。结合对霍塔地区及其疑似沉积分层的观测来推断，由轨道器通过观测得出的盖尔陨击坑形成假说似乎是可靠的。该假说认为，岩床是由在水中泡了很久的物质形成的，而那些与水的相互作用程度有限的物质则是松散的表层物质，它们后来被吹到陨击坑里。这种想法看上去

没什么问题。

“好奇号”在驶入“黄刀湾”的过程中进展缓慢而稳定，它停下来采集了更多的样本，并使用化学和矿物学实验室以及四级杆质谱仪做了分析测试。2012 年 11 月下旬，美国国家公共广播电台（NPR）的一则报道引发了人们的猜测：在这些火星样本中发现了有机化合物，甚至可能有活的生物体。这个消息很快被许多“信息二传手们”接受，引发了公众的强烈兴趣。但在次月的一次重要的地质学学术会议上，任务负责人约翰·格罗辛格和负责四级杆质谱仪的科学家保罗·马哈菲（Paul Mahaffy）详细解释了相关的研究结果，此后大众的猜测平息了下来。简单来说，就是这些样本中确实发现了有机物，但尚不清楚它们到底是火星上的还是从地球带过去的污染物。格罗辛格提醒道，不能过早地下结论，他表示“‘耐心’是‘好奇号’的小名”。当然，

上页图：在任务进行到大约半年时，“好奇号”在火星上的“黄刀湾”用了好几天拍出了这张全景照片。太阳刚刚落入地平线下，在天际留下一块比其他地方更亮的区域。

下图：“机遇号”在它的第一个钻探点“约翰·克莱因”（John Klein）的“自拍照”。这张照片是通过一系列设计好的机械臂动作，利用机械臂末端的相机拍摄的一系列图片合成的，展现出“机遇号”的完整外观。

对页上图：这里介绍了“好奇号”如何使用激光对它准备钻取样本的位置进行测试。图中的左上部小图包含了测试孔和实际取样的钻孔。中上部的小图展示了两个取样钻孔之间的激光烧蚀印记。右侧的小图则展示了取样钻孔内部的激光烧蚀孔，这五个小孔的总跨度大约是一角钱硬币的直径。

对页下图：在“约翰·克莱因”地点打下的取样孔。图的右侧是一个试验性质的孔洞，位于图中心的才是真正取走样本的孔洞。

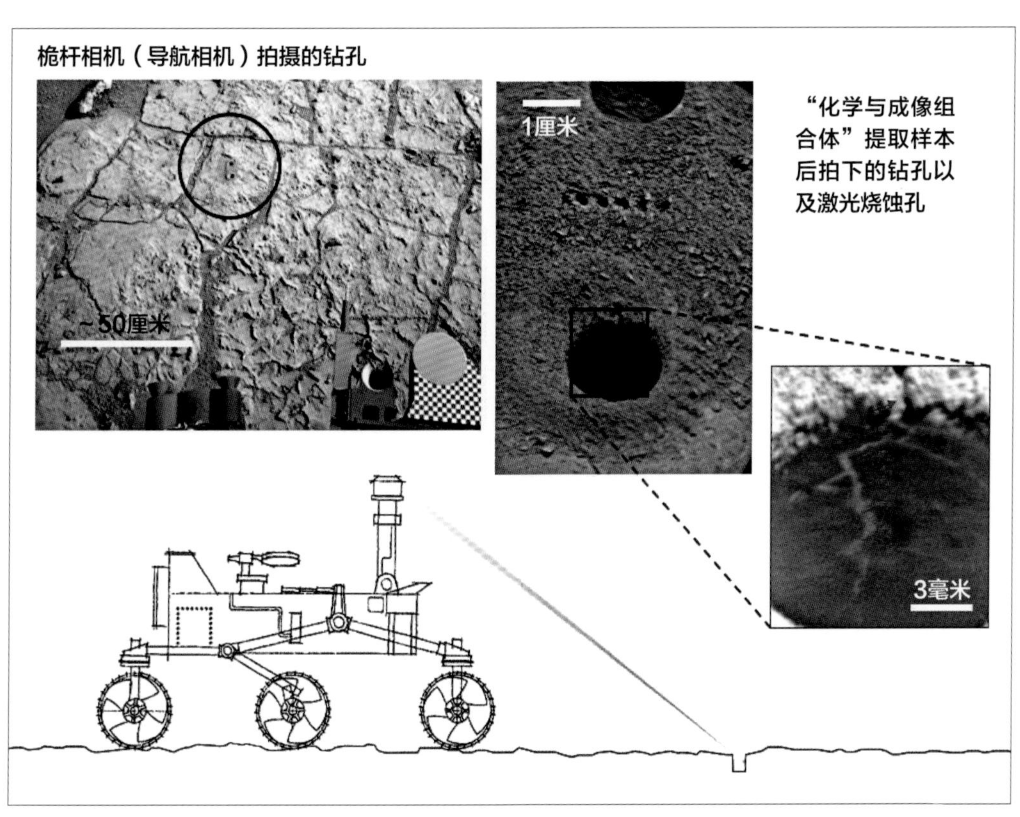
桅杆相机（导航相机）拍摄的钻孔
~50厘米
1厘米
“化学与成像组合体”提取样本后拍下的钻孔以及激光烧蚀孔
3毫米

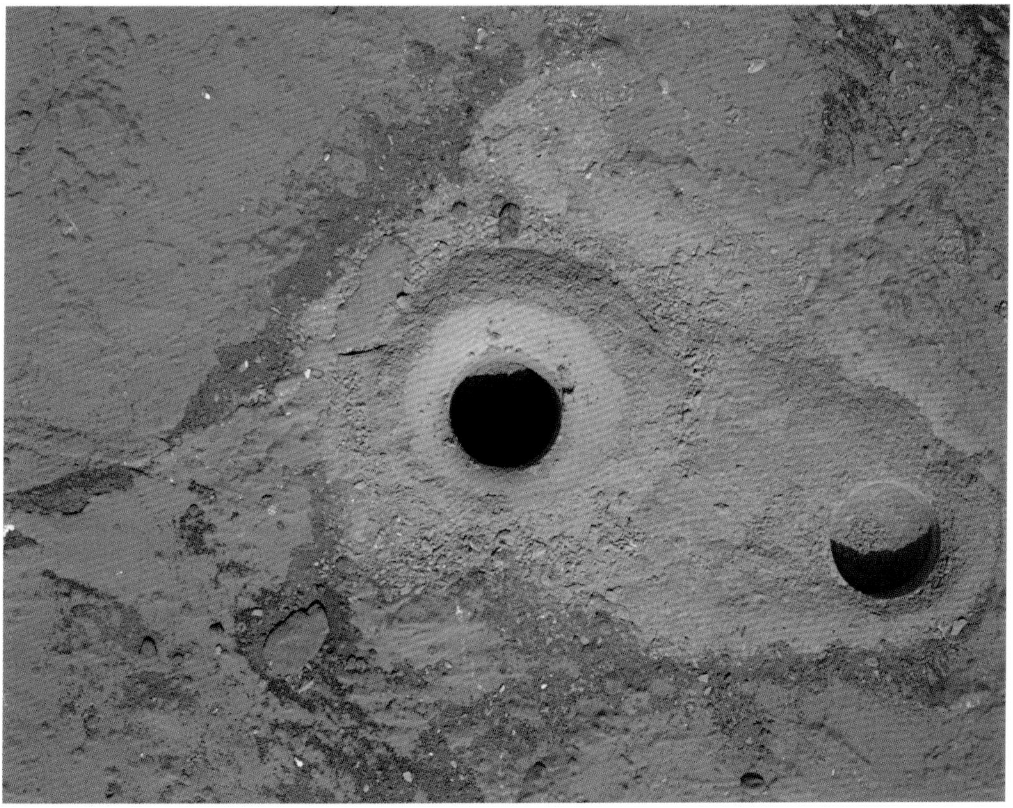

公众的兴奋会鼓舞任务团队，他们会随着任务的进展，继续进行彻底、细致的调查。

“一夜暴富”

2013 年年初，该任务又将迎来一个里程碑——“好奇号”的钻头首次使用。这个装置看着像一把螺丝刀或凿子，它可以在高速旋转的同时捶击岩石，从而将其变成粉末，以便进行分析。2 月中旬，地质学家们找到了一个他们一致同意的地点作为首个钻孔样本的采集处。这个被叫作“约翰·克莱恩”（John Klein）的地点位于“黄刀湾”，离格莱内尔戈只有约 61 米。火星车的漫游颇为耗费时间。

钻探进行得也非常小心。对上亿千米之外的机器人探测仪来说，任何仪器的首次使用都完全可能是最后一次使用。在对钻孔地点进行了一次全面分析后，火星车先是用 DRT 钢丝刷工具对岩石表面做了清理，然后让“化学与成像组合体”对岩石进行了激光烧灼，以确定其基本组成。接着，“机械臂”光学透镜相机摄取了岩石的微距影像。大家都认定“约翰·克莱恩”属于沉积岩，是河床型岩石，有可能是泥岩。所以，是时候对

约翰·格罗辛格

（John Grotzinger）

“火星科学实验室”任务科学家

约翰·格罗辛格是“火星科学实验室”任务的专职科学家，从这项任务的初始设计时期就参与工作，直到主要任务于着陆后两年宣告结束。他清楚地记得 2012 年 8 月 5 日的那次着陆：

“那是个令人难以想象的欢乐时刻。但我当时也坐在那里想，‘真希望这个地方能带来成果’。为了选择着陆点，我们花了很多时间，有六年吧。”

显然，“好奇号”的能力是出众的，正因如此，选择一个正确的着陆点就至关重要了。几十个候选地点经过艰难的争论，最终剩下一个——盖尔陨击坑，一座雄伟的尖峰在它的中心屹立。

盖尔陨击坑看起来能为每个研究者都提供一些东西，但其他的备选着陆点能为特定的研究领域提供更多东西。对盖尔陨击坑的犹豫在于，除了埃俄利斯山本身，它最初没有什么别的东西能俘获科学家的心。

“有人猜测，埃俄利斯山不过是一堆被风吹到一起的尘土罢了。所以，如果去了那里，可能什么也找不到。但关键是，这堆被风吹动过的灰尘一定也被水改变过，因为我们看到了黏土，看到了水合硫酸盐。”

在“好奇号”着陆仅六个月后，随着第一个钻样的分析结果出炉，着陆点选择的正确性变得无可非议。

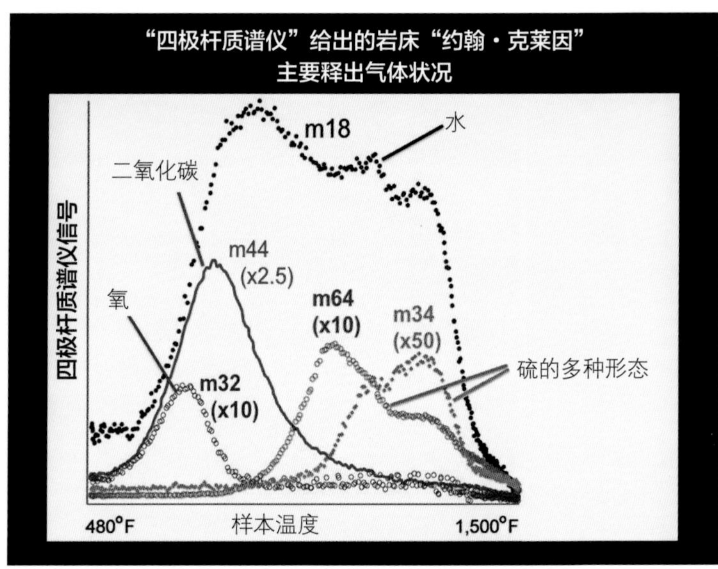

左图：火星车上的仪器评估了从钻孔中取出来的那一小点样本之后，给出了让人眼前一亮的结论：火星一度拥有宜居的环境，足以支持微生物的生存，只是现在尚不能确定火星上到底有没有过微生物。（译者注：图中480°F约为248.9摄氏度，1500°F约为815.6摄氏度）

其钻孔了。

不过，也有人对这次演练表示担心，毕竟钻孔设备曾在地球上的测试中出现过间歇性的短路。虽然容易出故障的部件已经重新设计并更换过，但冲击式钻探带来的猛烈震动，仍足以让工程师们感到紧张。为此，要以谨慎的频率和保守的力度使用这部钻机。它先钻了几个导向孔，随后终于钻下了一个取样孔。初次的惊喜立刻随之而来：这块岩石的表面是红色的（这是氧化铁的颜色，跟火星表面大部分的颜色一样），但来自钻孔内的粉末却是灰色的。这个发现颇具科学意义，它说明火星表面的氧化并不很深——至少在火星车所探测的这个地带就是如此。

钻探得到的灰色粉末被装进机械臂上的容器，随后一个较长的操作过程将其送到火星车顶部的漏斗之中，以便使之进入分析仪器。在进行这些分析的同时，"化学与成像组合体"还用激光在钻孔的内部又"烧"出了一系列的点，这样做是为了对钻孔内壁进行快速的光谱分析。

由于计算机工况不佳，化学和矿物学实验以及四极杆质谱仪的结果耽搁了一段时间才出炉。此事的结果正如总工程师罗伯·曼宁所说："我们找到了自己想要的。"或者如格罗辛格所言："我们'一夜暴富'了。"火星车搭载的分析仪器首次工作，对这个单一钻孔的样本做了研究，说明此次任务已经成功。至于结论？过去的火星曾经是宜居的，或许还曾有微生物在这里生活。那时，这里有着可以供人饮用的积水，很多地方的积水至少齐腰深。

"好奇号"任务已经解答了它需要解答的最主要的问题。任务当然还在继续，但每个人都可以松口气了——他们刚刚"交出了满意的答卷"，正如格罗辛格说的，已经满足了NASA对任务开头六个月的基本要求。

在源源不断的核能驱动下，"好奇号"探索的步伐没有停止。埃俄利斯山在远处隐约可见……

爬上埃俄利斯山

"好奇号"进入2013年后，轮番进行了更多次的钻探、土壤分析和化学与成像组合分析，得到一个惊人的结论：火星在遥远过去的某个时期，不但拥有可以容纳生命的环境，而且有可能是个一片苍翠、生机勃勃的地方。当时，适中的温度可能是火星天气的常态，还有大量无害的、可饮用的水，正如科幻小说家威尔斯（H. G. Wells）笔下的火星那样，它被包裹在"一个多云的、令人愉快的大气层"中。

但是，在取得这些成就的同时，工程师们也不断碰到机载计算机和内存方面的问题，而且这类问题反复出现。"好奇号"的运行依靠的是两个相同的计算单元（一个主力，另一个备份），使用的微处理器是 RAD 750。这款芯片的前身是军用级的 PowerPC 750，后来由 IBM 和摩托罗拉公司在 1997 年推向商业市场。以当今的眼光来看，这种芯片属于"古董"，毕竟它已经在市场上服役超过 10 年了。然而，军用的芯片都做过"强化"处理，更能适应恶劣的工作环境，更能抵御辐射。虽然它的计算能力总是比民用芯片落后好几代，但每片都价值几十万美元。当然，即使采取了防辐射的措施，火星车上的微处理器及其闪存元件也依然受到高能粒子的持续轰击，其性能因此不断降级。"好奇号"从降落到火星表面的头几个月开始，其闪存驱动器就可能常遭宇宙线击中，否则我们无法解释其间歇性的报错。工程师们可以用简单的指令处理这些问题，但这类情况持续发生，所以每次都需要把火星车的控制权从一个计算单元转移到另一个，同时再赶紧对出了问题的单元进行诊断，重新安排程序。

在 2013 年年初的几个月里，"好奇号"完成了对"黄刀湾"的巡礼。这些研究证实了在"约翰·克莱恩"的调查显示的结果：数十亿年前，火星的这一地区曾分布着大量的积水和急流，水体的化学成分适合生命存在，可以作为微生物的家园。

主要任务圆满完成

时间又到了 8 月，"好奇号"已经在火星上工作一年了，早已实现了它的主要任务目标。它总共在火星表面行驶了 1600 米，传回地球的照片达 7 万张，其化学与成像组合体总共向 2000 个目标发射了激光。

而此时，任务科学家们的工作才刚刚开始。后续的钻探样本不断提供着新的证据，帮他们完善对盖尔陨击坑的建模——更宽泛地说，是对整个火星的建模。这个陨击坑的底部已有近 40 亿

上图：“好奇号”的“大脑”是一块PowerPC芯片，上一代的苹果计算机使用的就是这个款式，只不过“好奇号”安装的芯片已经通过辐射工艺强化了，或者说做过“军用级处理”了。这样的运算单元装配了两个，彼此独立，以防其中一个意外失效。

年的地质历史，而且其中的大部分都在很漫长的一个阶段中被水覆盖着。陨击坑内的盆地充满了灰尘和沉积物，这些物质还只是经过了数百万年的大风吹拂后剩下的。

此时已经能够确认那里存在有机物，但有机物的来源还不能断定。任务的科学团队经过详尽的、反复的测试，确信这些有机物不是从地球带去的污染物，这一点让大家颇为释然。然而，疑问仍然存在：这些沉积物是火星上原生的呢，还是从火星之外的其他空间来的？有许多流星会形成陨石，其中一个已知的类型是碳质球粒陨石，

亲历者之声

阿什温·瓦萨瓦达

（Ashwin Vasavada）

“火星科学实验室”项目科学家

“‘好奇号’在火星上生活了将近四年后，表现依旧不错，只是有一些老化的迹象。我们很有可能已完成了全部任务的一半，这让我对我们的团队和火星车所做的一切感到十分自豪，同时也让我察觉到了一种紧迫性，我们还要竭尽所能去做好未来的一切。

“我们真的很想让火星车爬到足够高的地方，到达一个特定的岩石层。轨道器的数据显示，那里的岩石富含硫酸盐，原因或许是它们形成于一个更为干旱的环境中。从淡水湖到一个不断蒸发的咸水池，这种转换可以揭示出火星作为一颗行星是如何发生变化的。大约 36 亿年前，盖尔陨击坑形成时的火星，与如今‘好奇号’正在探索的火星有着天渊之别。当时火星的大气更厚实，能让那里的气候保持温暖，液态水的存在也更稳定。

“在接下来的几年里，‘好奇号’将经过埃俄利斯山的多个岩层，不断地爬升，去回答一个关于它所在的这个陨击坑的问题，也是一个关于长期湖泊的问题：这些湖泊作为埃俄利斯山形成过程的一个组成部分，到底能维持多久？进一步问，当地的气候转变成如今的这种寒冷、干燥的状态，是个逐步的过程，还是突然的？最重要的是，火星上那种可以为生命提供潜在栖息地的环境总共存在了多久？”

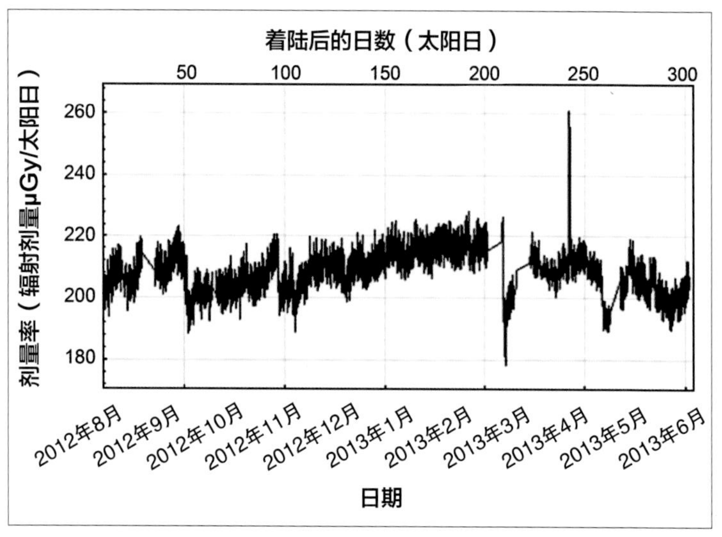

左图：这是“好奇号”在来到火星后最初的300天里测得的辐射强度变化状况。从读数水平来看，人类只要采取适当的防护措施，就扛得住火星上的辐射环境。当然，在第245天前后确实有一次辐射突然增高事件，其原因是太阳活动。

其成分包括有机形态的碳。它们形成于太阳系的幼年时期，并以很大的数量持续浮游在太阳系的周边，时不时地就来撞击月球表面和其他行星、卫星。“好奇号”发现的有机物，究竟是来自一块这类陨石，还是火星的“土产”，目前无法确定。“好奇号”本身并不是生命科学领域的探测任务，所以没有一种直接的方法去检测这些物质是否来源于生物。但这无论如何算是一项充满希望的进展，它给此次任务那已经很长的“成就清单”又添了一笔。

对火星表面样本的任何分析，都会因高氯酸盐的存在而变得复杂起来——高氯酸盐是一种渗透在火星土壤中的有害化学物质。另外，火星上任何暴露的表面也都在长达数百万年的时间里经受了来自太阳的过量紫外线的辐射。钻探取样有助于克服这些最坏的情况，而未来的任何尝试也都将在更强的钻探能力下取得更好的效果。我们可以钻得更深（至少 1 米），获取岩芯样本用于分析。任何生活在接近火星表面的生物，都可能死于来自太空深处的大量太阳辐射以及宇宙线。当然，也有例外情况，如受到峭壁保护的区域，或处于岩石下方的土壤，这些地方都是未来研究的可选目标，如 2020 年的火星车（“毅力号”）。

“好奇号”的工作时间突破一年的“大关”，也为我们提供了一个易用的基准参照，以估算未来的真人宇航员在火星停留超过一年后将承受的辐射剂量。仔细检查这些数字可以发现，如果一名宇航员使用约两年五个月的时间去执行火星任务（包括约 180 天去程、约 500 天驻留火星表面、约 180 天回程），在屏蔽防护最小化的情况下，他将受到大约 1 希沃特的辐射，这意味着他在回到地球后的生活中罹患癌症的风险将增加约 5%。所以，对未来的人类探险者来说，在往返火星的途中以及驻留火星表面时，首要任务就是充分屏蔽辐射。

古代火星的环境曾经是可以居住的，至少盖尔陨击坑附近如此，这一点现在是毋庸置疑的。在大约 35 亿年至 40 亿年前，这个陨击坑中的水

“可以喝”（这是任务科学家说的），其盐含量不高。同时，其 pH 值呈中性，含有铁和硫，这些化学物质可以给微生物提供营养。

现在是时候让火星车往高处走走了。“好奇号”经过一系列的驻停和调查，终于转向了埃俄利斯山。它必须沿着沙丘和崎岖的多岩地形穿过一些很难通过的地区，不过一旦起步，只要不图快，进展还是稳定的。“勇气号”在其任务（见第 130 页至第 140 页）中经历过令人恐惧的时刻，它多次被困在沙子中并随沙子而流动（最后一次则是致命的），但这个问题对“好奇号”来说不存在，这至少是因为“好奇号”的体积更大，车轮也更大。可是，另一个与火星地形有关的问题开始阻碍“好奇号”的漫游：大的车轮更容易受损。

“好奇号”的车轮在设计时，其牵引力、强度和轻便性之间做了精致的折中。它的每个车轮都由一整块铝加工而成，其大小和形状大致相当于一个小号的啤酒桶。它的表面金属包层极薄，带有由极为强韧的众多“抓地片”（又叫“牵拉楔”）纵横交错组成的结构。车轮的两侧都向内卷曲以增加强度，其内部中心线处还有一圈厚厚的径向轮辋。许多辐条把这个轮辋固定在轮毂上。这样的车轮看上去十分结实，而实践却说明它们其实相当脆弱。

当刺孔和撕裂开始出现在车轮上时，这一脆弱性变得明显起来。车轮先是有了几个小洞，然后出现了更大的裂口，其中一些具有拇指那样的长度和宽度。这些损伤开始遍布整个车轮，但只出现在抓地片之间的薄箔上，并不影响车轮的强度或形状。可无论如何，它们还是引起了工程师的关注。车轮本身带有一些事先加工出来的孔，以便在其行走于土地上时监测其转动的圈数，但这些孔都很小，而且是单行排列的。而现在，出现了更长的、位置更为随机的破损，看起来有可能危及车轮，进而危及整个任务。

喷气推进实验室的测试表明，火星车的车轮表面在某些特定情况下很容易被刺穿。虽然车轮的整体强度并没有因为这几处撕裂伤和穿刺伤而明显减弱，但这仍然是任务组的科学家们不愿意看到的。而且，就像是老天安排过的一样，“好奇号”偏偏在这时进入了一个满是最具杀伤力岩石的地区，你可以把这些岩石想象成一大片怪兽的尖牙。这里本质上是一片平坦的原野，但到处插着由各种诡异的侵蚀模式留下的参差不齐的尖刺，其间较松软的土壤已经在千年之前就被风吹走了，只留下这些“尖牙”。不管有没有风险，“好奇号”必须穿过这些尖刺，因为它已经被困在“没有出路”的地方，只能继续向前。

科学家们为“好奇号”选择了他们能找出的最安全的路线，甚至为此让它花了一些时间倒退着行进。“好奇号”的悬架设计，决定了它倒车时前轮受到的压力较小：若正向行车，有些岩石会刺穿车轮；但若倒车轧过它们，车轮只会出现一点凹陷。在脱离了这个地区后，火星车的“驾驶员们”选择路线时就谨慎多了，火星车甚至还在一条干涸河床中心的沙地上行驶了几百米，因为这是“驾驶员们”能找到的最平滑、最安全的表面。这个策略奏效了。

一处火星名胜

2014 年 6 月下旬，“火星科学实验室”小组庆祝了“好奇号”度过的第一个火星年，即 687 个地球日的长度，这也是它执行主要任务所耗的时间。这个项目最终又获得了两年的延长资助，

埃俄利斯山成了接下来探索的焦点。“好奇号”接近山坡时，进行了更多的钻探、取样和分析。然后，NASA在同年12月宣布，他们在这辆火星车附近检测到甲烷含量的惊人上升。这是个突发的情况，是此次任务完全没有预料到的，有关各方都对此感到困惑。正如你所知，关于“甲烷与火星”的故事既吸引目光，又让人迷茫。此次的这股甲烷像烟雾一样飘过，只在火星车周围停留了很短的一段时间，我们不知道它来自哪里。它的源头既可能是地质活动，也可能是生物。这一现象并未再次发生，但每个参与者都擦亮眼睛，期待着甲烷又一次突然增多。

新的钻探再次证实了有机物的存在，从样本中得到的其他数据也有助于确定盖尔陨击坑失去水的速度和时间。2015年年初，“四极杆质谱仪”检测到氮，这进一步表明火星曾经具备宜居性质。现在，火星能为饥饿的细菌们提供的食物包括氮、硫、氢、氧、磷和碳，当然还有阳光——尽管火星上的微生物可能都要生活在岩石内部，属于以岩石为食的“化能无机营养微生物”。

随着2015年时间的流逝，火星车开始驶入埃俄利斯山的山麓地带。这里有山谷横切而过，但也有一条坡度很缓的路通往山谷。“好奇号”经过这里后，又慢慢爬升，访问埃俄利斯山。它送回地球的数据表明，随着爬坡，它下方地层的状况也发生了明显的变化，在某些地段，硅石的含量远远高于山脚附近玄武岩的含量，几乎占到岩石中的90%——这是与水有相互作用的表征。但这在更宽泛的背景下又能反映出什么，以及为什么这些特定的岩层之中硅含量如此之高，仍只能存疑。

在2015年即将收尾之际，“火星科学实验室”团队的主要成员发表了一篇重要的科学论文——这次任务发表的相关论文有数十篇之多，这篇只

上图：“好奇号”在从黄刀湾前往埃俄利斯山的过程中，必须经过“丁戈沟”（Dingo Gap）里的一个大沙坑。它在通过沙坑之前认真地进行了牵引力测试，实际穿越过程中也走得十分小心，速度很慢。

右中图：这些车轮来自三代不同的火星车设计。中间最小的那个来自“火星探路者号”的火星车“旅居者号”，左侧的是“勇气号”和“机遇号”使用的款式，右侧的最重，是“好奇号”使用的。

右下图：“好奇号”在穿越盖尔陨击坑内部的区域时，其车轮上增加了不少的刺洞和裂口，这里展示的是其中一处。车轮表面的金属比较薄，容易破损；而那些“抓地片”使用的金属就结实得多，而且还被车轮内部的轮辋加固了。

上图：2015年5月，“好奇号”到达“玛丽亚隘口”（Maria's Pass），这里很早以前被泥石流冲击（见图中部颜色较浅的带状区域），如今已经被许多更晚近的岩石和沙土覆盖。

右图：蒙上了一层红色尘埃的“好奇号”在“温迦那”（Windjana）地区自拍，它在这附近还钻取了一份砂岩样本。

是其中之一，但它的内容有独特之处：对“好奇号”降落火星之后的各项行动做了一次总结。

论文作者证实，盖尔陨击坑里满是沉积物，在 33 亿年至 38 亿年前，那里活跃着一些长期存在的溪流和湖泊。所以说，比起如今的火星，古代的火星更像今天的地球。但在 4 亿年至 5 亿年的时间里，这个陨击坑内部的低洼地区就被填满了，这个速度比以前估计的要快很多。基于轨道器给出的观测图像，这种沉积层的推测厚度在 183 米至 213 米；但整合所有数据来看，盖尔陨击坑中的沉积最厚处可能有大约 800 米，其中深度不足 213 米的地层可能是由风的沉积作用造成的，而不是流水沉积的产物。考虑到短短 5 亿年的时间，这真是一个不得了的沉积厚度。

在这篇论文发表的同一个月，NASA 宣布，他们发现火星上仍然活跃着季节性的、小股的水流。这种水流的含盐度极高，会在温暖的天气中出现，但很快就会消失，蒸发成稀薄的气体。然而，“好奇号”发现的这些古代的火星溪流、湖泊和河流都属于庞大的水体，目前还不清楚它们是如何长期维持的。地质证据表明，古代火星大气的密度更高、湿度更大、温度更高，但这种古代气候模式并不能与当前地质学家所看到的状况在思维上联系起来。于是，问题又回到了那些研究古

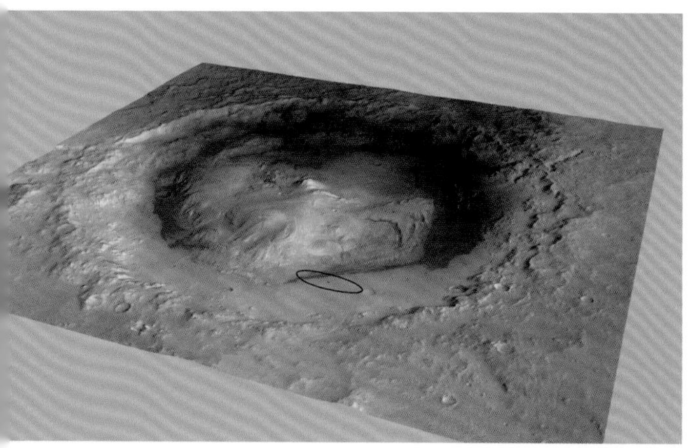

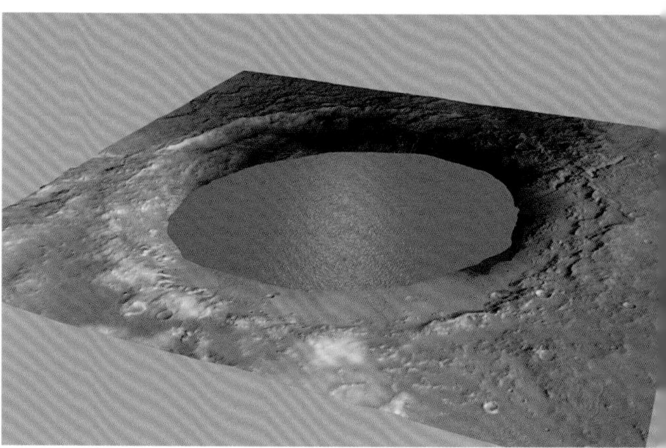

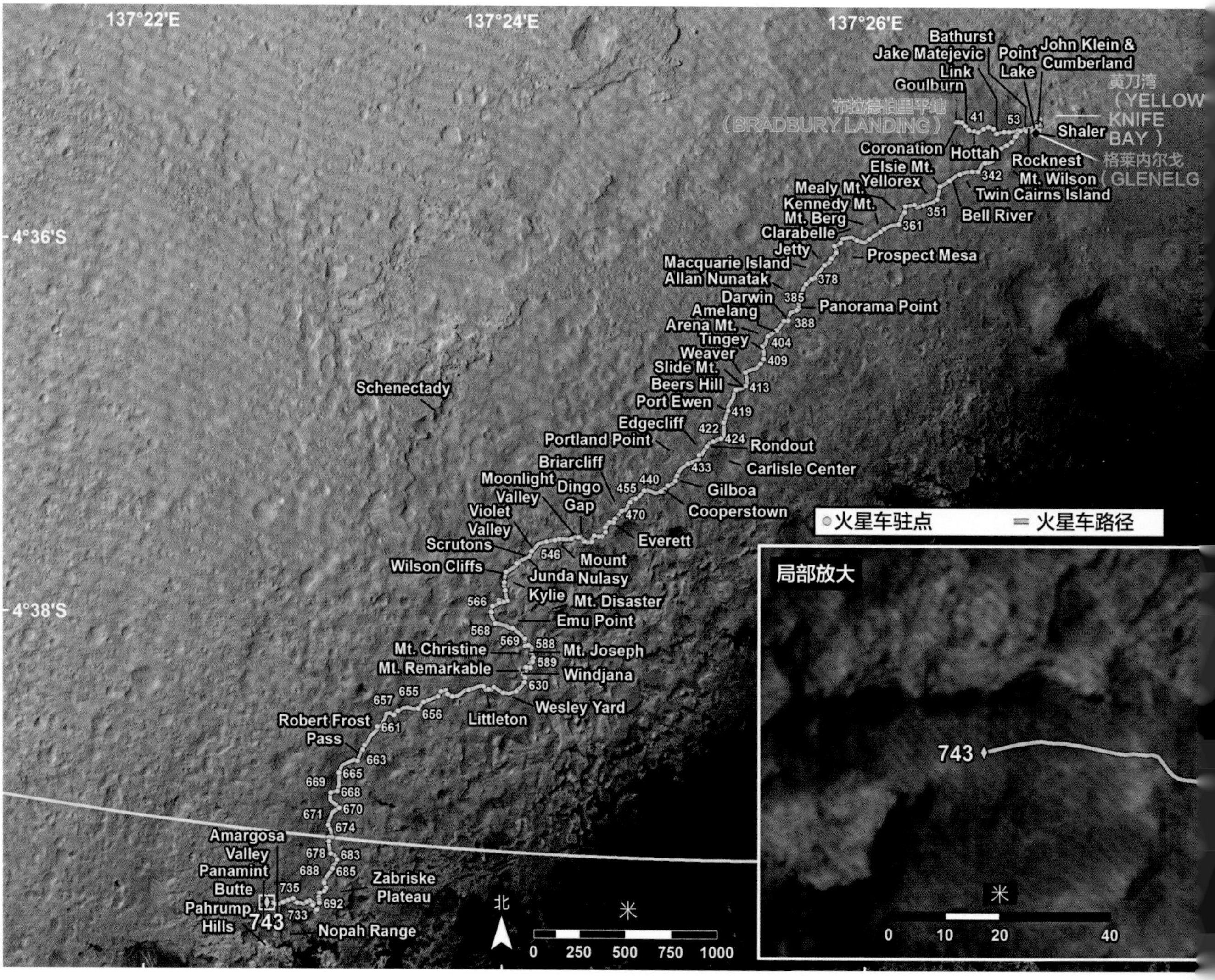

137°22'E
137°24'E
137°26'E
4°36'S
4°38'S

Bathurst
Jake Matejevic
Point Lake
John Klein & Cumberland
Link
Goulburn
黄刀湾（YELLOW KNIFE BAY）
布拉德伯里平地（BRADBURY LANDING）
41
53
Shaler
Coronation
Hottah
Rocknest
格莱内尔戈（GLENELG）
Elsie Mt.
Yellorex
342
Mt. Wilson
Mealy Mt.
Twin Cairns Island
Kennedy Mt.
351
Bell River
Mt. Berg
361
Clarabelle
Jetty
Prospect Mesa
Macquarie Island
Allan Nunatak
378
Darwin
385
Panorama Point
Amelang
388
Arena Mt.
Tingey
404
Weaver
409
Slide Mt.
Beers Hill
413
Port Ewen
419
Schenectady
Edgecliff
422
Portland Point
424
Rondout
Briarcliff
433
Carlisle Center
Moonlight Valley
Dingo Gap
455
440
Gilboa
Violet Valley
470
Cooperstown
Scrutons
Everett
546
Mount
Wilson Cliffs
Junda
Nulasy
Kylie
Mt. Disaster
566
Emu Point
568
569
588
Mt. Christine
Mt. Joseph
589
Mt. Remarkable
Windjana
630
657
655
656
Littleton
Wesley Yard
Robert Frost Pass
661
663
665
669
668
671
670
674
Amargosa Valley
678
683
Panamint Butte
688
685
735
Zabriske Plateau
692
Pahrump Hills
743
733
Nopah Range

火星车驻点
火星车路径

局部放大
743
米
0 10 20 40

北
米
0 250 500 750 1000

代火星气象的理论家的草稿纸上。

也许，在讨论“好奇号”的最新发现时，约翰·格罗辛格的话最能概括这次任务：“过去我们倾向于认为火星很简单，我们曾经认为地球也是这么简单，但是你看到的多了，问题就来了，因为你会开始了解我们在火星上看到的实际情况的复杂性。现在是个重新评估我们所有假设的好时机，某些环节有某些信息缺失了。”

而这恰恰是继续实施一系列火星探测任务的最佳理由。“火星生命”（ExoMars）的轨道器、着陆器计划于 2021 年或 2022 年发射；NASA 的“洞察号”（InSight）已经于 2018 年到达；“火星 2020”（后定名“毅力号”）火星车则已于 2020 年 7 月 30 日发射。这几颗先进的探测器可能为我们找到那些缺失的信息。

对页左上图：如今的盖尔陨击坑外观的计算机建模图。“火星科学实验室”的着陆椭圆位于这座陨击坑内部的平地，具体位置在该图中已经标出。

对页右上图：利用盖尔陨击坑的地形测量数据生成的这张图片，复原了35亿年前这座山中积水充盈的景象。

对页下图：“好奇号”从降落到2015年中期的行走轨迹图。轨迹的尾端是“帕赫鲁普山”（Pahrump Hill），在该图中插入了放大的小图来展示，那里含有属于盖尔陨击坑的一些最为古老的岩层。

左上图：“好奇号”开始执行任务三年之后，于2015年9月拍摄的这张照片中是高耸的埃俄利斯山。它处于该照片中的前景位置，距离相机约3千米，蕴含有大量的赤铁矿。如果这里从未有水的存在，是不可能有这么多赤铁矿的。

下图：登山的起点——这是埃俄利斯山麓的众多小丘。“好奇号”登上作为盖尔陨击坑中心峰的这座高山的过程由该区域开始，并在这里发现了许多更为晚近的岩层。关于盖尔陨击坑形成过程的许多疑问，以及关于水在火星古代史中的地位问题，都能在此得到回答。

对页图：2016年年初，“好奇号”来到了“纳米布沙丘”（Namib Dune），在此，它用自己出故障的一个车轮在地上拖行，以检测当地沙子的性质，还取了一份沙子样本放进自带的分析仪器。

上图：2016年3月，“好奇号”来到这片名为“塞斯瑞谷”（Sesrium Canyon）的古老的风化岩石区。在此考察时，一个“好奇号”核动力电源的老毛病又犯了，那就是短路。这让“好奇号”的行进速度降低，考察活动受到干扰，但好在还没导致它不能动弹。

协作互补："火星大气与挥发物演化探测器"和"曼加里安号"

火星探测任务曾经在几十年的时间里只有苏联/俄罗斯、美国这两个主体来实施，在结果方面，美国略胜一筹。飞往火星的航天器总体折损率接近一半，其中多半发生在苏联的火星探测器上。日本曾在1998年尝试发射小型的绕飞火星探测器，但任务也失败了。在取得火星数据方面，美国暂居优势。

2003 年，欧洲的"火星快车号"成功地进入绕火星运行的轨道（见第 117 页），使欧洲成为实现绕飞火星的第二支力量，而且这也是欧洲的首次火星探测。俄罗斯最近一次探测火星的尝试在 2011 年进行，名为"火卫一－土壤"（俄文 Фобос-Грунт，英文 Fobos Grunt），携带了两颗绕飞火星的探测器，其中一颗来自中国（译者注："萤火一号"）。可惜这次俄罗斯发射的飞船未能成功离开绕地球的轨道，后来于 2012 年失去控制，在重返地球大气层时烧毁。与此同时，NASA 坚持每隔几年尝试一次火星探测任务。

但在 2013 年，形势出现了变化。在"水手 4 号"首次成功飞掠火星（见第 29 页）的 48 年之后，火星探测队伍中又出现了"新势力"。印度于 2013 年 11 月发射了自制的"曼加里安号"（Mangalyaan），即"火星轨道器任务"（Mars Orbiter Mission）。这颗探测器于 2014 年 9 月 24 日进入绕火星的轨道。

印度的进场

印度的这次活动，并未用租借来的火箭去发射小型的、试验性的探测器："曼加里安号"的质量接近 1340 千克，并使用印度自产的"极轨卫星发射载具"（PSLV）发射。印度作为第四支到达绕火星轨道的力量，对这次成功自然非常高兴。其实，这次任务背后也有 NASA 提供的咨询、追踪和导航协助，并在监测环节借用了美国较为成熟的"深空通信网络"（Deep Space Network）。不过，这次任务的设计、组装和发

对页上图：火星轨道器"曼加里安号"的任务工程师正在印度空间研究组织（India Space Research Organization）的控制中心里监控它的动向。

对页下图：在一间"静室"里进行的电磁干扰测试，这里的装置可以屏蔽掉所有的电磁波。

射都是在印度国内完成的。同时，印度也在试图建立自己的深空通信网络，用于与探测器联系。印度的火星探测任务成本低得惊人，据估计只有7000多万美元，这在行星科学探测中真的属于超低价了。

“曼加里安号”的设计是在印度早期的月球探测器“月船”(Chandrayaan)的基础上进行的，后者在2008年造访了月球。也是在2008年，印度初步宣布，他们下一次外星探测的目标是火星；2012年，印度政府批准了这一任务，发射时间定在2013年，留给印度人制造自己第一颗火星轨道器的时间并不宽裕。这也创下了跨行星探测器任务筹备的最快纪录。

虽然该任务从许多方面来说都只是一次技术测试，但印度人的科学目标不可小觑。“曼加里安号”除了对火星表面进行常规调查，还将在火星大气中寻找甲烷，并探测火星大气持续向太空流失这一现象的高层大气动力学与机制。它携带的仪器包括一台拉曼-α光度计（LAP），用于研究水分向太空的流失；一台火星甲烷传感器（MSM）；一台火星外层大气中性成分分析仪（MENCA）；一台质谱仪，也可以参与在其他目标中寻找甲烷的工作；一台热红外成像光谱仪（TIS），用于测量火星表面温度，这对研究其矿物分布极为重要；一台火星彩色相机（MCC），用于获取照片。

这颗探测器在完成最初六个月的任务后，被批准继续运行，在不确定的未来拼一拼。它仍然剩有大量的机动燃料，可供长期使用；它成功地监测着火星大气中的尘埃浓度，以及不同高度上的物质成分；它还研究了火卫二，用自带的相机拍摄了罕见的火卫二背面照片，发回地球。火卫二已被火星引力“潮汐锁定”，所以总是以同一面对着火星，而它背对火星的那面要比朝向火星

曼加里安号

任务类型：火星轨道器
发射日期：2013年11月5日
发射工具：“极轨卫星发射载具”
到达日期：2014年9月24日
终止日期：（任务尚在继续）
任务历时：约1年6个月（包括6个月基本工作和多次延长服役）
航天器质量：1337千克

那面平滑得多，色调也不同，这一有趣的事实给今后的研究开启了新课题。

“火星大气与挥发物演化探测器”之路

在印度发射火星探测器后几周，NASA 也把自己期待已久的“火星大气与挥发物演化探测器”（Mars Atmosphere and Volatile Evolution，MAVEN）送上了旅程。从名字即可知，它旨在研究火星大气为何大量散失到太空中去。它于 2014 年 9 月 22 日到达火星（比“曼加里安号”早了两天），属于美国新近的小型探测任务之一，“凤凰号”着陆器也属于这一类。“火星大气与挥发物演化探测器”和“曼加里安号”几乎同时抵达火星，美国航天和印度航天在此也形成了鲜明的对比（以及互补）：探测火星已有半个世纪的 NASA 以一颗目标相当明确的火星探测器，遇到了一个新的航天国家为了验证自身的行星探测技术而发来的一颗多项全能型探测器。

上图：2013年“火星大气与挥发物演化探测器”的标识。

火星大气的演化是我们未知的领域。登陆的火星车提示我们，火星在遥远的过去曾经是个郁郁葱葱的地方，有很多的长期水体存在，最近的估计表明这个时期大约处在 35 亿到 40 亿年前。这一来自执行“火星探测漫游者”和“好奇号”任务的地质学家团队的判断，支持了数十年来的推测，即火星上的侵蚀模式由水引起，这些侵蚀情况从“水手 9 号”开始就可以见于轨道器拍摄的图像中了。然而，其他科学家——那些研究火星古代气象、气候的专家（他们实际上有一个专用头衔“古气候学家”）并不能认同这一点。当前火星上的水要么迅速蒸发，要么立即冻结，而古代火星的大气既然能防止这些情况，就必须足够稠密且温暖，但古气候学家并没有找到相关的证据。那么，证据去哪里了？这就要牵扯火星上发生的极端变化：据估计，火星已经失去了 99% 的古代大气，这也是“火星大气与挥发物演化探测器”的主要研究课题。

这颗探测器的设计来源于“火星奥德赛”和“火星勘测轨道器”，制造者也与后两者同为洛克希德－马丁公司。但由于它的任务有很具体、很专门的指向，它的科研装备也与以前的轨道器有些不同。它带的所有仪器都是为研究火星大气而设计的，而且没带任何影像器材。它的设备包括分析太阳风及其与火星大气的相互作用的多种仪器；测量火星弱磁场的磁强计（火星的磁场太弱，被认为是它的大气随时间推移而流失的主因）；测量火星外层大气的成像紫外光谱仪（Imaging Ultraviolet Spectrometer，IUVS）；检测火星大气组成的中性气体和离子质谱仪。另外，还有一种仪器类似“曼加里安号”的“火星外层

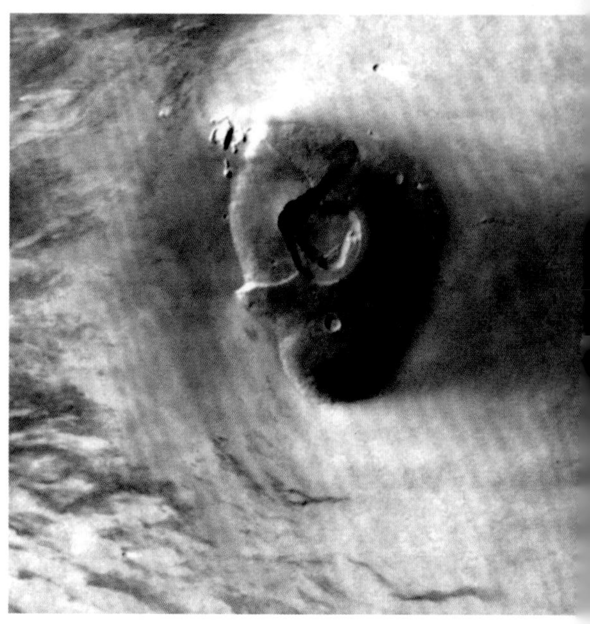

左上图：由“曼加里安号”的“火星彩色相机”拍摄的盖尔陨击坑，那里是“好奇号”科学考察的大本营。

右上图：“曼加里安号”拍摄的大火山——塔尔西斯。它是由“水手9号”发现的，其火山口最宽处有155千米。

右图：这幅轨迹图展示了美国的“火星大气与挥发物演化探测器”这一轨道器到达火星的方式。它在第一次掠过火星时，消耗了一半的燃料用来减速，从而进入一条偏心率很高的绕飞火星的轨道，如图所示。接着，火箭点火将其推入最终的工作轨道。它并未像以往的轨道器那样利用火星大气来制动，而它预定的科研任务本身就需要它深入火星大气的内层。

对页图：2013年11月18日的美国佛罗里达州卡纳维拉尔角，“宇宙神5号”运载火箭将“火星大气与挥发物演化探测器”送上征途。

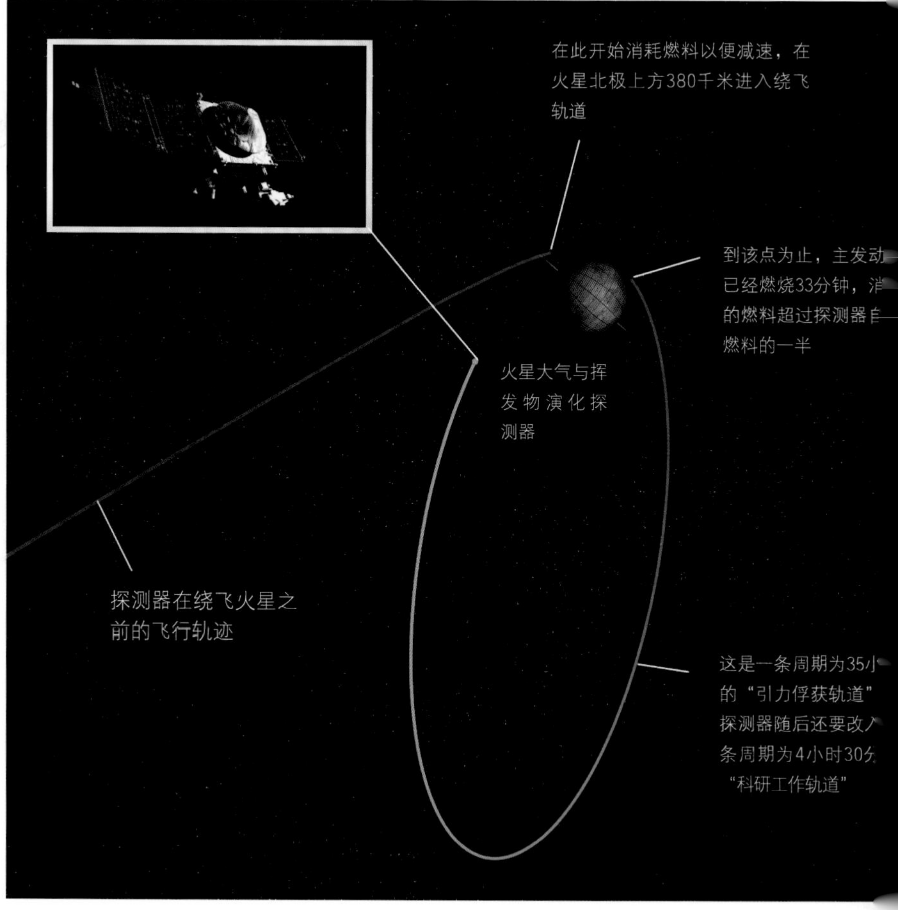

MAVEN
ULA

上图：工程师们在为“火星大气与挥发物演化探测器”的飞行做准备，这颗探测器的身量可以通过它与工程师身高的对比看出来。

大气中性成分分析仪”。

这颗探测器的预算有限，但它并没有因此而变成“轻量级”。它的主体呈立方体，边长约 2.4 米，而在太阳能电池板展开后，总宽可达 11.5 米，总质量达 2449 千克。

在它第一年的观测结束之后，研究人员得出结论：“祸首”正是太阳风。这些由太阳发射的高能粒子对火星的持续轰击，导致火星缺乏足够强的磁场，进而剥夺了火星的大部分古代大气。这个结果符合预期。他们还发现，在“太阳风暴”

期间，由于来自太阳的能量水平较高，火星的大气损耗速度也会上升。我们记录到的这个速度约每秒 113 克，对一颗行星来说，这个损耗率看上去并不高，但经过数十亿年的积累，效果就很可观了。正因为火星大气的损失会在太阳更活跃时加快速度，而太阳在其早期历史中活动水平又特别高，火星才在漫长的时光里遭受了这么严重的损害。火星的大气在遭此重创之后，密度只剩下原来的 1%。

来自太阳的高能粒子主要是质子和电子，当它们以高达 160 万千米的时速撞击火星时，就会形成一个电场，这很像一部“发电机”，反过来也让火星大气中的离子加速，促使它们飞离火星，进入太空。这种作用已经持续了很长的时间——数十亿年，这个漫长的过程造就了一个寒冷、干燥的火星。

关于火星大气的损失，“火星大气与挥发物演化探测器”还在继续调查更加细化的问题，但火星大气变得稀薄的根本原因似乎已经找到了。我们明白了火星为何会从过去那个潮湿的、可能宜居的地方，变成当前这片惨淡而寥落的荒野。该探测器在其任务的延长期中，将继续填补剩余的空白，而印度的下一次火星探险也将继续研究一些问题，并暂定于 2018 年登陆火星。[1]

1 译者注：该后续任务暂名“曼加里安2号”，经多次推迟后，目前宣布不会早于2022年发射，待其技术测试全部完成方可实施。“曼加里安2号”包括着陆器和火星车，重点研究火星的形态。

下图：火星大气散失过程的演示图，这一过程也是“火星大气与挥发物演化探测器”的主要研究对象之一。三幅小图代表火星大气中三种不同的元素在来自太阳的高能粒子打击下从火星逃逸的情况。地球有磁场保护自身的大气层，而火星缺少磁场。

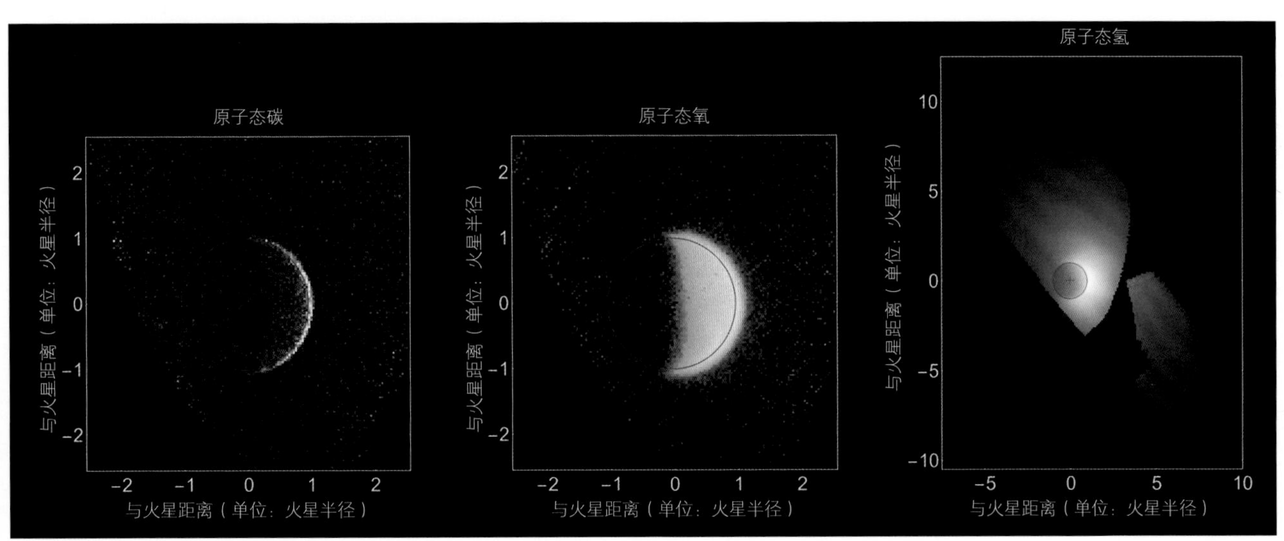

左上图：这幅艺术化的图像表现了太阳风冲击火星的情况，海量的高能粒子几乎将火星大气物质剥夺殆尽。火星与地球不同，它的磁场极为微弱。

左下图：反观地球，由于磁场比火星强劲得多，太阳风粒子会被集聚起来，并导往其他方向。

上图："太阳风暴"现象的艺术概念图。太阳释放出的能量会在短时间内激增，并将火星大气中的离子驱逐出去。

火星大气与挥发物演化探测器

任务类型：火星轨道器
发射日期：2013年11月18日
发射工具："宇宙神5号"火箭
到达日期：2014年9月22日
终止日期：（任务尚在继续）
任务历时：超过6年
航天器质量：809千克

后续任务："洞察号"和"火星2020"

飞往火星的航天器每隔两年就有一个很好的发射窗口期，这始终催促着我们在这个方向上努力。但是，在资金的局限和任务进度的屡屡延宕之下，我们不是每次都能轻松地抓住这些发射机会。在"火星大气与挥发物演化探测器"与"曼加里安号"于2014年双双飞临火星的同时，NASA还打算发射一部火星表面着陆器，那就是"洞察号"（InSight），它于2018年到达火星。这次前沿探测类任务的预算上限为4.25亿美元，因此项目组有针对性地改造了"凤凰号"火星着陆器（见第160页）来实施此次任务，以节省时间和金钱。这次要探测的是火星表面下方的深处，想寻找一些能彻底确立火星探测意义的东西。

对火星内部的新观察

"洞察号"与"火星大气与挥发物演化探测器"的相似之处在于，它们都是以研究特定主题为目标、进行过专题设计的探测器，要考察火星的地质构造，收集关于火星整体结构的数据。火星是太阳系的类地行星之一，与水星、金星、地球一样拥有岩质的身躯。另外的四颗行星（木星、土星、天王星、海王星）则都是气体星球，其演化路径跟类地行星相比可谓殊异天渊。通过研究火星那从远古时代就基本未曾改易的表面，我们已经掌握了不少关于火星乃至类地行星的知识。诚然，火星表面也经历了风沙的洗礼和上古时代流水的磨蚀，但与数十亿年来遭受极端天气侵袭，又被剧烈的构造运动破坏过的地球表面相比，火星真算得上一座自然历史博物馆了。

火星的内部结构及其动态，目前依然是行星科学界茫然无知的一个主要领域。若能好好研究火星的高温内核（当然它比地核小得多）、幔部

对页图："洞察号"着陆器于2018年5月5日发射。它的重要组件包括带有防风及隔热罩的地震感应器，以及进行钻孔热流探测的"热流与热物理探测包"。这两组设备对应的是"洞察号"的中心任务，即探测火星内核。

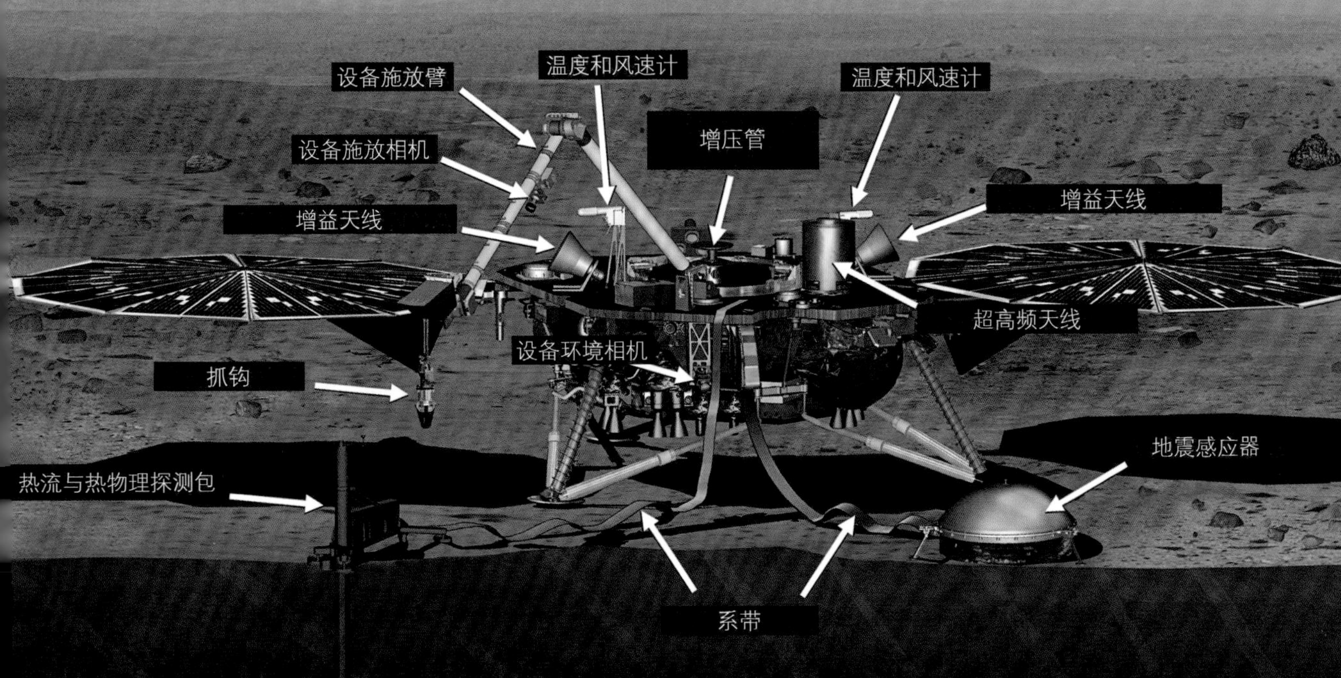
设备施放臂
温度和风速计
温度和风速计
增压管
设备施放相机
增益天线
增益天线
超高频天线
设备环境相机
抓钩
地震感应器
热流与热物理探测包
系带
热流探测仪

和壳层，并将其结果与地球上的已知情况进行比较，就将为岩质行星的早期演化史带来许多新的认识。

为达成目标，质量达到 363 千克的“洞察号”携带了一组特别设计的科学装备，其中有两台探测设备是最为重要的。其一是“内部结构震动实验”（Seismic Experiment for Interior Structure，SEIS），它是一台在火星上使用的地震仪，通过测震来解读火星的内部结构。其灵敏度很高，对离自己很远处的陨石撞击火星事件也可以察觉。当年的“海盗系列”（Viking）着陆器上也带了几台地震仪（其中仅剩一台能运行），但其灵敏度远远不能拿来与“洞察号”的同类仪器相比。其二是“热流和热物理性质套件”（Heat flow and Physical Properties Package，HP^3），用于测定从火星内核传递至其表面的热量。

此外，飞船还搭载了“自转与内部结构实验”（Rotation and Interior Structure Experiment），将借助飞船本身的无线电信号，以更高的精度测量火星的自转情况，这将有助于推定火星深处的结构和质量分布。着陆器上的两台小型相机（分别位于其“平台”上和机械臂上）负责给“内部结构震动实验”提供定位信息，并观察其测震工作的进行。另外，着陆器上还配备了一部地磁仪和气象站，可说是装得满满当当。

HP^3 的热流动实验是首次在火星上进行的此类实验，会对今后关于这颗红色行星的研究产生长远的影响。20 世纪 70 年代，“阿波罗”系列任务曾在月球上布置了类似的设备，但当时为了把设备架起来，要由宇航员亲手操作，让脆弱易坏的基桩扎进月面。“洞察号”则首次尝试用机器人来完成同样的事情：长度 45 厘米的钻头将在一部掘进装置的帮助下，深入火星表面以下 5 米的地方。钻头后面的一条电缆中，含有许多加了防护的传感器，相邻的传感器之间距离相等。科学家们要通过这些位置各异的温度传感器来测量从火星深处辐射出来的热量的变化率，以此推断考察地点的地质构成，以及火星核心区的结构。

“洞察号”降落至火星后，要用它的机械臂抓住“内部结构震动实验”上的那种地震传感器，将其施放到火星表面并“松手”，以便完成安装。这种操作也是首次在火星着陆器上尝试。虽然有备而来，而且看上去挺容易，但在这种依靠机器人的不载人行星探测任务中，每个首创性尝试其实都需要反复的测试，要在地球上模拟并研究所有可能出现的失败场面，直到我们完全掌握其机理并加以预防。在设备平安降落火星、安装完毕并开始发回数据之前，热流探测、地震监测等所有这些在喷气推进实验室工作的技术团队都是捏着一把汗的。

“洞察号”工作期间还要负责测试一项关于火星轨道器的通信技术，即在围绕火星的轨道上部署两颗“小卫星”（cubesat，这个词专指一种小体积的立方体卫星），让它们绕着火星飞行。这两颗微型轨道器将作为通信中继站，主要负责在“洞察号”着陆器向火星表面降落的过程中接收由它发来的无线电信号，然后再反馈回去。如果它们奏效，那么未来在绕火星的轨道上布置更多这类卫星的可能性将大增，以给着陆器提供支

对页图：“洞察号”在火星上降落场面的艺术图。该探测器是在已取得成功的“凤凰号”着陆器的基础上设计的。

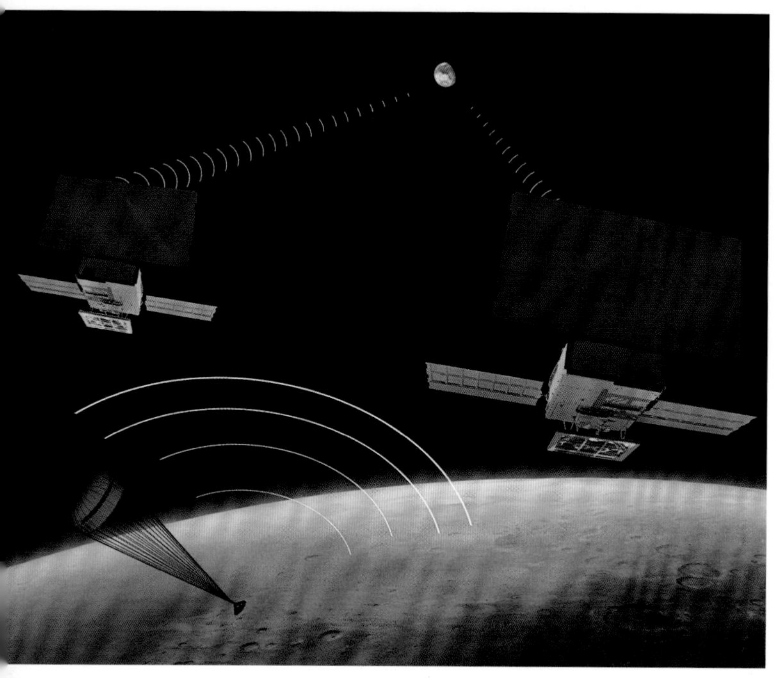

持，并成为像“火星奥德赛”和“火星勘测轨道器”这样的大型科学探测器的补充，担当火星车和火星表面探测设备的数据中转站。

“洞察号”的制造和检测都是为了它能在2016年发射而准备的，然而，与地震仪有关的问题却拖延了这个进程。该设备采用了真空封装的形式，以便让它内部那些灵敏度极高的监测设备能在摩擦力几乎为零的环境中工作。可在前期的飞行测试中，喷气推进实验室发现真空封装有破损的风险，于是必须尝试解决这个问题或者删掉这个部分。整个任务一时间笼罩在流产的阴影中，不过近来总算公布了新的发射时间，即2018年（译者注：它已于该年5月发射）。

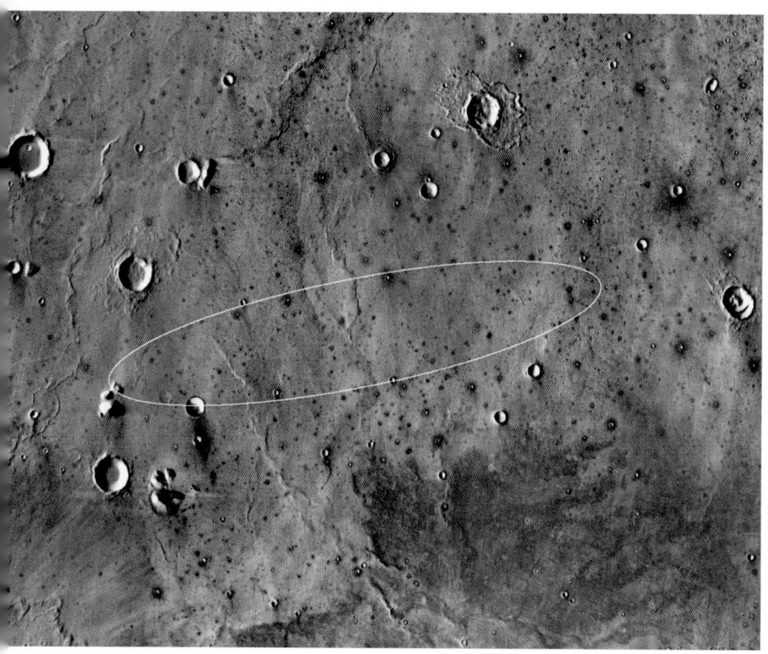

“火星2020”火星车

面对这颗红色行星，下一项标志性的探测任务是“火星2020”（译者注：后定名“毅力号”）火星车，它在复

左上图：“洞察号”在俯冲进火星大气之前，会先释放出两个小型的立方体卫星，它们负责在着陆过程中提供跟踪服务。

左下图：“洞察号”位于“埃律西昂平原”的着陆椭圆，长轴约130千米。这个区域被认定为此次任务着陆点的最佳选择。

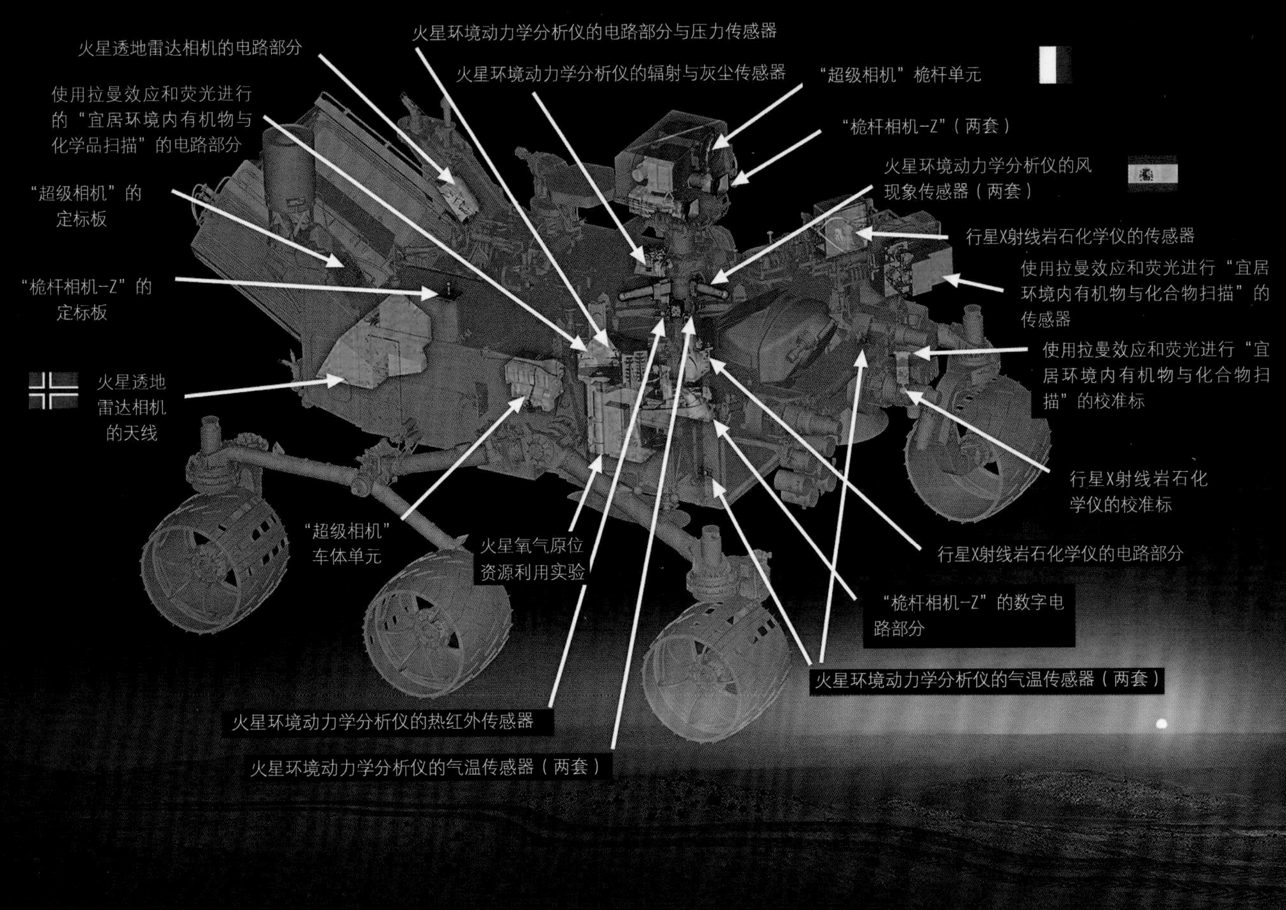

上图："火星2020"于2020年7月30日发射，它的设计框架基于已获成功的"好奇号"，但内部设备大有不同，包括"火星氧气原位资源利用实验"——这是一部实验性装置，会尝试验证从火星大气中分离出氧气的技术。

杂程度、预期成就和预算策划方面，都可以比肩"好奇号"（见第 172 页）。这辆火星车采用了与"好奇号"相似的底盘设计，以便节约经费。任务的总体花费估计约 15 亿美元，这跟"好奇号"花掉的 25 亿美元相比明显减少。"火星 2020"将携带一台新设计的、功能大为齐全的设备，计划的发射年份也写在了它的名字里。

“火星 2020”的目标相当亮眼。首先，它要继续研究火星在历史上和当前的宜居性问题，以更为强大的设备接过“好奇号”的使命。它带有一台更先进的仪器用于判定有机化合物的存在，那是生命出现的前奏。这台仪器与“好奇号”上的“化学与成像组合体”类似，但已具备查找生命迹象或疑似生命征象的能力。这辆火星车装载的科学实验还有其他一些（后文马上列举），但其中最受人青睐的还是深入钻探火星样本并予以保存的装置。它将取得火星地下的物质标本，并贮藏起来以待今后送回地球进行分析，那将会给我们对火星表层的认识带来革命性的刷新。

这辆火星车上挤满了特制的仪器，包括以下几种。

- “桅杆相机-Z”（MastCam-Z）：它是“好奇号”上的一种相机的改进版，能够放大拍摄感兴趣的物体（好奇号的两套镜头都是固定焦距的，分别拍摄广角、长焦照片）。
- “超级相机”（SuperCam）：这是“好奇号”上的“化学与成像组合体”相机的升级版。它的能力与它的原型类似，即用激光照射远处的目标并读取产生的闪光，以分析该目标的矿物含量。同时，它也能辨别岩石或土壤表面是否存在有机物质，这会极大地加快一些值得持续关注的地区的研究进度。
- 行星 X 射线岩石化学仪（PIXL）：它与“好奇号”的化学和矿物学仪器一样，使用 X 射线荧光去测定由机械臂投放到仪器中的样本，得出其元素组成，但比“好奇号”那时更为精细。
- 使用拉曼效应和荧光进行的“宜居环境内有机物与化合物扫描”（SHERLOC）：它是以紫外波段的激光驱动的光谱仪，用于确定有机化合物的存在，无论其意义属于生物学还是前生物学（pre-biological）。
- 火星环境动力学分析仪（MEDA）：它是一个“气象站”，报告风速、风向、温度、气压、湿度，甚至空气中的尘埃颗粒的大小和形状。
- 火星透地雷达相机（RIMFAX）：它是一种雷达装置，提供火星车下方地表的高分辨率地质结构信息。
- 火星氧气原位资源利用实验（MOXIE）：它是一个尝试从火星大气中提取氧气的装置。

最后说的这个实验，是在为人类登临火星的任务做前期准备。如果真的可以如愿从富含二氧化碳的火星大气中提取氧气，就可以用它来产生供人呼吸的空气、可饮用的水，还有火箭的燃料。“原位资源利用”（In-Situ Resource Utilization，ISRU）一词指的也正是利用火星当地发现的资源为未来前往火星的宇航员提供支持。

“火星 2020”将像“好奇号”那样进行钻探，但它也将改进，能够从火星表面向下切实钻出管道，以采集岩芯样本，而不仅是像“好奇号”那样从岩石和土壤中挖出灰尘状的样本。它总共会挖出 31 条小管道，每根都不会比毛毡笔的笔尖粗多少。这些样本被收集起来后，会被分为若干组，以供未来的取样返回探测任务将其带走。

“火星 2020”探测器依然将采用当初成功将“好奇号”送上火星的“空中吊车”着陆系统，并对其做了一些关键的改动。其着陆点仍在挑选和评估中，最终做出选择可能要等上几年，但其中最有可能的候选地点叫作耶泽罗（Jezero）陨击坑。它的宽度为45千米，只有"好奇号"所活动的盖尔陨击坑的四分之一，所以着陆会比较棘手。然而，有了"好奇号"在盖尔陨击坑中的发现，耶泽罗陨击坑就特别吸引人了：它是另一个肯定曾有大量的水驻留了数百万年的地方，其地质多样性必然可以带来许多回报。多条侵蚀出来的"水渠"，把岩石和土壤引导到"集水区"或者说积水的盆地，这种区域应该能为火星车内的精密分析仪器提供大量的分析对象。在那里长期存在过的水体，可能曾经是火星微生物的主要生活环境，这又为选择这个地点增加了一层价值。

目前还有其他的技术正在接受评估，它们也可能加入此次任务。其中一项引人注目的技术是一架小型的"火星直升机"，这是一种类似无人机的装置，能离开火星车，飞得足够高、足够远，给前方的地形成像，并发回数据以供分析。现代的火星车是自主驾驶的（虽然也间歇性地接受地球上的人工监督），所以很需要关于前方地形的最佳信息。轨道器拍摄的地图精度明显不够，而安装在火星车桅杆上的相机的视野有限，还会被障碍物遮挡。若有一架"直升机"或其他类型的无人机，就可以很好地应对这种状况，飞掠并俯瞰岩石、沙丘与山脊。

"火星2020"任务目前还处在筹划阶段，最终决定可能要到2018年或2019年才能出台，以便赶上2020年的发射机会。在此之前，其设计仍然可能有变化。在撰写本书时，任务中尚没有计划（没有列出预算）去让火星车收集岩芯样本并准备送回地球。[1]

对于能否下定决心把宇航员送去火星来说，2020年的这次火星车任务将提供一个决定性的判断。假设"火星氧气原位资源利用实验"能像构思的那样运行起来，我们就有理由相信从火星大气中收集氧气是可行的，而那将使载人火星任务的规划大为简化。当然，如果这次能直接发现生命或生命存在过的迹象，同样可能彻底、永久地改变我们看待火星的方式。

火星2020（毅力号）

任务类型：火星车
发射日期：2020年7月30日
发射工具："宇宙神5号"火箭
到达日期：2021年2月18日
终止日期：（无）
任务历时：最少687个地球日
航天器质量：907千克

1 译者注："火星2020"已于2020年7月30日发射，预计于2021年2月18日抵达火星，计划至少工作1个火星年（687个地球日）。

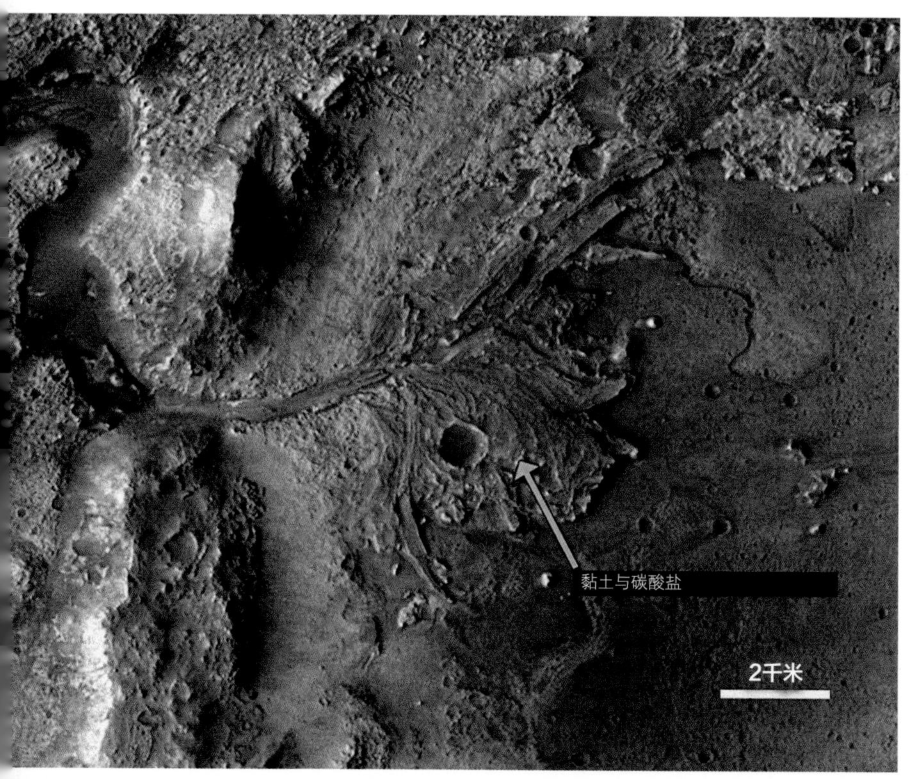

左图：在“火星2020”备选着陆点的最精简清单中，耶泽罗陨击坑居于首位[1]。这个直径45千米的坑含有许多因水而形成的地质现象。

下图：以火星上的标准来看，耶泽罗陨击坑这里的湖泊有过很长的存续时间。由于“火星2020”带有太空生物学的科研模块，耶泽罗陨击坑会成为一个富有吸引力的考察对象。

对页图：如果“火星2020”的考察能确定火星上曾经有过生命，将极大地改写我们看待火星、宇宙以及我们自身的方式。

1 译者注：目前其着陆点已经确定为耶泽罗陨击坑。

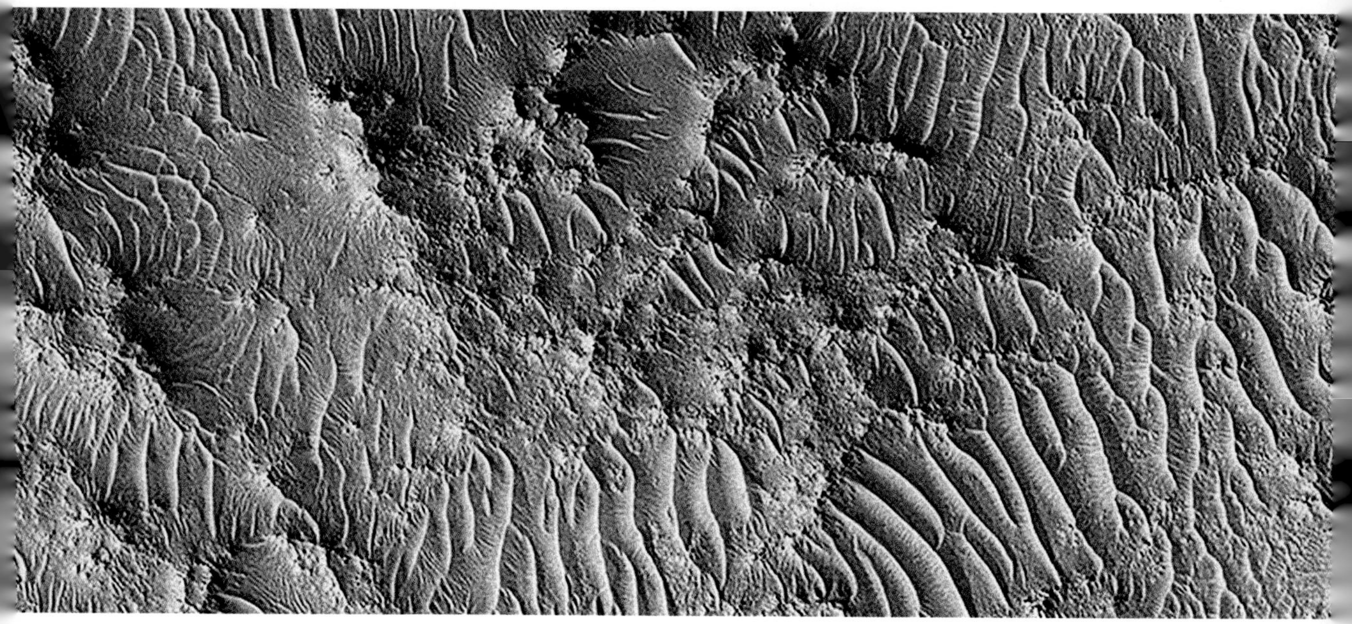

俄罗斯的回归：欧洲“火星生命”探测器

欧洲的航天人在“火星快车号”取得圆满成功（见第114页）之后，就开始策划一系列新的火星任务。在2008年和随后几年里，欧洲空间局和NASA接连公开了各自的火星任务策划方案。二者似乎有个共同点，那就是多个机构协同工作、多部航天器共同参与。首先，一架与NASA的“火星大气与挥发物演化探测器”（见第207页）功能相似的轨道器将会与一部实验性的着陆器一起飞往火星。

另外，一辆火星车和一部与之绑定的着陆器将被发射，同去的轨道器会绕火星飞行作为其通信中继站。在欧洲航天局开始讨论使用俄罗斯的“联盟号”火箭发射后，NASA 做出回应，提供一枚美国的“宇宙神 5 号”火箭。当时该任务计划于 2016 年至 2018 年的某个时机出发。直到 2012 年，NASA 决定不再参与这个项目，这些计划才有所改变，因为财务上的指令削减了美国的科学预算，其他项目的成本超支也对原本承诺过的项目造成了限制。欧洲的航天力量正式向俄罗斯求助。

“微量气体轨道器”和“斯基亚帕雷利”

“火星生命”任务拥有“孪生”的两颗探测器，二者将分乘两枚火箭升空，相隔两年。这次任务的名字本身就代表着关于火星的地外生物学，目的也正是在火星上寻找生命。它采用了一种独特的设计思路：共含有四部独立的航天器，通过两次发射来完成。2016 年，“微量气体轨道器”（Trace Gas Orbiter，TGO）和“斯基亚帕雷利”（Schiaparelli）着陆器启程前往火星，并于同年晚些时候抵达。然后，一个与以前类似的、带有火星车的着陆平台计划于 2018 年出发去往火星。这样，总共有一颗轨道器、两部着陆器和一辆火星车。

该任务的这四个“成员”各有自己专门的目标。2016 年的“微量气体轨道器”将搭载“斯基亚帕雷利”着陆器，两者会在抵达火星前的几天分道扬镳。“微量气体轨道器”的目标是寻找火星大气中含量较少的几种特殊气体，其中最引人注目的是甲烷，因为它可能是生物活动的产物；如果能同时发现丙烷或乙烷，那么更有可能是微

上图：“火星生命”任务的首颗轨道器即“微量气体轨道器”，目前定于2021年发射，它最主要的目标是寻找火星大气中的甲烷。

左图：2016年“火星生命”任务的“微量气体轨道器”在飞临火星时将弹射出“斯基亚帕雷利”着陆器。后者是俄罗斯设计的组件，将尝试在火星上安全着陆，并按计划在最多一个星期的时间里发回科学数据。

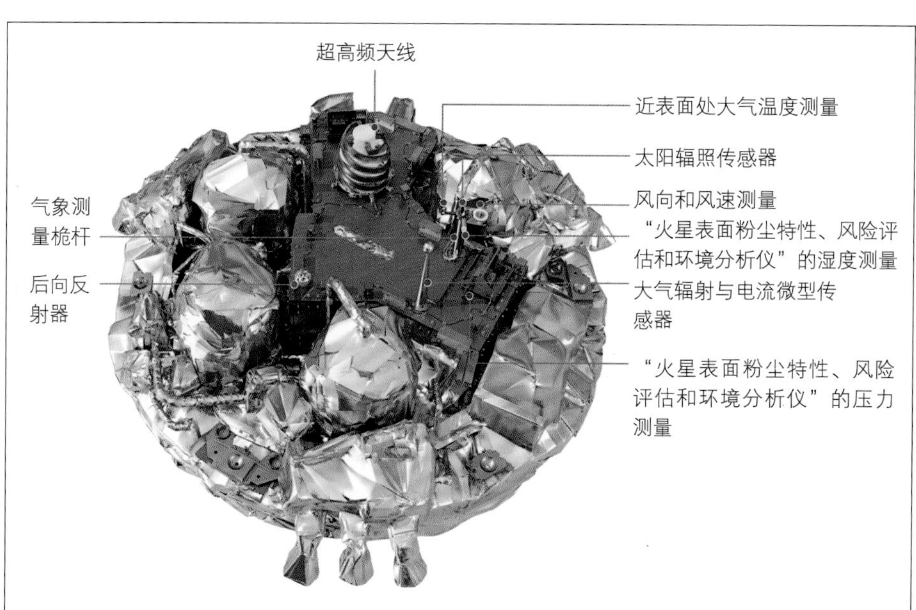

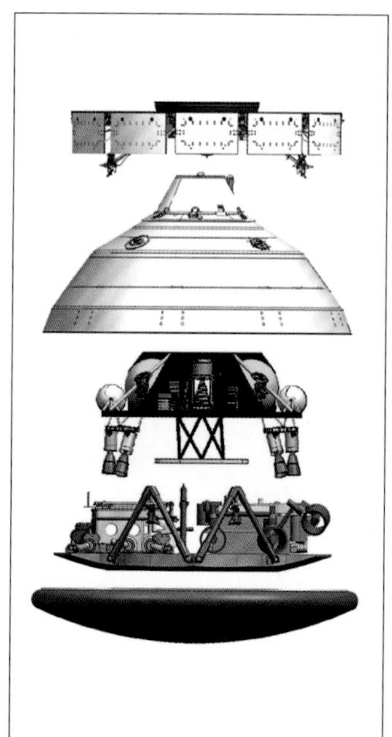

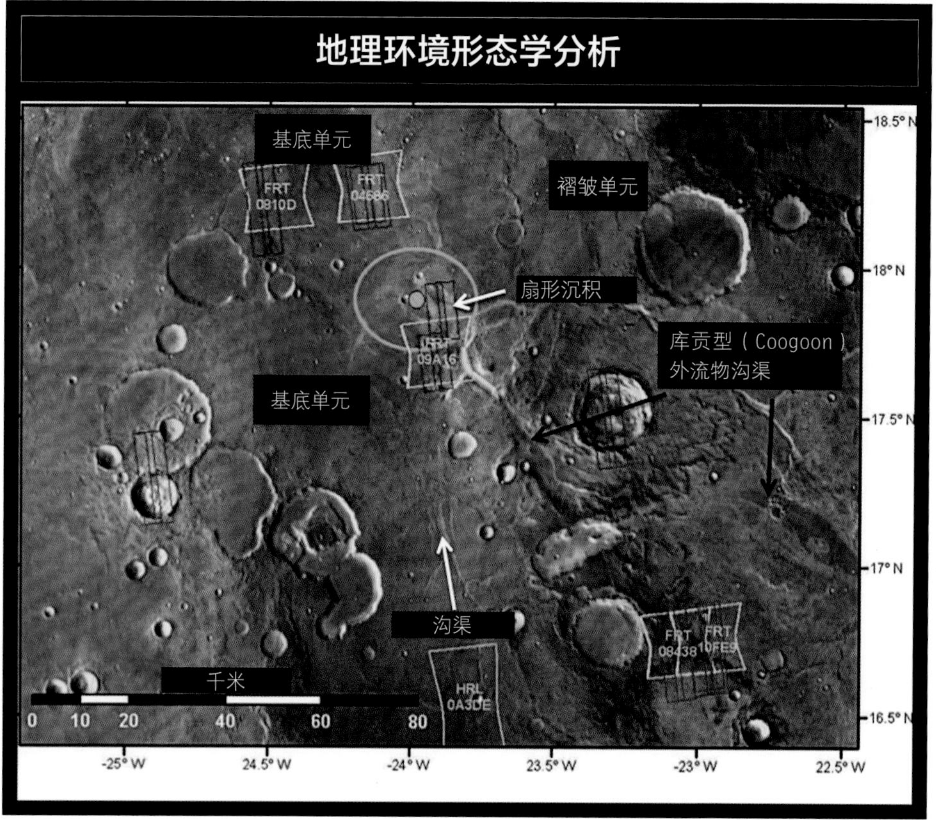

左上图：“斯基亚帕雷利”最主要的意义在于为2018年“火星生命”的火星车作为一个测试平台，但它本身仍然带有科学仪器，并能依靠电池提供动力工作数天。

右上图：“进入、下降和着陆模块”的结构，包括隔热保护罩。

左图：奥克夏高原（Oxia Planum）拥有大片约39亿年前的岩石与黏土暴露区，这也是火星上此类地貌中面积最大的地区之一。

对页图：2015年剑桥科学节上展出的一辆“火星生命”火星车的原型车。

3D map using two
cameras to determine its
route. This will enable it to
operate autonomously
without constant
communication with Earth
Large solar panels will
provide power and
charge up the batteries
for times when there is
no sunlight.
AIRBUS
esa
AIRBUS

生物出现的好兆头；如果发现二氧化硫，则会在理论上支持甲烷的存在，但这种甲烷仅来自地质现象。

多年前，“火星快车号”轨道器在火星大气中发现过甲烷，但当时只是单次的单时段观测，无法明确判定甲烷的来源。相比而言，“微量气体轨道器”对甲烷的检测工作才是真格的；而一旦发现了生物来源的甲烷，就会创造历史。

“微量气体轨道器”所带的仪器包括一台红外光谱仪和两台紫外光谱仪，它们被安置在一种名为“火星天底与掩日研究”（Nadir and Occultation for Mars Discovery，NOMAD）的装置中。而俄罗斯的仪器“大气化学套件”（Atmospheric Chemistry Suite，ACS）也使用一台红外光谱仪，能以极高的精度分析大气成分。另外，“精细分辨率超热中子探测仪”（Fine Resolution Epithermal Neutron Detector，FREND）也是俄罗斯的一项贡献，它可以探测火星表面下约 1 米处的氢，进而探测水冰。最后，由瑞士提供的相机套装将提供高分辨率的照片。

“斯基亚帕雷利”的“进入、降落和着陆演示模块”（Schiaparelli Entry, Descent, and Landing Demonstration Module，Schiaparelli EDM）正如其名，是一项技术试验。它的实质是 2018 年所用的着陆平台的一个试验台，将先行搭乘“火星生命”的火星车到达火星表面。它的直径约 2.4 米，形状像一个盘子，还携带一个小型的科学工具包，但是能量只够运行几天，随后电池就会耗尽。电源方面，太阳能电池板和核发电机都被考虑过，但最后都没安装。俄罗斯还曾考虑向欧洲的航天部门提供一种核装置，但最终也未实现，所以这部着陆器被“缩水”，也就是只能依靠电池供电运行几天的时间。“斯基亚帕雷利”从微量气体轨道器上分离后，将进入火星大气，并依靠隔热板、降落伞和反推火箭着陆。在下降的最后阶段，离不开火箭发动机的威力。当着陆器最终碰到火星表面时，剩余的动能可以被着陆器主体下方的一个可压碎的平台吸收掉（准备“好奇号”任务时，喷气推进实验室的任务小组曾考虑过这种系统，但最后放弃了）。

“斯基亚帕雷利”的着陆点是子午高原，这跟“勇气号”火星车的着陆点属于同一区域（见第 126 页）。“斯基亚帕雷利”的装备能对火星大气的尘埃含量和天气指标（风速、温度、气压、表面温度）进行基本测量，并调查火星表面的电场。电场被认为是火星沙尘暴的一个重要形成因素。

“火星生命”火星车

“微量气体轨道器”的绕飞火星任务，原定于 2016 年抵达，并持续七年。如果它和“斯基亚帕雷利”一切顺利，则 2018 年会安排第二次发射，但目前全部计划已经推迟到 2021 年。届时，将使用另一枚俄罗斯“质子号”火箭发射一个类似于“斯基亚帕雷利”着陆器的着陆平台，但上面捆绑的就成了“火星生命”2018 年款的火星车。在着陆后，质量为 308 千克的火星车将离开着陆平台，顺着下坡道驶上火星表面。

“火星生命”火星车的着陆点目前定为火星北半球的奥克夏高原（Oxia Planum），大致位于“海盗 1 号”的着陆点和“火星探测漫游者”的“勇气号”火星车的着陆点之间（见第 46 页和第 172 页）。该地区主要的物质是有近 40 亿年历史的古老黏土层。科学家希望黏土层的柔软和肥沃可以为火星车的钻探提供有利条件，以获取隐藏在深处的土壤样本。

与 NASA 的火星探测器一样，“火星生命”的火星车也能够自主驾驶。而“微量气体轨道器”将为它提供与地球之间的通信中继服务。这辆火星车的主要目标是在火星表面搜寻生命迹象。为了实现这个目标，它使用的仪器包括全景相机系统（PanCam），配有与“好奇号”上类似的广角镜头和远距镜头；一个车载生命科学实验室，使用巴斯德仪器套件（Pasteur Instrument Suite），其中含有火星有机分子分析仪（MOMA，这是一种高度演化过的质谱仪）、一种红外成像光谱仪（MicrOmega-IR）以及一种拉曼（Raman）光谱仪，均用于分析被送进去的火星岩石和土壤样本，以搜索有机分子和生物存在的各种信号。

另外，一部名为“智慧”（WISDOM）的透地雷达能够探测火星车下方 3 米深处，有助于确定最有潜力的取样位置；一个机械臂将包含另一架红外光谱仪，即用于火星地下情况研究的火星多光谱相机（Ma-MISS），该仪器安装在钻头的保护壳内；还有一部微距相机，它将安装在机械臂上，这与“好奇号”的“机械臂”光学透镜相机是不同的。

不过，这场火星表演中真正的明星可能还是钻头。这辆火星车将携带历史上第一台火星岩芯样本钻，能够钻孔到火星表面以下近 2.1 米的地方，以尝试寻找任何可能生活在这里的微生物。由于火星表面沐浴在强烈的辐射之中，生命可能躲在其地下。火星多光谱相机将从钻孔机的内部摄取钻孔的影像。如果工作状况好，钻机最多可以进行 17 次试钻。

“火星生命”计划的变数也很多。它的两次发射中的第一次，即“斯基亚帕雷利”和“微量气体轨道器”的发射原定于 2016 年年初进行。而为了尽快把探测器送去火星，即便这部着陆器上的测试项目运行良好，着陆平台也仍有许多开发工作要进行。俄罗斯的航天机构在太空飞行和不载人探测技术方面经验丰富，但迄今在火星方面的成功经验还比较少。幸运的是，欧洲空间局与俄罗斯联邦航天局有望进行一次成功的合作，完成一项前往火星的奇妙任务，它还有探测外星生命的可能性。

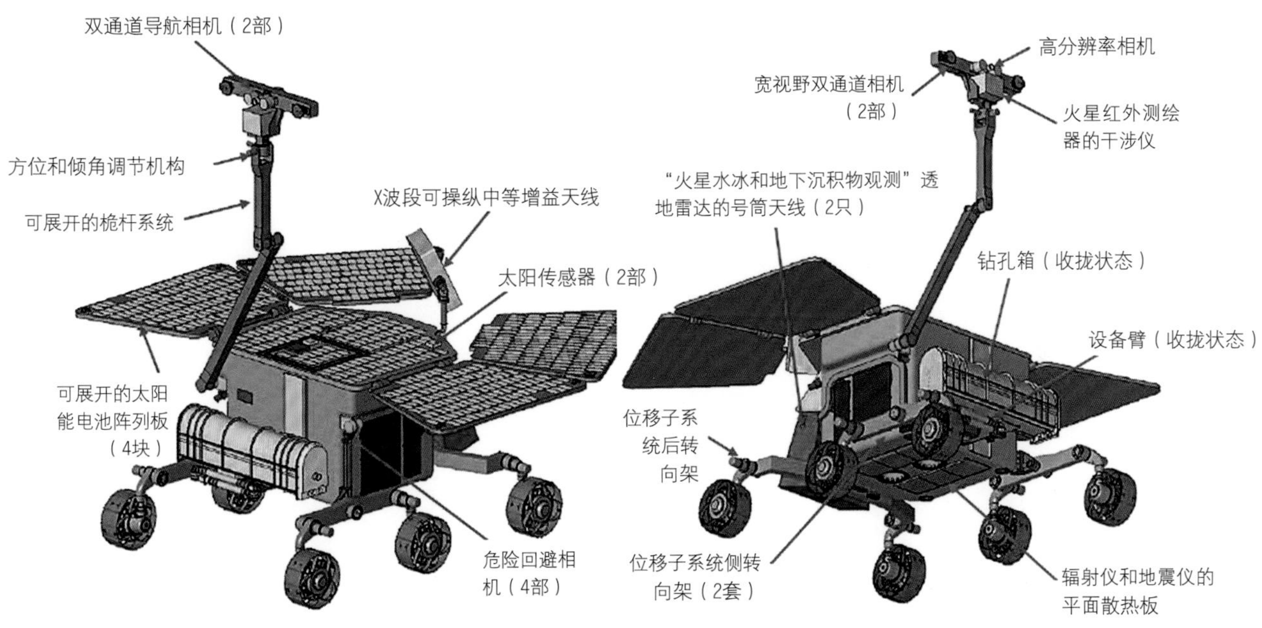

对页图：欧洲南方天文台“火星生命”任务在开发过程中制作的火星车。

上图：“火星生命”在不断检查并修改设计的同时，其新版本也越来越像NASA的“火星探测漫游者”即“勇气号”和“机遇号”，包括可折叠的太阳能电池板和以杆连接的悬架。

下页图：“海盗系列”时代的墨卡托投影法火星全图显示出这颗行星上广阔而多样化的地貌，如极地的冰盖、布满陨击痕迹的高低，以及平坦的玄武岩平原等。

NASA的计划：需要25年

好了，对火星做了不载人探测之后，下一步是什么？50多年来，我们已经飞掠过这颗行星，已经环绕其飞行，已经在其上着陆，并在其表面行驶过小车。我们已经分析过它的岩石和大气，在不久的将来还可能会把它的物质样本带回地球，直接进行评估。对很多人来说，把宇航员送上火星的时机似乎已经到来了……

当然，有很多人会问“去那里有什么用”，这样的人在20世纪60年代也对“阿波罗”登月计划提出过同样的问题。还有不少人会问：“为什么不把钱花在解决地球的问题上，而是跑到另一颗星球上去呢？”对于这个问题，有好几种回答，其中两种值得我们关注。

第一种回答：为了科学。NASA聘请了一组科学家，责成他们为载人火星航行给出一些科学上的依据，他们也清晰地概述了人类前往火星的价值。概括来说，一个在火星上的人，只要带着适当的设备，就可以在一天之内完成许多任务，而若改用不载人探测器来完成这些任务，大概要十年甚至更久。而且，有人驾驶的火星表面旅行，行进起来要比无人的火星车快得多。“火星探测漫游者”的火星车“机遇号”用了十年时间只走了42千米的路途，如果宇航员开着火星车走这

右上图：极负盛名的德国火箭专家布劳恩关于火星旅行的理念最早发表于1949年出版的《火星计划》一书。

右图：一幅老版本的NASA火星考察招贴画。

段路，时间就短多了。想想“阿波罗 17 号”的宇航员，他们在月球上开着月球车，仅用 3 天就行驶了 35 千米，这还是 20 世纪 60 年代的技术。此外，真人探测者还能够快速地解释自己看到的东西和测量到的数据，从而即时适应情况，尽快对考察计划中需要改动的地方做出调整。真人的灵活机动，足以轻松解决机器人技术需要十年或更长时间去完成的各种事情。当然，还有不少其他理由，但上面是一些最关键的理由。

再来看第二种回答：为了生存。地球其实面临一些严峻的问题，比如气候变化可能失控、流行病可能让人类衰弱，另外还有大型战争和小行星等天体撞击等潜在风险。上述灾难中发生任何一种，都会减少人类生存的机会。一旦地球环境遭遇意外的重大挑战，能把火星作为自己的第二个家园，人类就增强了自己作为一个物种的存续能力。正如著名物理学家斯蒂芬·霍金所说，“如果我们不进入太空，人类就没有未来”。而火星，是太阳系中除地球之外人类定居的相对最佳选择。

正如我们所见，探测火星的问题至少从 20 世纪 40 年代末开始就在讨论了，当时冯·布劳恩的开创性著作《火星计划》提出过一个雄心勃勃的方案。如果火星的面貌真是人们当时所想象的那样，这个计划可能早已付诸实施了。不过，布劳恩的任务方案毕竟规模巨大，相比之下，“曼

查理·博尔登

(Charlie Bolden)

NASA前局长

查理·博尔登是 NASA 载人登陆火星的总体计划的热心推动者。这项计划中有一部分是先行运送物资和机械前往火星，为宇航员“打前站”，但传统的运载火箭执行此任务耗时太长，成本也太高。博尔登倾向于另一种思路——太阳能电火箭（solarelectric rocket）。

“我们正在非常努力地奔向这样一个目标：以比今天更快的速度把宇航员送到火星。现在这趟航程大约需要八个月，如果可以的话，我们想将其减半。

“我们正在研究如何向火星运送货物和给养，因为一旦要将真人送上火星表面，必须带上很多东西。所以，使用太阳能电力的推进系统进入我们的视线……我们正在尝试提升这类系统的能力——我们可能会把多台发动机聚集在一起，也可能采取别的方式。多发动机推进方式的一个局限因素是它的电源驱动力，所以（我们正）试图提高太阳能电池单位面积的产能。我们得到的动力越多，能制造的发动机及其推进性能就越强大。

“我们正在寻找这样的一种推进力——让货物比宇航员先出发，然后宇航员可以赶上货物，带着货物一起前往火星。”

左图：1954年，沃尔特·迪士尼（左）与冯纳·布劳恩（右）摆着造型合影。当时迪士尼提议要制作一系列以未来的太空探险为主题的电视节目，而正为美国军方工作的布劳恩深受这一想法的激励。

对页左上图：一位艺术家为NASA的火星任务创作的想象图，约创作于1989年。

对页左下图：一幅当代艺术家创作的火星探险场景效果图，它是几年前一项名为“火星建筑架构设计”的研究中的产物。请注意图中位于背景里的着陆器顶端拥有充气式生活舱。

对页右图：这幅1986年的画作艺术化地想象了位于火卫一的火星考察前哨站。

哈顿计划”（开发第一颗原子弹的项目）看起来都不显得昂贵。当然，随着 1965 年“水手 4 号”到达火星，我们就知道布劳恩的计划行不通了，因为访问这颗行星的难度比以前想象的更高。

随着越来越多的探测器造访这颗行星，消息变得越来越糟：火星的大气层稀薄且不可供人直接呼吸，人类必须穿上加压服装才能活在它的自然环境之中；火星的温度也低得让人无法忍受；高能的宇宙辐射不断地侵蚀火星表面的土壤，使其含有高氯酸盐，而这种物质即使浓度很低也会对人产生毒害。过去半个世纪以来的发现，对人类探测火星的计划并不友好。但是，将人类送上火星的目标依然存在。

送人去火星

在“阿波罗”登月计划于整个 20 世纪 60 年代持续进行的同时，NASA 就在考虑各种后续计划，这些计划可能会继续向太空深处推进。当时，在月球上建立可长期使用的基地是候选计划之一，建设一个绕地球飞行的空间站则是另一个选项，不用说，远征火星也是一个早就有了的选项。NASA 最后实现的，是航天飞机和一个绕飞地球的小型临时空间站“天空实验室”（Skylab）。而此时，载人火星任务已不在其议事日程上。美国政府认为，在经历了“阿波罗”计划的海量开销的考验之后，再搞如此浩大的技术工程，得不到足够的社会支持。与此同时，苏联一直在尝试用机器人探测火星，但收效欠佳。苏联的载人航天任务屡屡成功，但其登月计划付出的代价有些沉重，此后他们就专注于在绕地球的轨道上运行自己的空间站了。

尽管如此，关于载人火星探测的计划仍在继续。在 20 世纪 70 年代和 80 年代，帮助美国登月的各家航天承包商曾经对载人火星任务的飞行

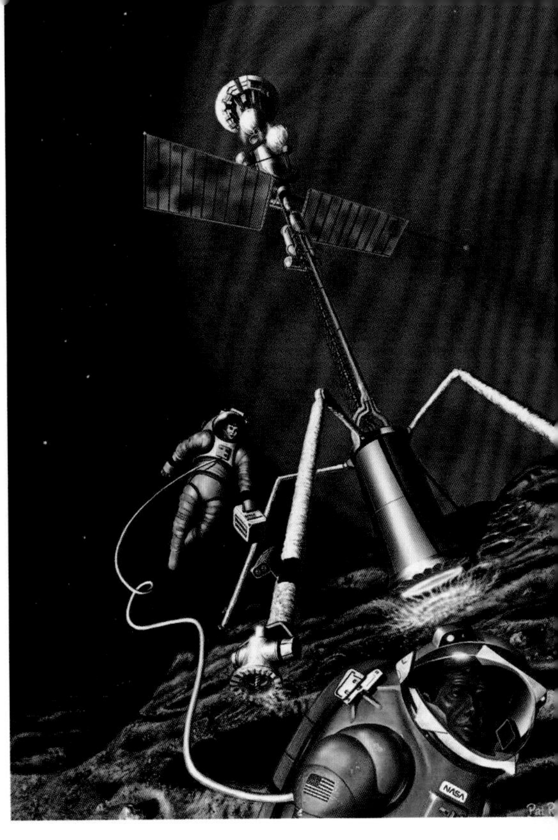

方式进行了多项研究。其中有些想法比其他想法更为可行，但最终没有任何一个想法“起跑”，因为既没有足够的资金，也没有来自 NASA 以外的支持。随后，NASA 自己也开始了一系列火星任务设计研究，以备有朝一日得到批准和资助时，自己心里清楚开展这项工作需要些什么样的技术。这些研究被称为“火星设计参考”（Mars Design Reference），其第一轮研究在 1993 年完成，后来屡次升级，第五轮完成于 2009 年。总体来说，每一轮的成果都比前一轮的技术更为先进，也更加精简。

这些成果的常见思路是，减少在太空中和在火星上的辐射暴露，并且同步研发传统的化学推进系统和新型的替代推进系统（如太阳能电力推进、核能推进），还要审视关于在送出宇航员之前运送货物的想法。此外，研究还考虑了开发原位资源（或说当地资源）的方法，以及宇航员在抵达火星之后各种可选的科学考察方案。另有一些研究，已经验证了载人登陆火星的两颗卫星的可能性，且比探测火星本身容易得多。

2011 年，航天飞机的飞行完全终止，NASA 手头没有了其他替代品。可是，国际空间站此时还飞行在绕地球的轨道上，其大小相当于一块橄榄球场地，每 90 分钟绕一圈，离地约 322 千米。为了保持与国际空间站之间的交通，NASA 只能找俄罗斯去买“联盟号”宇宙飞船（具有讽刺意味的是，当年苏联在与美国竞争登月时建造过一艘飞船，而“联盟号”的设计正是在这艘飞船的基础上修改出来的）。与此同时，NASA 研制“猎户座”（Orion）宇宙飞船的工作还在缓慢地继续着，另外，太空探索技术公司（SpaceX）和波音公司都已跟 NASA 签订合同，为后者向国际空间站运送人员和货物。到 2016 年为止，所有这些工作都在进行之中。但是，若以探测火星的角度来看，NASA 已经声明，设计“猎户座”宇宙飞船的最终目的不会变化，那就是火星任务。他们的计划叫作“灵活路径”（Flexible Path），其中专注于火星的部分称为“可升级火星战役”（Evolvable Mars Campaign）。两者都试图适应现实情况，在不断变化的预算额度、不确定的财政支持条件下，努力推动载人火星飞行的进度。

“灵活路径”

“灵活路径”的起源可以追溯到 2009 年“星座任务”（Constellation Mission）的取消，该任务是 2004 年由当时的美国总统小布什发起的。“星座任务”的结构化计划是为了送宇航员重返月球而制定的；“灵活路径”与之不同，它为正在制造中的新款航天器提出了一些新的任务选项，这些航天器包括“猎户座”飞船，以及“航天发射系统”（Space Launch System，SLS）的巨型助推器。而任务选项包括：

- 月球飞掠，以及可以实现的近月球载人空间站；
- 位于拉格朗日点（地球和月球之间以及更远地方的几个稳定轨道点）的深空空间站；
- 载人飞掠火星或金星；
- 登陆火星或其卫星；
- 小行星考察任务。

其中最后一个任务，也就是小行星考察任务成了 NASA 在 2010 年至 2030 年的主攻目标，其重要性超过了空间站。这里，最初的计划是派一名宇航员前往太空深处的一颗小行星，后来计划被改成把一小块小行星碎片推到月球附近，供人类参观。这项计划的核心叫作“小行星重定向任务”（Asteroid Redirect Mission），而实现它所需要的一套技术，对于火星任务的长期规划来说，被看作是有助于后者完善的、必需的专门知识。

诚然，这种逻辑在某个程度上可能是准确的，但它目前已经完全失败了。年龄足够大的人应该记得，NASA 曾经在 20 世纪 70 年代每两个月就飞一次月球，还分别在 70 年代和 90 年代建造了两个空间站，还多次派出火星车，前往火星表面进行探测长达十年。在取得这些成就之后，要探测一块只有 3 米大小而且被搬了家的小行星碎块的想法，并不像 NASA 所期望的那样受人欢迎。一次次公众调查表明，如果要搞载人太空飞行，那么月球和火星是最受欢迎的目的地。值得注意的是，许多属于“阿波罗”的年代和比那更早的年代的 NASA 顶级宇航员也都同意这一点。

NASA 目前的规划中说，在 2035 年以前甚至那以后的一两年内，他们在火星附近的任何地方都不会进行载人航天飞行。其长期计划中倒是包括在 21 世纪 30 年代末登陆火星（或两颗火星卫星之一）。获得足够的资金来实施这项任务，一直是一项挑战。美国目前仍在运行着一个昂贵的空间站和数十个不载人探测项目，虽然 NASA 已经策划好如何在目前估计的预算范围内飞往火星，但如果有更多的资金，工作将更容易、更快捷。但是，飞向火星（或任何其他目的地）的任务，都不可能得到像“阿波罗”那个级别的预算。“阿波罗”登月计划在它的巅峰时期几乎花掉了美国联邦预算的 5%。NASA 目前的预算大概只有“阿波罗”的 10%，在这样的条件下去开发任务所需的硬件，将会十分困难。考虑到上述这一切，最有可能的结果是什么？

上图：NASA当前的深空探测计划以前往火星的旅途为首要目标，而规模庞大的“航天发射系统”（SLS）也属于这个计划的一部分。这枚火箭的顶端装有“猎户座”载人飞船，侧边使用的助推器则是航天飞机的固体火箭助推器的放大版，聚集在火箭底部中心区域的四台发动机则是这款火箭的主发动机，可以循环使用。

对NASA来说，他们将继续缓慢、渐进地发展一系列以把人送上火星为最终目标的技术。宇航员斯科特·凯利（Scott Kelly）最近在国际空间站执行了为期一年的任务，这提供了急需的关于失重对人体的长期影响的数据。"好奇号"的任务还在继续，它返回的数据，将与2020年实施的"毅力号"任务返回的数据一起，共同揭示由辐射导致的持续风险，并提供关于"原位资源利用"的实验结果。NASA将在2021年至2024年的某个时候继续开展有关载人的试验，"航天发射系统"则准备在2021年之后进行首次试飞。

载人火星任务的基础设施中，还有一部分是充气的太空住宅，由毕格罗宇航公司（Bigelow Aerospace）负责制造。这个充气装置的一个原型将于未来的几年内在国际空间站进行测试，其设计不会与最终飞向火星时相差太多。这将给原本容积只有213立方米的"猎户座"飞船在前往火星的途中增加上百立方米的可用生活空间。

当然，其他一些国家也在开展火星计划，但目前还没有谁像NASA那样拥有相应的深空飞行经验以及在另一颗行星着陆的经验。俄罗斯定期宣布其载人火星飞行的愿望，几年前还在地面上完成了一次为期500天的载人火星飞行模拟，但除此之外还是没得到太多正式的资助。欧洲空间局也表示了对火星的兴趣，这包括与俄罗斯合作或单独执行载人火星任务，但最近他们载人航天工作的重点已经重回月球。中国的载人航天进展一直顺利，尤其自2003年第一艘载人飞船（译者注："神舟五号"）成功发射以来，中国还完成了"天宫一号"目标飞行器的在轨飞行，近期还准备建立一个更大的空间站，并计划登陆月球。至于中国宇航员登临火星的时间，或许是在登月之后。

这样看来，NASA似乎是眼下唯一对火星之旅怀有足够愿望的公办航天机构。不过，美国国家研究委员会（National Research Council）2014年的一份报告警告称，如果NASA对这项任务是认真的，那么就必须满足一些标准，包括必须设法增加预算；必须优先照顾以火星为目标的努力；必须停止一些不必要的和不相关的计划；必须鼓励国际合作和参与……最后，也是最重要的一点，即必须批准和实施一项以火星为核心的总体性航天计划，它不能因为换了一位总统就像往常那样动辄被改变和取消。

这些建议都是合理的，但过了两年，它们仍未得到实施。NASA也还在继续开发火星计划的各个组成部分，最终目的就是让宇航员在火星表面进行考察和生活。美国的载人火星计划到底何时才能兑现，只有未来知道。

上页图：NASA当前火星计划的一幅效果图，其中的火星综合轨道器基本上是基于国际空间站的技术制造的，它上面还接驳了"猎户座"飞船的太空舱（图中左上部）。

对页上图：2016年时NASA的火星计划，此图应从左向右看：飞船首先是从绕地球飞行的低轨道出发，它有三种可选的目的地，一是与月球附近的小行星交会（ARM），二是地球和月球之间的2号拉格朗日点，三是月球前哨站。从这三种地方继续出发可以前往火星表面或者火星的卫星。右上角指的则是在深空与小行星交会。

对页下图：这幅效果图展示的是带有食品供应模块的火星基地，食品生产舱以假设剖开的形式绘于图像的左半部分。据信，某些种类的植物（如芦笋）可以在火星的土壤中茁壮生长，而且其他绝大多数食品的生产也可以在环境受到控制的车间里完成。

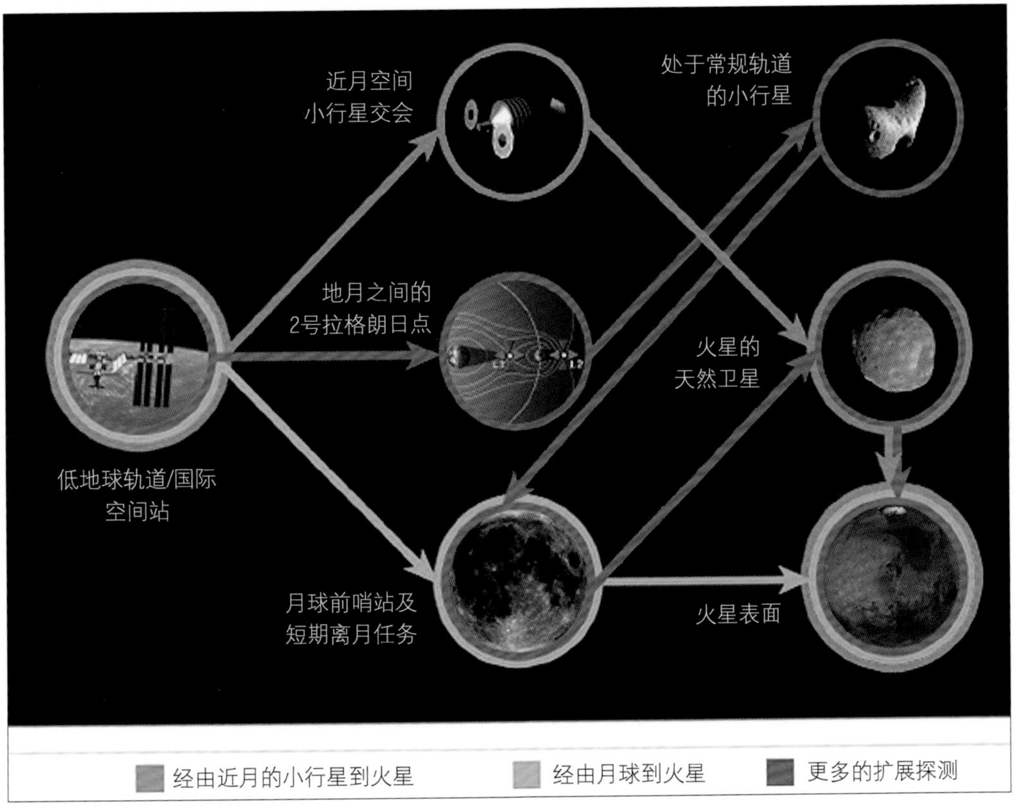

近月空间
小行星交会

处于常规轨道
的小行星

地月之间的
2号拉格朗日点

火星的
天然卫星

低地球轨道/国际
空间站

月球前哨站及
短期离月任务

火星表面

经由近月的小行星到火星　经由月球到火星　更多的扩展探测

火星“一号公路”

NASA的庞大计划是将人类送上火星的一种方式，但实现这个目标也并非没有其他选择。其中的一些选择规模更大，实施成本还要高不少，而另一些则试图削减成本并加快进度。考虑到未来20年NASA火星项目资金并没有万全的保障，一些精心设计的替代方案是值得考虑的。

如前所述，数十年来，工程师、科学家、作家、未来主义者和许多人一直都在考虑载人的火星探测任务。自光顾了月球之后，火星就一直是人类在太阳系中的第一号追求目标。来自数十个国家、多家太空机构和数百个学术单位的众多人士，已经制订了多种可行计划来支持这一努力。这些任务设计的飞船形状和大小天差地别，从快捷、简约的载人飞行，到可以多次前往的火星基地，甚至火星开发区都有。

奥尔德林通勤车

著名的“阿波罗”登月宇航员、历史上第二个在月球上行走的人巴兹·奥尔德林（Buzz Aldrin）对于人类亲自前往火星有着自己的想法。他已经写了一整套关于NASA未来的太空计划的书，其中一本就是《火星任务》（*Mission to Mars*）。在他看来，火星任务应该暂停并重组。

奥尔德林的计划也属于大型计划，它准备让各国的太空机构和商业机构联合实施一个相互关联的计划，在前往火星之前，先飞出绕地球的轨道并在月球上建立稳定的人类存在。月球及其附近的空间是初步建立太空前哨站的好地方，这些基地可以用于科研、训练、硬件生产和装配，直到服务于火星旅行。奥尔德林还指出，月球的两极似乎存有很多的水资源，可以用来在地球之外制造燃料和其他消耗品，从而无须再从地球出发去往火星。这样做能节省下的成本将非常之多。

奥尔德林的计划促使NASA寻求与其他航天强国和众多私营企业的合作。这样，美国节省了投入，其他合作方也可以受益于NASA在数十年的登月与航天工作中积累的众多知识。有了这样多国合作的前哨站和研究基地，我们就有了更好的条件开始一种持续的努力——这不仅在说探测火星，也在说发展一个可持续运作的基础设施，以使人类成为“跨星球生活”的物种。

这一设想的第二部分被称为“奥尔德林通勤车”，是一项长期后勤保障计划，将会在不必花费太多的钱进行逐次发射的前提下，让宇航员和货物能多次前往火星。概括起来说，这辆“通勤车”是一艘更大的火星飞船，而且它是在太空中组装起来的，组装好后会被送到地球和火星之间的一条环行的、永久性的长轨道上。一旦入轨，“通

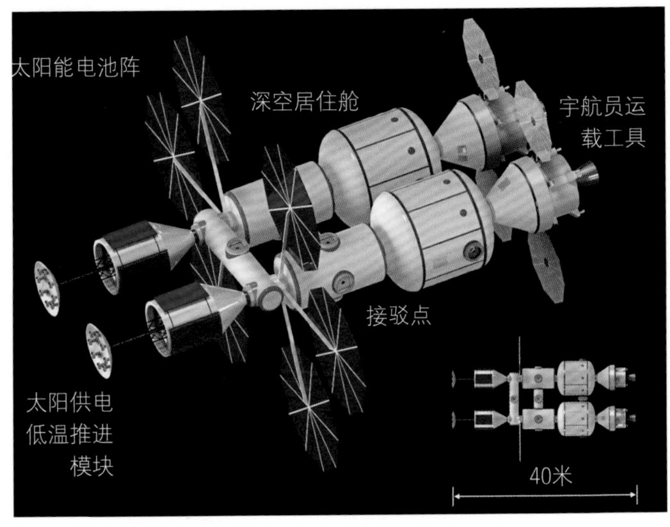

左图：奥尔德林设计的太空通勤工具可以用五个月完成一次单程的火星之旅，并且一直往返运行于地球和火星之间。

勤车”在两颗星球之间移动时消耗的能量就最小化了（燃料最省）。此后，宇航员无论何时需要前往火星或从火星返回，只需乘坐“通勤车”就好。这有点像你要从北京去广州，可以先坐出租车到机场，然后搭乘一趟飞往广州的航班，这比自己开车去广州要便宜。

如果这样的“通勤车”有好几辆，并且在每一个“站点”（比如摆渡站、基地和燃料库）都建设了合适的基础设施，那么，把人和货物送到火星和从那里送回的过程将被大大简化，并且可能成为日常性事务。然而，这个项目本身的建设将极为昂贵，并需要大规模的承诺，所以奥尔德林才主张让国际上的多个航天机构与私营单位共同努力以推动它的实现。这样的工程，将会让今后的长途航天开销节省很多。

直击火星

另一个备受重视的计划是由航天工程师罗伯特•祖布林（Robert Zubrin）提出的。他是“火星学会”（Mars Society）的联合创始人，拥有核工程专业博士学位以及多个与核工程、航空工程等有关的硕士学位。他从 1996 年出版《火星工程案例》（*The Case for Mars*）开始，在写了一系列的书之后受到了人们的关注。祖布林描述了他称为“直击火星”（Mars Direct）的一个任务架构，他试图简化 NASA 那套太大、太复杂的火星航行规划。祖布林的观点是，如果在送宇航员之前先送机器人过去，即可简化前往火星的过程，因为机器人可以提前开始从火星的环境中提取有用的材料。然后，宇航员从地球出发，直接去往火星，当他们到达火星时，他们在那里生存所需要的材料就已是现成的了。鉴于这样做可以大幅度减少要从地球上发射的物资重量，飞行任务的参数也就可以明显“瘦身”了。

这并不是说 NASA、奥尔德林和其他人就没打算过利用火星当地的资源。事实上，现在的大多数火星任务设计都提到了这一点，只不过祖布林和他的合作者们很早就提出了这个想法。

波音的计划

波音公司于2014年发布过一项计划，其出发点是充分利用现有的太空设施，如国际空间站和美国新制造的“航天发射系统”火箭。

这个计划的关键组件包括NASA的“猎户座”飞船、一艘由太阳能转化电能驱动发动机的“太空拖船”、一个供宇航员在太空里使用的充气居住舱，以及一部火星着陆器加上升飞行器。

航行始于用“航天发射系统”把“太空拖船”和一部不载人的载货着陆器发射升空。随后的第二次发射仍不载人，它会将居住舱和返回火箭平台发射出去，使之与前期发射的“拖船”和载货着陆器在月球附近会合。这四个组件准备就绪后，一旦机会合适，就可以启程前往火星，然后在电动的火箭发动机驱动下，沿一条慢速的轨道靠近目标。在大约500天之后，载货着陆器会降落在火星表面。

在这些组件都安全到达火星之后，会有另外两次“航天发射系统”的发射，分别运送另一部带有太阳能发电装置的生活舱（“猎户座”飞船）和另一部着陆器加上升飞行器，它们也在月球附近会合。这个组合体随后也启程前往火星，它使用一条更快的轨道，途中时间会缩短到大约256天。

宇航员们到达绕火星的轨道后，就会进入着陆器并降向火星表面，在已经安置好的栖息地附近着陆。在火星上停留完之后，宇航员会等待一个合适的时机，乘坐上升飞行器进入返回轨道，并与在轨运行的复合体会合，以便返回地球。

这个过程听起来复杂，但对于NASA正在开发的太空飞行架构来说，波音公司的这种任务设计是最大限度发挥其潜力的方法之一，并且符合“航天发射系统”最为合理的发射频度。该方案的一个关键要素是，将成本尽量保持在NASA目前的预算水平内，避免当年“阿波罗”那种太空技术开发上的“无底洞”。该计划的预算包括一些机动费用，比如在去火星表面进行大探险之前，进行一些以小行星和火星卫星为目标的前期任务，以便进行技术开发，顺便探测。第一批到达那里的人类，甚至可能会在火卫二上进行火星探测——他们可以遥控操作位于火星表面的机器人。

SpaceX

谈到火星探测，总是绕不开SpaceX（太空探索技术公司）和埃隆·马斯克（Elon Musk）。自2002年成立这家公司以来，马斯克就坚持着一个主要目标：让人类去火星生活。至于如何做到这一点，可能还不太清楚，但考虑到该公司近年来在绕地球的太空飞行方面的成就令人印象深刻（它彻底改变了商业航天发射服务的业务格局，在几乎不存在竞争的领域创造了同一国家之内的竞争），这个目标还是值得我们注意的。

该公司的计划包括“火星移民运输机”（Mars Colonial Transporter，MCT）的设计和建造——它

对页上图：“猎户座”太空飞船可以为往返火星的旅途加装多种模块，比如推进模块、居住模块、货舱模块等，提升旅途的舒适度和保障水平。

对页下图：SpaceX的新款太空舱“龙飞船2号”（Dragon 2）或许有一天会被配置成能在火星着陆的运载工具。

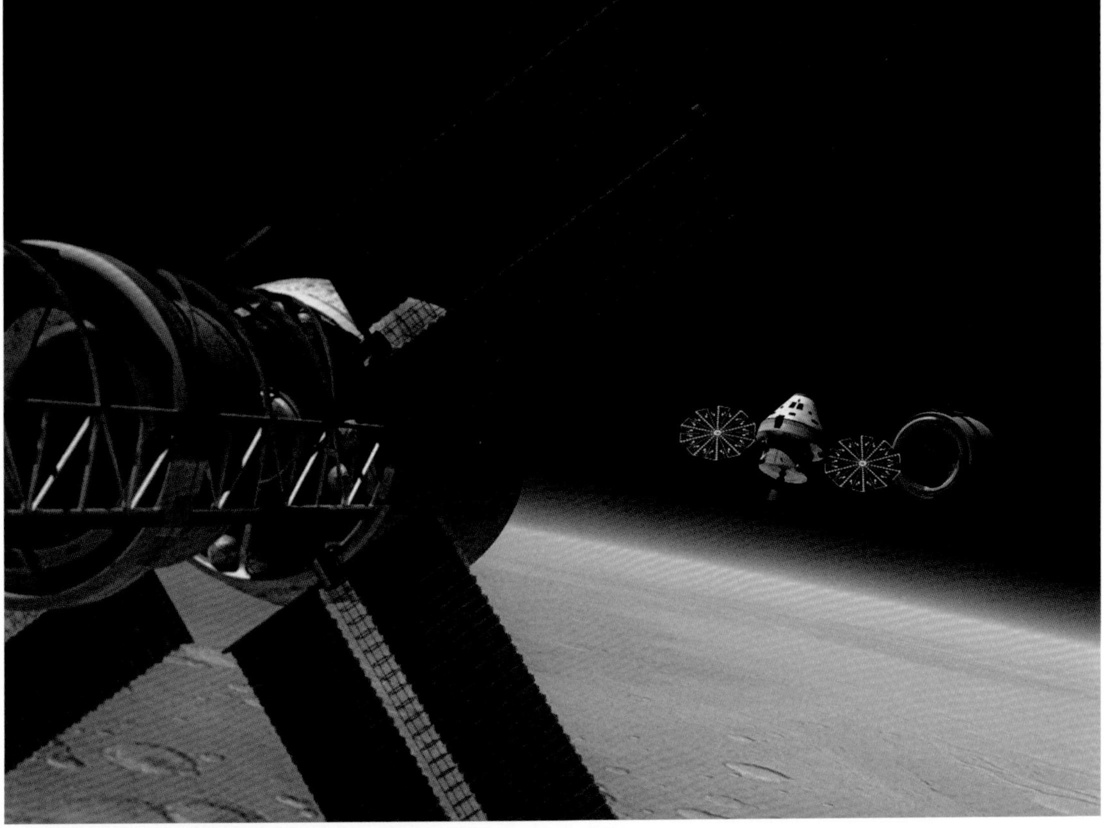

SPACEX
DRAGON

是该公司目前的“猎鹰9号”和未来的“猎鹰重型火箭”的升级改版，其第一阶段会把三枚火箭捆绑在一起（大致相当于三枚“阿波罗”时代的直径10米的“土星5号”火箭），后续则会改为单独一个直径15米的巨型助推器，且后者目前也已经处在研究讨论之中了。计划的更多细节仍有待公布，但这种火箭被认为有望在21世纪20年代中期做好发射的准备，其最终的目标是一次向火星发射100吨有效载荷。这个目标无疑让人惊讶，而马斯克表示，他希望到21世纪中叶就能有数万人在火星上生活和工作。

他还曾多次表示，他认为人类必须在另一个世界建设自己的立足点，以确保物种的生存，而火星是最好的选项。他觉得，不管开发火星的经济回报是好还是差，单单依赖地球一颗行星的风险实在太大了。

各国的努力

当今，欧洲空间局和俄罗斯的航天机构都已经有了自己的火星探测计划，不管他们是携手行动还是各自为战，这个事实都不会改变。他们正在考虑的各个基本理念均与美国相差不多，其中，俄罗斯的计划在许多方面看起来像是NASA和波音的计划的混合体。俄罗斯目前正在制造一种新的航天器，以接替资深的“联盟号”飞船，另外，俄方也已经开始设计自己的空间站，作为国际空间站的替代物——国际空间站已经老旧不堪，将于几年内退役。他们讨论了从太空中出发去往火星的各种路线，包括一些从月球附近出发的路线。在航天器的动力方面，核能或太阳能发电都属于可选项，另外还有一个绕飞火星的在轨“基地”，负责发送火星着陆器，并接收上升飞行器。还有人一直在谈论美俄联合开展任务，毕竟两国曾联手建造国际空间站，但从双方合作历史中的波折和当前的关系看来，这种事在短期内不太可能发生。应该指出的是，俄罗斯在苏联时期有着丰富的太空飞行经验，特别是在“和平号”（MIR）和“礼炮号”（Salyut）空间站方面，而且俄罗斯还率先在地面上进行了为期500天的火星模拟航行。虽然他们还从未将宇航员送出过地球的磁层，但这个国家在太空领域的能力显然不可小觑。

多方位的挑战

时至今日，曾把人类宇航员送到绕地球轨道之外的，暂时只有美国。然而，这绝不表示美国面临的挑战少于其他各个筹划火星之旅的国家。这些挑战包括：

- 在绕地球的轨道或更远的轨道上，制造、组装大型的火星飞船；
- 让宇航员在往返火星途中拥有足够的食物、水和可呼吸的空气；
- 在旅途中和在火星表面时的辐射防护；
- 让重型航天器在大气层稀薄的火星上着陆（载人航天器的质量是数倍于迄今安全抵达过的各个不载人着陆器的）；
- 从火星上带走（或提取出）足够的燃料用于返程。

当然，还有资金的问题。任何前往火星的载人探险都不会太便宜，它需要目前尚不具备的技术和工程成果、可以多次发射的大型火箭，以及在地球上指挥和监督整个任务的基础设施。火星不会允许人类不费吹灰之力就踏上它的表面。如

果能利用好已经在太空中和火星表面发现的资源，将大大减少运送重型物资入轨并使之去往火星的需求；而如果不进行这种原位资源利用，那么载人火星任务虽说并非不可完成，但代价也将是惊人的。“火星 2020”即“毅力号”为什么要携带“火星氧气原位资源利用实验”，去尝试并验证从火星环境中提取氧气的技术？这一点是原因之一。

还有一种将人类送上火星的简化方案，那就是“单程旅行”：到达了火星的人，就留在那里先不回来了。某些支持探测火星的私人团体表示，他们有条件地赞成这一类计划。由于载荷变少，这类计划是可以从地面上发射的；若能让宇航员的长期生存有所保障，这一思路就会拥有足够的吸引力。目前，对这类任务的各种研究在结论上褒贬参半：有些研究者认为“去即定居”是一种风险程度适中的可行备选方案，而另一些人则认为这样做的危险要比大家想象的多。但无论如何，在真的把人送上单程的火星旅途之前，我们都需要更多的研究；而且绝大多数人也都认为，在人类最终拥有从火星上返回的能力之后，这些先行者也有权选择回家。

为了让这个规划过程更加精准可靠，可以先派机器人采集火星的土壤、岩石和大气样本送回

上图：欧洲空间局也有自己的火星计划，该计划有可能与俄罗斯合作。但目前看来，欧洲也有可能在飞向火星之前先着手建设一个月球基地。

地球进行分析和实验。“毅力号”要对火星表面采样，并“暂存”这些样本以等待它们返回地球的时机，部分用意也正在于此。如果这些样本能被送进实验室（无论地球上的实验室还是太空中的在轨实验室），我们将对如何用好火星资源产生更棒的想法。诚然，人类已经对火星上许多地方的矿物成分有了可靠的认识，但如果手头能有岩石和土壤的样本，就可以直接测试这些材料，以便最大限度地保障火星旅行的安全，并充分开发火星。

人类走向火星的目标是遥远的。它始于古人的畅想，面对这颗存在于人类集体认知中的红色星球，祖先们有着去那里生活的强烈愿望。火星由此被理解为一方水土、一个邻近的世界，被认为是地球的姊妹行星。在 20 世纪，人们发现火星世界岩石错杂、狂风扫荡、酷寒肃杀，没有任何显著的生命迹象，大气层也稀薄而脆弱。但在最近的 20 多年里，我们又揭示出关于火星的一些更为温和的事实：那里的环境固然艰苦，但它似乎拥有维持生命所必需的元素，这里的“生命”可以指过去的微生物，也可以指未来的人类。如今我们需要的，是派更多的机器人前去考察，而这些努力最终都要指向人类的火星之行。只有亲临火星，才能满足我们对这颗红色行星无尽的好奇心，也才可能让我们有资格将它唤作自己的家园。

右图：NASA曾经创建过很多关于载人探测火星的计划。这幅想象图创作于比较晚近的2006年，画着两名宇航员从自己使用的代步工具上走下来，正在看着远处的着陆器和火星车。他们着陆的位置处于画面左上方的背景中。

列星安陈：中国的“天问”

撰文：郑永春

光阴荏苒，日月如梭。2020年7月，又一个发射火星探测器的时间窗口到来了（这样的时机每26个月一次），美国的“毅力号”火星车和阿联酋的“希望号”火星探测器都在这个夏天升空，其中，“希望号”的发射任务由日本承担。而就在火星探索的“新手”阿联酋和“老手”美国之间，随着海南文昌发射场的一阵轰鸣，中国以一项极具特色的火星任务，吸引了全球航天界和行星科学界的关注，那就是集“绕、落、巡”三项使命于一身的“天问一号”。

“日月安属？列星安陈？”2300年前，中国古代伟大的爱国诗人屈原在《天问》中的震撼之语，始终激荡着无数中国人的心灵。中国航天界，以及千千万万的太空爱好者，多年来一直怀有走向深空、探索太阳系的梦想。自1960年苏联发射首颗火星探测器以来，火星探测已经有60年的历史，这些探测成果给中国提供了真实可靠的案例。而中国探月工程在过去16年内六战六捷，更是给火星探测任务的实施凝聚了人才、积累了经验、树立了信心。

火星探测的“三国演义”

《三国演义》的故事在中国脍炙人口，妇孺皆知。2020年7月，恰逢26个月开启一次的火星探测器发射窗口，中国、美国、阿联酋也上演了一出火星探测的“三国演义”。

2020年7月20日05时58分，阿联酋的“希望号”火星探测器在因天气状况推迟了5天后，在日本发射升空，计划于2021年即阿联酋成立50周年时进入火星轨道。

“希望号”总质量约1.5吨，是阿联酋乃至阿拉伯世界的第一颗火星探测器，代表了阿拉伯世界探测深空的雄心。但阿联酋在火星探测方面的基础尚浅，因而让美国一些科研机构承担了探测器上全部三台载荷的研制和最后的总装，发射任务则由日本的H-2A火箭承担。阿联酋的科学家和工程师团队深度参与了研制工作，作为学徒，他们未来可能成为深空探测的后起之秀。

2020年7月30日19时50分，美国国家航空航天局最先进的火星车“毅力号”从佛罗里达州卡纳维拉尔角空军基地41号发射台发射升空。

“毅力号”火星车于2020年2月登陆在耶泽罗陨击坑内一片由古代河流冲击形成的三角洲平原上，目的是寻找35亿年前可能的生命迹象。有了2012年8月登陆的“好奇号”火星车奠定的良好基础，“毅力号”将开展更为大胆的科学探索，通过将大气中的二氧化碳转化为氧气，为载人登陆奠定基础；采集并集中存储可能含有地外生命最初证据的地质样本，在下一次火星任务中带回地球。火星车上仅相机就有 23 台，配置的核电源可以持续使用 14 年，还首次搭载了一架可以在火星稀薄的大气层中起飞的无人机，以提升火星车的作业效率。美国已经实施了 20 多次火星探测任务，多次实现火星表面着陆任务，“毅力号”的表现同样值得期待。

2020 年 7 月 23 日中午 12 时 41 分，中国在海南文昌发射场用长征五号火箭成功发射了“天问一号”火星探测器。我在文昌美丽的沙滩上目睹了发射盛况，内心无比激动和自豪。作为中国首次行星探测任务，“天问一号”三步并作一步走，注定会在中国深空探测史上占据重要位置。经过历时 6 个多月的太空旅行，飞行四亿多千米，“天问一号”在多次变轨后，于牛年春节前夕抵达火星。

火箭是航天的基础。令人欣慰的是，中国长征系列运载火箭在保持极高成功率的同时，运载能力的提高有目共睹。“长征五号”作为中国现

下图：搭载“天问一号”火星探测器的长征五号火箭发射腾空瞬间。（摄影：戴建峰）

役推力最大的火箭，经过几次试验之后已经成熟，不仅成功实现了“嫦娥五号”月球采样返回任务、火星探测任务，还将承担中国空间站建设、开展太阳系其他行星的探测等重大任务。

尤其值得一提的是，在2020年的发射窗口期间，“天问一号”“希望号”“毅力号”三个火星探测器都实现了成功发射，为深受新冠疫情困扰的世界各国人民带去了希望。

气吞山河的名字

2011年，搭载在俄罗斯“火卫一－土壤”探测器上的“萤火一号”，因俄方火箭故障未能飞向火星，这令人遗憾的一幕更加坚定了中国人独立自主研制并发射火星探测器的想法。其实，早在2007年，中国第一颗月球探测器“嫦娥一号”发射成功之前，中国科学家和航天工程师就开始了对自主火星探测任务的论证。当时讨论的背景是：在“嫦娥一号”任务取得成功之后，“嫦娥一号”的备份星应该飞向哪里？对此，专家们有两种不同的声音。一种声音认为，既然“嫦娥一号”已经可以实现对全月球的遥感探测，那么，它的备份星就不应该继续探测月球，而应该进行适当的改造，去探测其他天体，首选目标当然就是火星。另一种声音认为，备份星是为月球探测准备的，应该继续探测月球，为后续的其他月球探测任务服务。

论证的结果现在已经明了，“嫦娥一号”的备份星成了后来的“嫦娥二号”，它的探测目标仍是月球。但飞行的轨道高度从“嫦娥一号”的200千米，降低到了“嫦娥二号”的100千米，由此获得的全月球遥感图像的分辨率也从“嫦娥一号”的120米，提高到了“嫦娥二号”的7米。“嫦娥二号”不仅为“嫦娥三号”登陆月球选定了着陆区，试验了着陆的相关技术，并飞抵地月引力平衡点，实现了近距离飞越4179号小行星。作为一颗备份星，“嫦娥二号”的成就可以说是相当出色的。

航天是国家综合实力的象征。一个不太被人关注的事实是，世界上只有美、俄、中三个国家有能力独立实施载人航天工程，把人送入太空。同样，一个国家的航天能力谱系如果只限于地球附近，也就是人造地球卫星和载人航天，而不包含深空探测的话，那么这个国家就算不上真正意义上的航天强国。火星作为太阳系内与地球环境最为相似的行星，自然也是深空探测的焦点，是牵引航天技术跨越式发展的前沿领域。

2016年4月24日，在第一个“中国航天日”的新闻发布会上，中国国家航天局宣布了两条重要消息，一是中国火星探测任务已经批准立项，二是“嫦娥四号”将实现航天器在人类历史上首次在月球背面着陆。

从这一年开始，火星探测器的研制就紧锣密鼓地展开了。而经过旷日持久的公开征集和讨论，“天问”这个气吞山河的名字终于在第五个中国航天日——2020年4月24日脱颖而出。如果你觉得“天问”二字并没有突出这次的探测对象——火星的具体特点，可能是你还不够了解它背后更值得期待的蓝图：“天问”之名不只是用来命名火星探测器的，而是中国今后对太阳系的各个行星及其卫星进行探测的系列任务的总称，是中国行星探测工程的统一名称。

“楚骚古韵遐想列星安陈，华夏新声亲察七曜何貌。”“天问一号”火星探测任务，是“中国行星探测工程”（PEC）这部史诗的亮丽开篇，

上图：中国火星探测任务标识。中国行星探测工程以“天问系列”命名，使用同一个主标识“揽星九天”。“天问一号”火星探测任务的标识，在“揽星九天”图案和“中国行星探测”字样下方，标注火星的英文单词“MARS”字样，说明这是行星探测工程中的火星探测任务，而红色正好代表火星的颜色。

是朝着建立中国深空探测工程技术体系和行星科学研究发出的“第一问”。相比十年前的“萤火一号”，“天问一号”无论术的自主创新能力，还是建立在探月工程成功经验基础上的信心，以及对长远发展战略的规划，都完成了全面的升级。面对这次“大考”，中国人选择了一个特别具有挑战性的作答方式。

一步跨过六十年

一口吃不成大胖子，罗马也不是一天建成的。有了本书前面章节的介绍，当你读到此处的时候，想必你已基本了解了火星探测的发展进程，应该会对人类探测火星的艰难历程有了比较深刻的印象。为了探测火星，科学家和工程师们“谨小慎微”，经历了小心翼翼的试探、失败、再试探、再失败的过程。人们先是派探测器飞掠火星，利用近距离“照面”的机会，给火星拍几张照片并传回地球。然后，他们尝试让探测器环绕火星，当其飞抵火星附近时，“踩下刹车”进行减速，成为环绕火星的轨道器。此后，他们尝试让探测器穿越火星大气，降落在火星表面。再后来，他们不满足于待在原地不动的着陆器，才有了能在火星表面游走巡视的火星车。

在“天问一号”之前，美国、俄罗斯、欧洲都发射了各自的火星探测器。2013 年，印度捷足先登，成为亚洲第一个发射火星探测器的国家。虽然，印度的“曼加里安号”火星探测任务是在欧美国家的帮助下完成的，多台仪器和设备都是由欧美国家提供的，而且只是一颗环绕火星的轨道器。但这也让很多关注中国航天事业的人感到遗憾，他们迫切希望中国早日开展独立自主的火星探测任务。

中国是一个崇尚创新的国家，“天问一号”绝不步前人后尘，成为亦步亦趋之物，它要开展一次前所未有的技术挑战，那就是利用轨道器、着陆器、火星车这“三件套”，直接在一次任务中完成“绕、落、巡”三项使命。考虑到“天问一号”是中国自主研制的第一颗火星探测器，这种自我加压的任务设计，堪称难度极大的“三级跳”，令世人讶异。你或许会担心，这么大的技术跨越难道不会显得有些莽撞吗？事实上，以严、细、慎、实著称的中国航天人不打无准备之仗，他们已经对这次任务的各个环节都做好了充分的准备。

“天问一号”发射成功，它的漫漫征途才刚刚开始。之后，“天问一号”经过长达 4 亿多千米的太空飞行，沿着最节省能量的霍曼转移轨道，从地球轨道转移到火星轨道，从地球所在的太阳系三环，转移到火星所在的太阳系四环。经过六个多月的飞行，在接近火星之后，“天问一号”如果不能实现减速，就会以每小时上万千米的高速，从距离火星表面 400 千米的地方掠过，航天时代早期的火星探测任务就是这么做的。在接近火星之前，“天问一号”有大约半小时的时间窗口来刹车，让自己的飞行速度降低到可以被火星引力俘获的水平，成为环绕火星运转的人造卫星。在这个临门一脚的关键环节，由于地球和火星之间的遥远距离，无线电信号以光速传播也要十多分钟才能抵达。所以，无法通过地球上工程师发出的实时指令，指挥“天问一号”进行减速，只能靠它自带的设备主动判断自身的位置、速度和姿态，并给出“刹车力度”，也就是正确的制动参数。紧接着，用于减速的反推发动机要在恰当的时刻被点燃，持续燃烧约 15 秒后及时熄灭，以实现环“绕”火星的目标。

而要降落在火星表面，“天问一号”要和“前辈们”一样，穿越火星大气，独自面对“恐怖七分钟”（也有说法是“恐怖八分钟”，这是根据探测器进入火星大气后的速度决定的）。虽然，全世界除了美国，还没有其他国家成功登陆过火星，但是，“天问一号”有中国探月工程成功经验为基础，有“嫦娥三号”“嫦娥四号”在缺乏大气层的月球上着陆的宝贵经验，有“天问一

下图：中国“天问一号”火星探测器的着陆器带着火星车降落在火星表面的效果图。（图片来源：中国国家航天局）

号”的轨道器为着陆任务提供通信信号中继，成功的系数大大增加。着陆任务以稳妥、安全为首要目标，综合采用多种减速方式，先是尽可能利用火星的大气阻力进行摩擦减速，从上万千米的时速，降低到数千千米的时速；接着，打开降落伞，利用稀薄大气产生的风阻进行减速，进一步减速到每小时数百千米；然后是反推火箭点火，实现动力减速；最后用弹性着陆腿进行缓冲，尽最大可能确保轻柔“落”地的目标安全达成。

“天问一号”预计于2021年5月在火星北半球的乌托邦平原南部的预定区域着陆。“天问一号”的着陆巡视组合体包括两个部分，即火星车及其着陆平台。火星车的名字还没有最终确定，目前还在征集中，感兴趣的读者可以在网上提交你建议的名字，说不准会被选中哦。这里，我也偷偷建议一个——赤兔，赤兔火星车与玉兔月球车，说明它们之间的联系。同时，赤色也是火星的颜色，关羽胯下的宝马叫作赤兔，这几点理由都很有说服力。

“天问一号”任务的火星车的装备相当齐全。既有用于鉴定矿物成分的多光谱相机，又有探测火星磁场的磁强计、搜寻地下冰层的透地雷达、收集气象参数的气象探测包等。由于火星上的太阳光要比月球和地球上弱得多，所以，这辆火星车拥有四块太阳能电池板。桅杆上装有判别周围地形的全景相机，能够根据收集到的信息，自主选择行驶路线。这辆火星车计划至少在火星表面工作90天，最大行驶速度约每小时40米。虽然它的技术指标与“毅力号”相比还有提升的空间，但由于考察地点不同，搭配的科学仪器不同，所以只要一切顺利，第一次探测火星不仅能一次性打包完成“绕、落、巡”三项任务，还能取得多项科学发现，这些成就已经可以载入火星探测史册。

人类的火星

经过60年的探测，火星探测成果丰硕。火星探测的科学主题已从对火星的全球性调查，发展到登陆特定地区开展详细调查，或者针对某个关键科学问题，开展系统而深入的调查。比如，“凤凰号”登陆火星北方荒原以探测水冰；“洞察号”携带了地震仪和热流探针登陆火星，专门用于监测火星上的地震以了解火星内部结构；“火星大气与挥发物演化探测器”数次扎入火星大气层，致力于解开火星大气消失之谜，等等。通过这些任务，基本上可以明确，30多亿年前，火星曾经有过温暖湿润的气候，有过强大的磁场，有过浓密的大气层，甚至有过适宜生命发育的环境，而地球就是在那段时期、在类似的环境中产生了最原始的生命。地球生命产生的类似过程是否曾经出现在火星上，是回答“我们在宇宙中是否孤独”这一“灵魂拷问”的关键。

作为太阳系中与地球环境最相似的行星，火星是否适宜人类大规模移居，为了移居还需要解决哪些关键科学问题和技术瓶颈，将成为今后火星探测的重要方向。美国太空探索技术公司（SpaceX）等多家商业航天公司，将目光瞄准火星移民这一远景目标，已经成功研发了重复利用的火箭和载人飞船。火星探测获得的科学新发现和航天技术的突破，将使移民火星从不可能变成可能，从科幻变为现实。

“天问一号”要克服的困难还有很多，风险也一直存在，但这些显然不能阻挡中国科学家和工程师的努力，必将助推中国这条东方巨龙，从航天大国发展成为航天强国。远古流传的追问、俯仰万物的思绪，以及追寻全人类共同幸福与共享价值的渴望，都像不灭的火焰一样，激励着中国人探测火星和太阳系的雄心壮志。

中美两国在太空探测领域的合作自 2011 年中断以来迟迟未能恢复。由于航天技术的敏感性，中国长期被排斥在美国主导的大型国际合作的航天任务之外，迫使中国只能以独立自主的方式开展载人航天、月球和深空探测任务。但中国人没有关起门来做事，仍然以开放的姿态，与欧洲和俄罗斯等国家和组织开展了有效的合作。在“天问一号”发射成功和“毅力号”火星车发射成功之后，中美两国航天局互致贺电，祝贺对方取得的成功，并欢迎对方在火星探测方面的贡献，两国科技界释放的善意弥足珍贵。

火星是全人类的火星，不属于任何国家。火星不仅蕴含着地球过去的历史，也代表了人类未来的希望。人类从地球出发，先进入太空，然后登陆月球。从建立月球基地，到载人登陆火星，再到移民火星，这一过程不仅耗资巨大，而且需要世界各国携起手来，汇集多学科的人才队伍，集成各国科技界的先进技术，分担经费，共担风险，才能最终得以实现。

2035 年，一支多国共同组建，由不同肤色、不同民族的航天员组成的国际探险队，将实现人类首次登陆火星的伟大壮举，这是我的期待，也是人类合作精神的重要体现！

对页图：中国首次火星探测任务“天问一号”探测器发射成功。（摄影：戴建峰）

术语表

加州理工学院（California Institute of Technology, Caltech），位于美国加州帕萨迪纳，是一所私立的研究型高校。

火星紧凑型勘探成像光谱仪（Compact Reconnaissance Imaging Spectrometer for Mars, CRISM），搭载在“火星勘测轨道器”上，工作于可见光和红外波段，在火星上寻找过去和现在由水留下的矿物学迹象。

《天体运行论》（*De Revolutionibus Orbium Coelestium*），文艺复兴时期波兰天文学家尼古拉斯·哥白尼的开创性著作，论证了“日心说”。

气相色谱仪（Gas Chromatograph），这种分析仪器可以测量样本中各种成分的含量。用气相色谱仪进行的分析，称为气相色谱分析。

洲际弹道导弹（Intercontinental Ballistic Missile, ICBM），是一种最小射程 5500 千米的弹道导弹，主要用于核武器的发射（可装载一枚或多枚热核弹头）。

喷气推进实验室（JPL），一个由美国联邦政府资助的研发中心，也是 NASA 的具体工作中心，位于美国加利福尼亚州的拉卡尼亚达弗林特里奇（La Cañada Flintridge）和帕萨迪纳（Pasadena）。

磁强计（Magnetometer），这种测量仪器通常用于两个目的：测量磁性材料（如铁磁体）的磁化强度；在某些情况下测量空间中的特定一点的磁场强度与方向。

火星轨道相机（Mars Orbital Camera, MOC），这种精密设备由位于美国加州圣迭戈的马林空间科学系统公司为 NASA 制造。

火星在轨激光高度计（Mars Orbital Laser Altimeter, MOLA），是搭载在“火星全球勘测者”上的一种仪器，可以利用红外波段的激光束，精确测算从轨道器到火星表面的距离。

火星震（Marsquake），也就是火星上的地震，原因可能是地壳潮汐（译者注：指地壳受其他星球引力牵扯而出现的极小幅度的“潮汐”现象）或火山爆发。

质谱仪（Mass Spectrometer），是一种利用运动中的带电粒子的基本磁力，来测量原子、分子的质量和相对浓度的仪器。

微流星体探测仪（Micrometeoroid Detector），这种仪器用于探测太空中的岩石微粒（这种颗粒的质量通常小于 1 克）。

美国国家航空航天局（NASA），是美国负责民用航天计划以及航空航天研究的政府机构。

钚-238（Plutonium-238），是元素钚的一种放射性同位素，半衰期为 87.7 年。

岩石磨削工具（Rock Abrasion Tool），是一种强力研磨机，能在火星表面的岩石上打磨出直径 45 毫米、深 5 毫米的凹坑。

地震仪（Seismometer），通过测量地面的实际运动来获取地震的方向、强度和持续时间等数据。

浅层亚表面雷达（Shallow Subsurface Radar, SHARAD），这个装置用于在深度小于几百米（最多小于 1 千米）的火星壳层内寻找液态水或水冰。

太阳等离子体探测仪（Solar Plasma Probe），用于研究太阳风中的前地球磁层中的无线电波与等离子体。

光谱学（Spectroscopy），是一个科学分支，研究物质与电磁辐射的相互作用，或对物质发出的电磁辐射进行波谱测量和研究。

热发射光谱仪（Thermal Emission Spectrometer, TES），可以收集两种类型的数据——6 微米至 50 微米波段的高光谱热红外数据，以及 0.3 微米至 2.9 微米波段的可见光 - 近红外热辐射测量数据。

多普勒效应超稳定振荡器（Ultrastable Oscillator for Doppler Measurements, USORS），这是一种极为精确的时钟，它与航天器上的无线电相连，随航天器绕火星运行，让科学家通过它来跟踪无线电信号的微小变化，从而非常准确地测算火星的引力场。